W0059046

Michael Eckert & Jürgen Teichmann

PHYSIK | 100 revolutionäre Entdeckungen

Michael Eckert & Jürgen Teichmann

PHYSIK | 100 revolutionäre Entdeckungen

wbg THEISS

Die Deutsche Nationalbibliothek verzeichnet diese Publikation in der
Deutschen Nationalbibliografie; detaillierte bibliografische Daten sind
im Internet über http://dnb.de abrufbar.

Das Werk ist in allen seinen Teilen urheberrechtlich geschützt.
Jede Verwertung ist ohne Zustimmung des Verlags unzulässig.
Das gilt insbesondere für Vervielfältigungen, Übersetzungen,
Mikroverfilmungen und die Einspeicherung in und Verarbeitung
durch elektronische Systeme.

wbg Theiss ist ein Imprint der wbg.

© 2018 by wbg (Wissenschaftliche Buchgesellschaft), Darmstadt
Die Herausgabe des Werkes wurde durch die Vereinsmitglieder der wbg
in Zusamennarbeit mit dem Deutschen Museum, München ermöglicht.
Lektorat: Alessandra Kreibaum
Gestaltung & Satz: Melanie Jungels, Layout I Satz I Bild, Gensingen
Einbandabbildung: Fotomontage mit Nicola Tesla in seinem Hochspannungslabor.
picture alliance/Everett Collection
Einbandgestaltung: Vogelsang Design, Jens Vogelsang, Aachen
Abb. S. 2: Indische Astronomen vor einer Fotomontage des Bullet Clusters – siehe S. 235.

Gedruckt auf säurefreiem und alterungsbeständigem Papier
Printed in Germany

Besuchen Sie uns im Internet: www.wbg-wissenverbindet.de

ISBN 978-3-8062-3580-7

Elektronisch sind folgende Ausgaben erhältlich:
eBook (PDF): 978-3-8062-3587-6
eBook (epub): 978-3-8062-3588-3

INHALT

Vorwort

Was ist Physik? Wie entwickelt sie sich? Was sind ihre Methoden? Was bedeutet sie der Gesellschaft? Das sind Fragen, auf die dieses Buch mit dem Stilmittel des Bildes hinführen will. Natürlich können Bilder komplexe Zusammenhänge nicht grundsätzlich oder umfassend beschreiben und erklären. Sie ermöglichen allerdings einen anschaulichen ersten Zugang. Wir leben heute in einer immer stärker visualisierten Welt. Andererseits haben Bilder schon immer eine große Rolle bei jedem Verständnis, nicht nur der natürlichen Welt, gespielt. Das gilt von einfachen bis zu komplexen Problemen, gerade auch der Physik.

Unter Physik verstehen wir heute das in Naturgesetzen formulierte Wissen über die unbelebte Natur und ihre Veränderungen, insbesondere den Zusammenhang von Materie und Energie in Raum und Zeit. Die Begriffe und Untersuchungen dazu haben sich jedoch im Laufe der Geschichte stark verändert.

Erste systematische Überlegungen zu einem nicht-mythischen Ursprung und Aufbau der Welt finden wir in der griechischen Antike bei den Naturphilosophen. Von Anfang an spielt auch Technik eine Rolle, das heißt die Beherrschung von Natur. Original gezeichnete Bilder zur Physik sind aus der frühen Zeit kaum überliefert (abgesehen von einfachen geometrischen Darstellungen), auch wenn es sie möglicherweise gegeben hat. Doch existieren vereinzelt Instrumente, wie der Antikythera-Mechanismus, oder technisch-wissenschaftliche Objekte, wie der Tunnel des Eupalinos. Das islamische Mittelalter überliefert uns mehr Bilder. Die christliche Renaissance schließlich verbildlicht in systematischer werdendem Umfang die physikalischen Ideen der Antike und erweitert sie nicht unerheblich. Wissenschaft und ihre Darstellung erhalten einen langsam bedeutender werdenden Platz in der Gesellschaft. Jetzt werden auch Instrumente, Geräte, Maschinen bei wissenschaftlichen Untersuchungen immer wesentlicher – und bleiben erhalten. In der Kunst, insbesondere in der Malerei, tauchen ab und zu wissenschaftliche Themen auf. Die Barockzeit fängt bald an, auch die Wissenschaft mit Bildern zu überfluten. Das 18. und 19. Jahrhundert schließlich bieten von original erhaltenen Instrumenten, und von Bildern ihres Einsatzes in Experimenten und an technischen Geräten, über theoretische Modelle bis zu allegorischen Darstellungen eine breite visuelle Welt, die sowohl Wissenschaftler als auch Laien informieren, unterrichten und auch schon unterhalten soll. Ab etwa der Mitte des 19. Jahrhunderts kommt die Fotografie hinzu. Zusammen mit neuen Drucktechniken können Ergebnisse, Ideen, Experimente, Apparate, Modellvorstellungen immer eindrucksvoller dargestellt werden. Die Physik kommt im Bild jedem Interessierten näher, obwohl sie auf ihrem Weg in das 21. Jahrhundert immer komplexer wird.

Mit der Bildauswahl wollen wir nicht nur die Physik selbst beleuchten. Auch gesellschaftliche und kulturelle Eigenheiten der verschiedenen Epochen sollen

eingefangen werden. Sich mit solchen Bildern auf eine Zeitreise durch die Physikgeschichte zu begeben, ist wie der Besuch in einem Museum. Hier wie dort ist es der visuelle Sinn, von dem sich der Betrachter zu den Ausstellungsstücken und Bildern leiten lässt. Und wie in einem Museum ist es auch in diesem Buch nicht zwingend, sich an die vorgegebene Reihenfolge zu halten. Jedes der hundert Kapitel Physikgeschichte lässt sich weitgehend unabhängig von den anderen lesen. Es ist mit dem jeweiligen Autorenkürzel (ME bzw. JT)

gekennzeichnet. Über die Auswahl lässt sich natürlich durchaus diskutieren. Sie wird immer bis zu einem gewissen Grad subjektiv bleiben. Übergeordnete Zusammenhänge werden in den Einleitungskapiteln zu den sieben Epochen erläutert, in die wir die physikalischen Entwicklungen seit der Antike gliedern. Wir hoffen, dass unsere Bilder-Zeitreise durch die Geschichte der Physik auf diese Weise zu einem lehrreichen und im tieferen Sinn des Wortes anschaulichen Erlebnis wird.

ME und JT

DIE GRIECHISCHE ANTIKE UND DER URSPRUNG DER PHYSIK

DIE GRIECHISCHE ANTIKE UND DER URSPRUNG DER PHYSIK

Die griechische Antike hat nicht nur den Begriff Physik geprägt – in der Philosophie von Aristoteles, als rationale Beschäftigung mit der Gesamtnatur – sie hat uns auch erste wesentliche Einzelerkenntnisse aus den Bereichen Mechanik, Optik, Akustik geliefert.

Den Beginn rationaler Beschäftigung mit der Natur können wir mit den Philosophen Thales, Anaximander und Anaximenes aus der kleinasiatischen Handelsstadt Milet unmittelbar nach 600 vor Christus ansetzen. Sicher gab es Einzelerkenntnisse auch schon in anderen Hochkulturen. In der Astronomie, die wir heute im Wesentlichen der Physik einverleibt haben, können wir wissenschaftliche Erkenntnisse direkt weiter zurückverfolgen, nach Mesopotamien, Indien, China, sogar in die amerikanischen Hochkulturen. Eng verbunden sind wahrscheinlich erste physikalische Erkenntnisse vor allem mit technischen Geräten. Doch wurden Keil, Hebel, schiefe Ebene schon lange in der Geschichte der Menschheit angewendet, ohne dass zugrunde liegenden Prinzipien erkannt wurden. Auch solche Überlegungen sind uns erst aus der griechischen Antike bekannt, als die euklidische Geometrie mächtige mathematische Mittel dafür bereitstellt. Doch schon zurzeit von Thales, Anaximander und Anaximenes gibt es erstaunliche technische Innovationen, sogar ganz in der Nähe von Milet, auf Samos – den Tunnel des Ingenieurs Eupalinos, der auch wissenschaftliche Kenntnisse voraussetzt.

In dem berühmten Bild der Schule von Athen – der Schule der Wissenschaften – das Raffael kurz nach 1500 für den Vatikan malt, erscheint die Geometrie in der Gruppe ganz rechts. Euklid (oder ist es Archimedes?) zeichnet mit dem Zirkel auf eine Tafel vor beeindruckten jungen Schülern. Daneben sehen wir einen Wissenschaftler mit einem Erdglobus (möglicherweise Ptolemäus, die Krone auf dem Kopf signalisiert das Missverständnis, dass er zum Königshaus der Ptolemäer gehört, die damals Ägypten beherrschten). Ein Astronom mit einem Sternglobus (Hipparch?) symbolisiert die Astronomie. Rechts an diese Gruppe hat sich der Maler Raffael selbst angeschmiegt – möglicherweise zusammen mit seinem Malpartner. Ansonsten existiert die Naturwissenschaft nicht. Im Zentrum des Bildes (und im Fluchtpunkt aller Linien der Zentralperspektive, die die Renaissance mathematisch entdeckt hatte) stehen die Philosophen Plato und Aristoteles. Vor ihnen auf den Stufen liegt Diogenes, der vielleicht gerade zu Alexander dem Großen (neben ihm?) den berühmten Satz spricht: „Geh mir aus der Sonne." Im Vordergrund halb links hat Heraklit seinen Kopf auf die Hand gestützt. Im Hintergrund links sehen wir die gestikulierende Gruppe der Rhetoriker. Griechische Wissenschaft wird also vor allem als Denk- und Debattierclub dargestellt. Die mächtigen Gewölbe dagegen und die gekonnte mathematische Perspektive verdeutlichen das Selbstbewusstsein der Renaissance gegenüber ihrem großen Vorbild Griechenland.

JT

← Die Akademie Platos in Athen –
Plato deutet auf einen Himmelsglobus.

Die Schule der Wissenschaften. →

Die Milesische Naturphilosophie –
Thales, Anaximander und Anaximenes

Milet wird ab dem 8. Jahrhundert vor Christus bedeutender und mächtiger Handelsplatz inklusive Kulturzentrum für den gesamten Osten des Mittelmeers. Hier entsteht der erste Versuch, alles Geschehen auf nicht mythische Ursachen zurückzuführen.

Über Thales selbst wissen wir sehr wenig. Hat er überhaupt Schriften hinterlassen? Laut Aristoteles soll er geglaubt haben, die Erde sei aus dem Wasser entstanden und schwimme darauf – als Scheibe? – wie ein Schiff. Auch finde er, „dass ein bestimmter Stein [Magnetstein? Bernstein?] eine Seele besitze, weil er das Eisen bewege". Seine berühmte Vorhersage der Sonnenfinsternis des Jahres 585 vor Christus hat er, wenn überhaupt, aus babylonischen Aufzeichnungen entwickelt.

Tatsächlich beginnt das naturphilosophische Denken als Logos – gegen den Mythos – mit Anaximander, der wahrscheinlich ein Schüler von Thales war. So erklärt er aus dem Verdunsten der Feuchtigkeit um die schwimmende Erde Erscheinungen wie Nebel, Wolken, Wind – und auch Sterne, Mond und Sonne. Letztere zwei

sollen leuchtende Öffnungen in den mit Feuermaterie gefüllten Schläuchen von Nebelmassen um die Erde herum sein. Alles Leben ist ursprünglich aus Wassertieren entstanden. Das räumliche und stoffliche Apeiron, wörtlich „dessen Grenzen man nicht erreichen kann", umschließe und steuere alles. Daraus entstehen alle Gegensätze wie warm und kalt. Anaximander denkt auch schon quantitativ. Die Erde ist eine Scheibe, 3-mal so breit wie hoch. Der Sonnenschlauch soll 27-mal so groß wie die Erdscheibe sein. Überraschenderweise liegt der Sternenhimmel nahe an der Erde. Wahrscheinlich stellt er ihn sich als kristallartigen Zustand vor. Die punktuell unterschiedliche Trübung dieses Zustands lässt die Feuermaterie von außerhalb des Himmels als einzelne Sterne durchscheinen. Das starke Sonnen- und Mondlicht dagegen kann alles klar durchdringen. Verstopfungen der Schlauchlöcher erklären die Finsternisse. Sehr innovativ ist die Drehung oder Verschiebung des Sonnenrades im Laufe eines Jahres, das die verschiedenen Sonnenhöhen und -wendepunkte erklärt.

Anaximenes verändert das Apeiron von Anaximander zu etwas eindeutig Materiellem, der Luft. Luft ist Ursprung und Wesen aller Dinge. Sie sei ständig in Bewegung, das ergibt Veränderung. Verdichtete Luft ist kalt, verdünnte warm – wie die auf der Haut gefühlte aus kleiner Mundöffnung herausgepresste Luft zeigt, im Gegensatz zu warmer gehauchter Luft aus breitem Mund. Verdünnt sich die Luft noch weiter, wird sie zu Feuer. Mensch, Tier, Pflanzen, der Gesamtkosmos sind beseelte Zustände der Luft. Seine Kosmologie bleibt traditionell. Kreise der Himmelsgestirne um die Erde herum kennt er nicht. Dafür kennt er – wahrscheinlich von Babylon übernommen – die fünf sternförmigen Wandelsterne Merkur, Venus, Mars, Jupiter, Saturn. Zusätzliche dunkle, erdartige Körper erklären ihm die Verfinsterung von Sonne und Mond.

JT

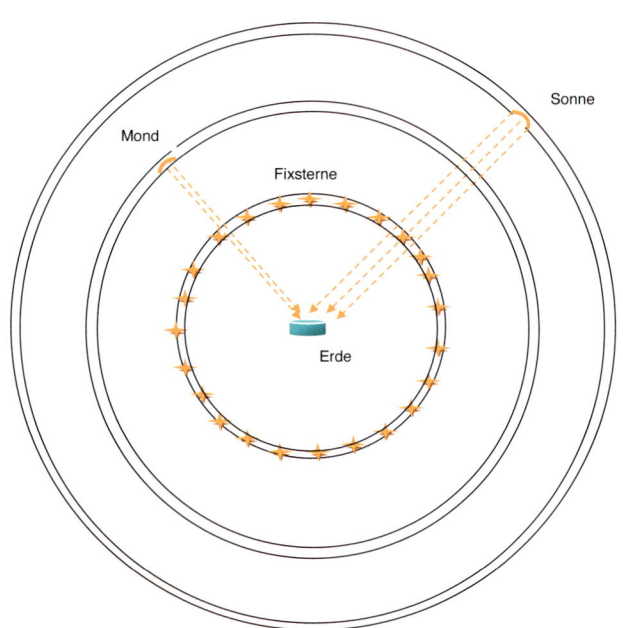

Kosmologische Vorstellungen von Anaximander.

Anaximander mit Sonnenuhr in einem römischen Mosaik. →

Der Tunnel des Eupalinos

Der Tunnel des griechischen Ingenieurs Eupalinos auf der Insel Samos, heute eine Touristenattraktion, ist eine wissenschaftlich-technische Meisterleistung ersten Grades. Er entsteht um 540 vor Christus kurz vor der Herrschaft des aus Schillers Ballade bekannten Tyrannen Polykrates, zurzeit wachsender politisch-wirtschaftlicher Macht des Inselstaates. Der Handelsplatz Milet, wo die Philosophie gerade begonnen hat, ein neues nicht mythisch fundiertes Bild der Natur zu formulieren, liegt benachbart und ist in engem Austausch mit Samos. Kennt Eupalinos die milesischen Naturphilosophen? Hat Pythagoras schon eine Rolle gespielt? Wir wissen nichts über diesen Ingenieur, es gibt nur eine bewundernde Erwähnung des 1036 Meter langen Tunnels bei Herodot. Der Bau führt bestes mathematisches, physikalisches, vermessungs- und ingenieurtechnisches Wissen dieser frühen Zeit zusammen. Eupalinos beginnt den Tunnel von beiden Enden gleichzeitig – das erste Mal in der Geschichte unter solchen Anforderungen. Ein Tunnelbau von zwei Seiten gleichzeitig spart die Hälfte der Bauzeit. Zwei Hauer auf jeder Seite kommen auf Samos etwa 12–15 Zentimeter pro Tag vorwärts. Bei ununterbrochener Schichtarbeit treffen sich beide Teams also nach mindestens neun, statt traditionell nach 18 Jahren. Erst in der Spätantike wird die Technik Standard.

Die Leistung des Eupalinos kann in zwei Teile aufgespalten werden, zunächst die Festlegung der zwei Tunneleingänge auf gleicher Meereshöhe, mit der genauen Ausrichtung des beidseitigen Stollenbeginns, danach die Tunnelführung bis zum Treffpunkt – ideal auf einer Geraden.

Das Problem der Meereshöhe wird exakt, bis auf wenige Zentimeter, gelöst – wahrscheinlich mit Visiermethoden um den Berg. Eine große Wasserwaage mit Visierbalken, ein Chorobat, könnte das entscheidende Messgerät gewesen sein. Eine Stangenvisierlinie über den Berg, zwischen dem günstigsten Tunnelbeginn nahe der nördlichen Quelle und dem erwünschten Ausgang innerhalb der Hauptstadt Pythagoreion liefert die zweite Koordinate. Die Schnittpunkte mit der Wasserwaagen-Visierlinie legen Süd- und Nordende des Tunnels fest. Nachmessungen der Ausrichtung der Tunnelteile heute zeigen hier 0,6 Grad Unterschied. Das zweite Problem bringt nun unerwartete Schwierigkeiten. Nur der Südstollen kann gerade weiterverfolgt werden, zunächst über die Stangenvisierlinie des Berges kontrolliert, durch den Stolleneingang hindurch, dann direkt über dieses immer weiter entfernte Eingangsloch. Das Gestein des Nordstollens wird jedoch brüchiger, sodass Eupalinos von der geraden Richtung abweicht. Er wählt einen Dreiecksumweg. Da keine Rückwärtsvisierung zum Nordende mehr möglich ist, muss er dieses Dreieck genau kalkulieren. Messmarken im Tunnel beweisen es. Dabei kommt er von der ursprünglich geplanten geraden Linie um 20 Meter ab. Ein ingenieurtechnischer Trick bringt trotzdem den „Durchbruch": Jedes der Hauer-Teams schlägt einen Haken, als ihre Entfernungsmessung in den Tunnelteilstücken anzeigt, dass sie einander genügend nahe sind. So können sie sich nicht parallel verfehlen. Der tiefe Wasserkanal kann dann von vielen Hauern gleichzeitig geschlagen werden.

JT

Links: Historischer Zustand des Tunnels von Eupalinos. Rechts: Heutiger begehbarer Teil. →

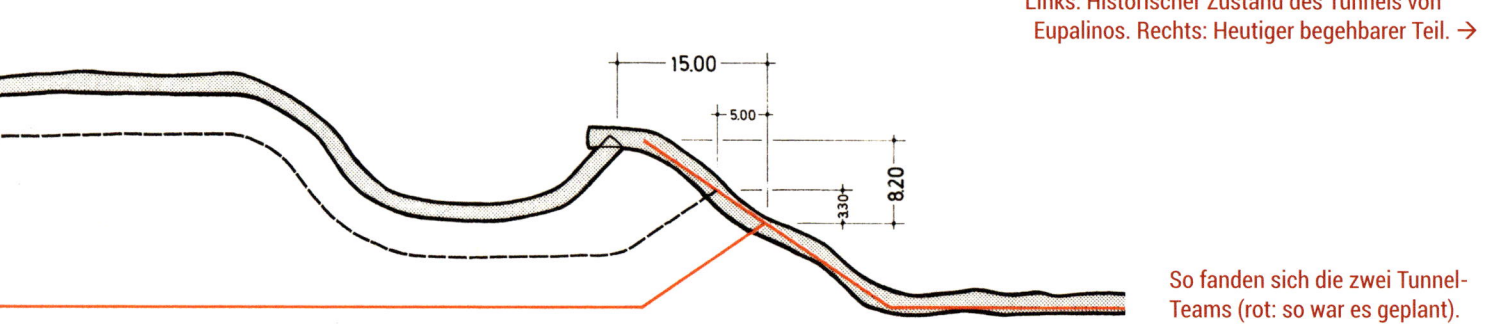

So fanden sich die zwei Tunnel-Teams (rot: so war es geplant).

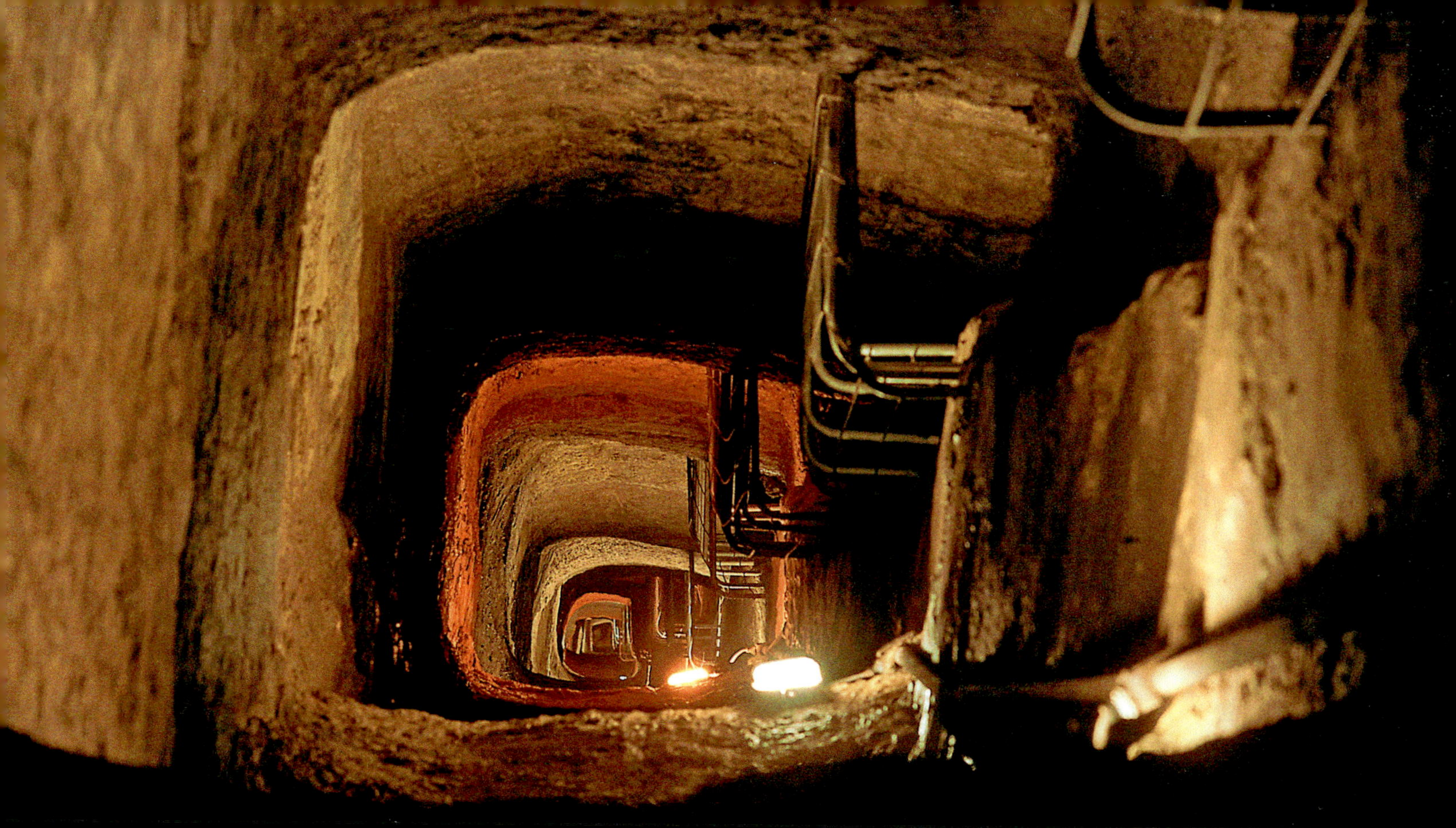
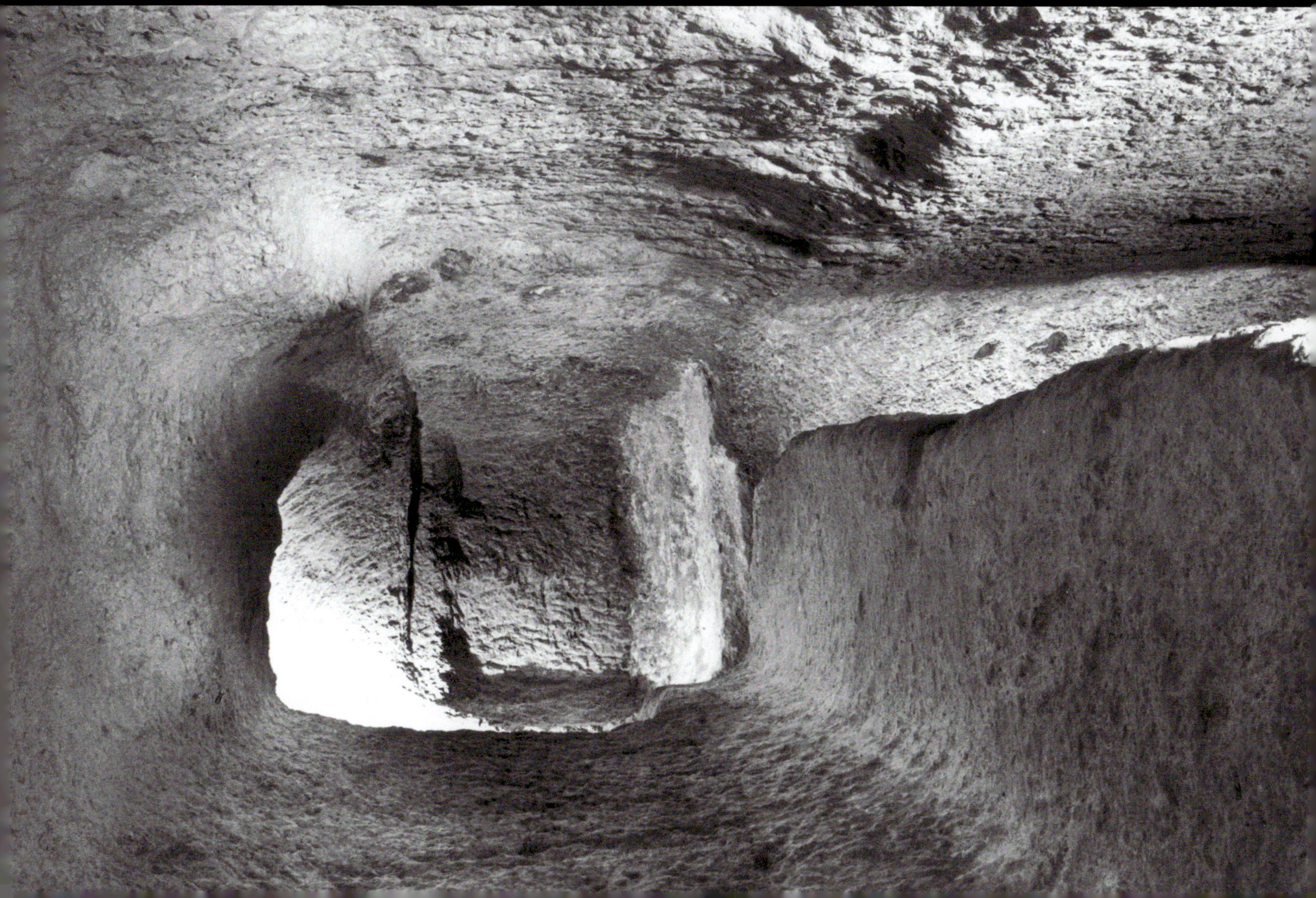

Atome und Elemente – von Leukipp bis Plato

Auch wenn es nach dem 5. Jahrhundert vor Christus manche physikalische Einzelerkenntnisse in der antiken Naturwissenschaft gibt, in der Optik, in der Akustik, so verbinden wir das Entstehen von spezifisch physikalischen Denken in der Antike meist mit der Entstehung der Atomlehre ab Leukipp im 5. Jahrhundert vor Christus. Er ist uns vor allem durch seinen Schüler Demokrit überliefert. Demokrit, aus der Handelsstadt Abdera in Thrakien ist reich, umfassend gebildet und weit gereist. Er verfasst zahlreiche Schriften, die uns jedoch nur in einzelnen Fragmenten erhalten sind. Die gesamte Natur besteht nach ihm aus materiellen kleinsten unteilbaren Teilchen (*atomos*) und aus der Leere. Sogar das Denken und die Seele sind aus Atomen zusammengesetzt. Diese sind unterschiedlich nach Gestalt und Größe. Hatte Anaxagoras noch geglaubt, durch Experimente mit dem Wasserheber bewiesen zu haben, dass es kein Vakuum geben kann, so genannte leere Gegenstände seien mit Luft gefüllt, so wird das jetzt bestritten. Die Leere sei für die Bewegung der Atome notwendig. Die Seele etwa besteht aus feinen, glatten und runden Atomen, ähnlich denen des Feuers. Die Atomisten also sind Materialisten. Demokrit versteht die Vielfalt der Welt wie die Vielfalt der Schrift: Atome würden sich unterscheiden wie Buchstaben, in Form, Anordnung und Stellung.

Die Atomisten haben wahrscheinlich Plato beeinflusst, der diese Lehre aber ins Mathematisch-Nichtmaterielle wendet. Ideen sind für ihn das Wesentliche, Ursprüngliche. Ideen verhalten sich zur Mathematik, wie die Sinnendinge zu Schatten oder Spiegelungen auf der Wasserfläche. Sinnendinge sind also Reales, aber Erkenntnis muss sich über die Mathematik den Ideen annähern. Sein Höhlengleichnis wird in der modernen Physik ab dem 19. Jahrhundert berühmt: Wir sitzen gefangen in einer Höhle und starren auf eine Wand, auf der die Schatten von Ereignissen spielen, die uns ein Feuer projiziert, das hinter unserem Rücken brennt.

Nach Plato kann man grundlegende Ideen aus der Mathematik erschließen, etwa die vier Elemente, die er von Empedokles übernimmt. Sie entsprechen vieren der fünf möglichen regulären (also nur aus einer einzigen Art regulärer Vielecke bestehenden) Polyeder. Der Würfel entspricht dem Element Erde (die er übrigens schon als Kugel ansieht). Er ist am besten lückenlos zu packen, mit der festesten Grundfläche, am unbeweglichsten. Ikosaeder (Wasser) und Oktaeder (Luft) sind ähnlich der Erde, aber beweglicher. Das Tetraeder (Feuer) ist am kleinsten, mit den schärfsten Spitzen und am leichtesten beweglich.

Diese Polyedereinheiten setzt Plato nun noch aus Oberflächendreiecken zusammen und erschließt daraus weitere Eigenschaften. Jede Würfelfläche teilt er in gleichschenklig-rechtwinklige Dreiecke. Bei Wasser, Luft und Feuer gibt es ganz andere Dreiecke (90°-60°-30°). Daraus folgt etwa, dass Erde nicht in die anderen Elemente verwandelbar ist. Metalle, da verflüssigbar, müssen also festes Wasser sein. Da zwei Wasserpartikel 40 Dreiecke (90°-60°-30°) enthalten, entsprechen sie fünf Luftpartikeln mit ebenfalls 40 Dreiecken dieser Art. Wasser dehnt sich also bei Verdampfen aus. Der fünfte reguläre Polyeder, der Dodekaeder, wird nur kurz erwähnt, möglicherweise als Bild des gesamten Weltalls verstanden.

Geometrie wird mit Plato eine wichtige Grundlage wissenschaftlichen Denkens, noch vor dem Höhepunkt der Geometrie als axiomatischer Wissenschaft mit Eudoxos und insbesondere Euklid im 4. Jahrhundert vor Christus. Aristoteles opponiert gegen diese Auffassung heftig. Mathematik erkenne nur Nebensächliches der Subjekte und ihrer Eigenschaften, etwa die Ortsbewegung.

JT

Ikosaeder (a), Oktaeder (b), Würfel (c), Tetraeder (d) auf Zeichnungen von Leonardo da Vinci. →

YCOCEDRON·PLANVS VACVVS

XXII

a

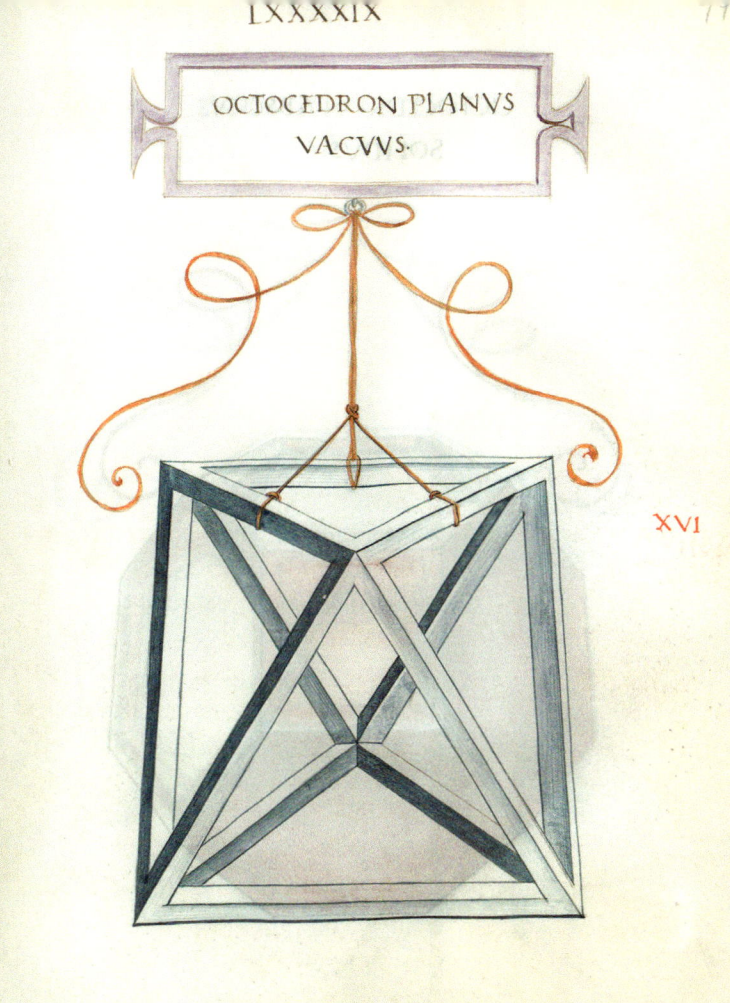

OCTOCEDRON·PLANVS VACVVS

XVI

b

EXACEDRON·PLANVS SOLIDVS

11

c

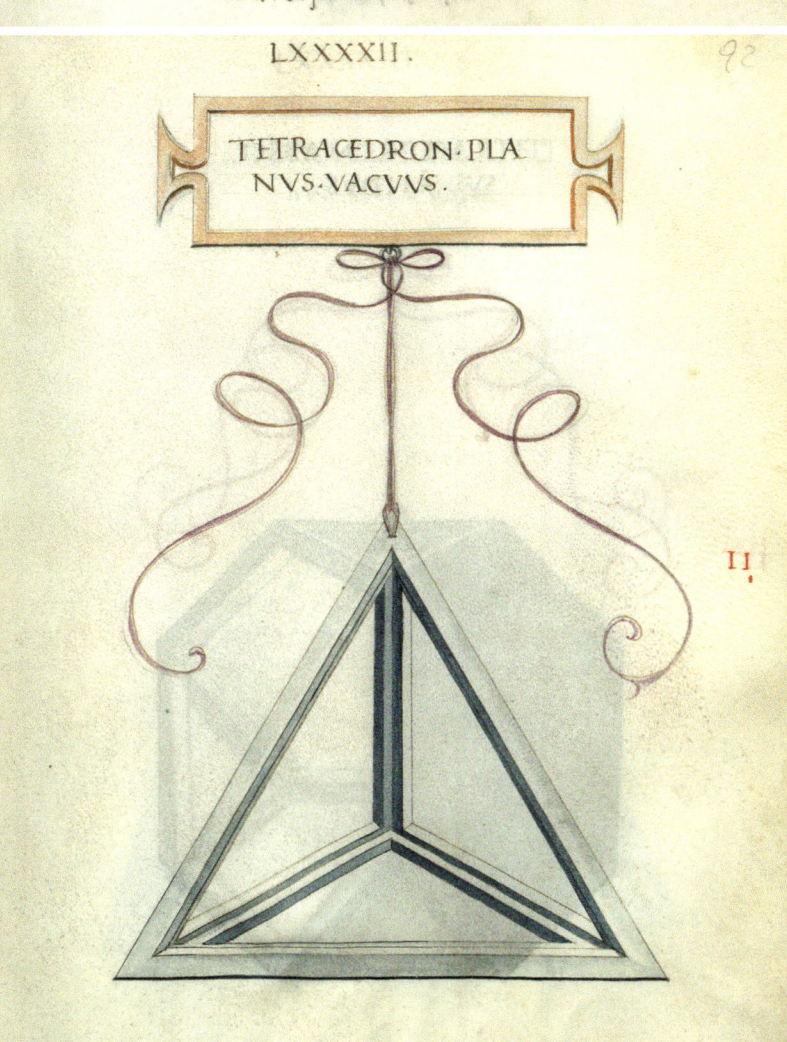

TETRACEDRON·PLA NVS·VACVVS·

II

d

Aristoteles

War Aristoteles vor allem Hemmschuh bei der Entwicklung antik-mittelalterlichen Denkens hin zur klassischen Physik ab Galilei? Die Reserviertheit gegenüber mathematischer Behandlung der Natur, seine besondere Betonung qualitativer Eigenschaften, die Trennung des Kosmos in sublunare materielle Sphäre und in supralunare nicht materielle Welt des Himmels, die Ablehnung des Vakuums, und seine Vorstellungen zur Ortsbewegung mit einer konstanten Geschwindigkeit proportional zur einwirkenden Kraft erscheinen oft nur als rückständig gegenüber modernerem Denken. Doch ist das nicht gerechtfertigt? Platonisches mathematisches Herangehen an die Welt und aristotelische Kritik an dem einfachen Glauben an eine mathematisch-empirisch erfahrbare objektive Wirklichkeit (auch mithilfe der Sprache, der Logik und der Metaphysik als „erster Philosophie") gehören beide zur Tradition unserer heutigen Naturwissenschaft.

367 vor Christus kommt der Mazedonier Aristoteles mit 17 Jahren an die platonische Akademie in Athen und bleibt hier 20 Jahre bis zum Tode Platos. Nach vielen Studienreisen wird er auch Lehrer Alexanders des Großen. Von seinen angeblichen 150 Abhandlungen sind knapp 30 erhalten. Er wehrt sich gegen die Ideenlehre Platos. Mathematiker können zwar Körper, Flächen, Strecken und Punkte als selbstständige Gegenstände behandeln, doch Physiker kann das nicht zufrieden stellen. Für sie sind das nur Begrenzungen von Naturgebilden. Als Grundlagen der Wirklichkeit sieht Aristoteles die Subjekte und ihre Eigenschaften. Die Substanz der Subjekte und die Formierung von Eigenschaften bestimmt auch jegliche Veränderung. Ohne Substanz oder Materie gibt es keinen Raum. Das mutet modern an. Für Plato gab es einen unabhängig existierenden Raum als Gefäß für alle Körper. Aristoteles hält an den vier Grundelementen fest, die aber nicht geometrisch, sondern durch Eigenschaftspaare geprägt werden. Feuer ist warm und trocken, Luft warm und feucht, Wasser kalt und feucht, Erde kalt und trocken. Aus dem Umschlag der Eigenschaften entsteht der Kreislauf der Elemente. Die Vielfalt der sublunaren Welt erklärt sich aus ihren beliebigen Mischungen. Erde ist absolut schwer und Feuer absolut leicht, während Wasser etwa gegenüber der Erde leichter sein kann, gegenüber der Luft allerdings schwerer.

Je schwerer ein Körper in dem betreffenden Medium ist, desto schneller fällt er. Das sind alles natürliche Bewegungen. Gewaltsame Bewegungen bedürfen einer Kraft. So wie der Ochsenkarren stehen bleibt, wenn die antreibende Kraft fehlt, so treibt eine vorhandene Kraft einen Körper mit konstanter Geschwindigkeit, aber umgekehrt proportional zum Widerstand des Mediums. Ein Problem für Aristoteles ist die Wurfbewegung, bei der etwa der Speer auch ohne Handkontakt weiter fliegt. Bewegung (*metabole* oder *kinesis*) wird keineswegs nur als Ortsbewegung verstanden, sondern generell als jegliche Art von Veränderung. Eine Mischung zweier unterschiedlicher Bewegungen ist für Aristoteles undenkbar.

Die Erde, das schwerste Element, muss im Weltzentrum in Ruhe stehen. Ihre Kugelgestalt ergibt sich daraus physikalisch: Alles Schwere versucht möglichst nahe an das Weltzentrum zu gelangen. Aristoteles bringt auch alle Beobachtungsargumente, die für die Kugelgestalt der Erde sprechen. Der supralunare Bereich der Welt ab der Mondsphäre besteht aus einem eigenen Grundstoff, dem Äther. Aristoteles übernimmt das schon von Eudoxos von Knidos konstruierte und dann von Kallipos weiter entwickelte Sphärenmodell der Planeten – am Himmel gesteht er also der Mathematik wesentlichen Einfluss zu – erweitert es um insgesamt 22 Sphären und fügt einen ersten unbewegten Beweger hinzu, der das ganze Weltall in Drehung hält.

JT

Das Mittelalter illustriert und erweitert Aristoteles. Im menschlichen Körper spiegeln sich Tierkreissternbilder und die vier Elemente. →

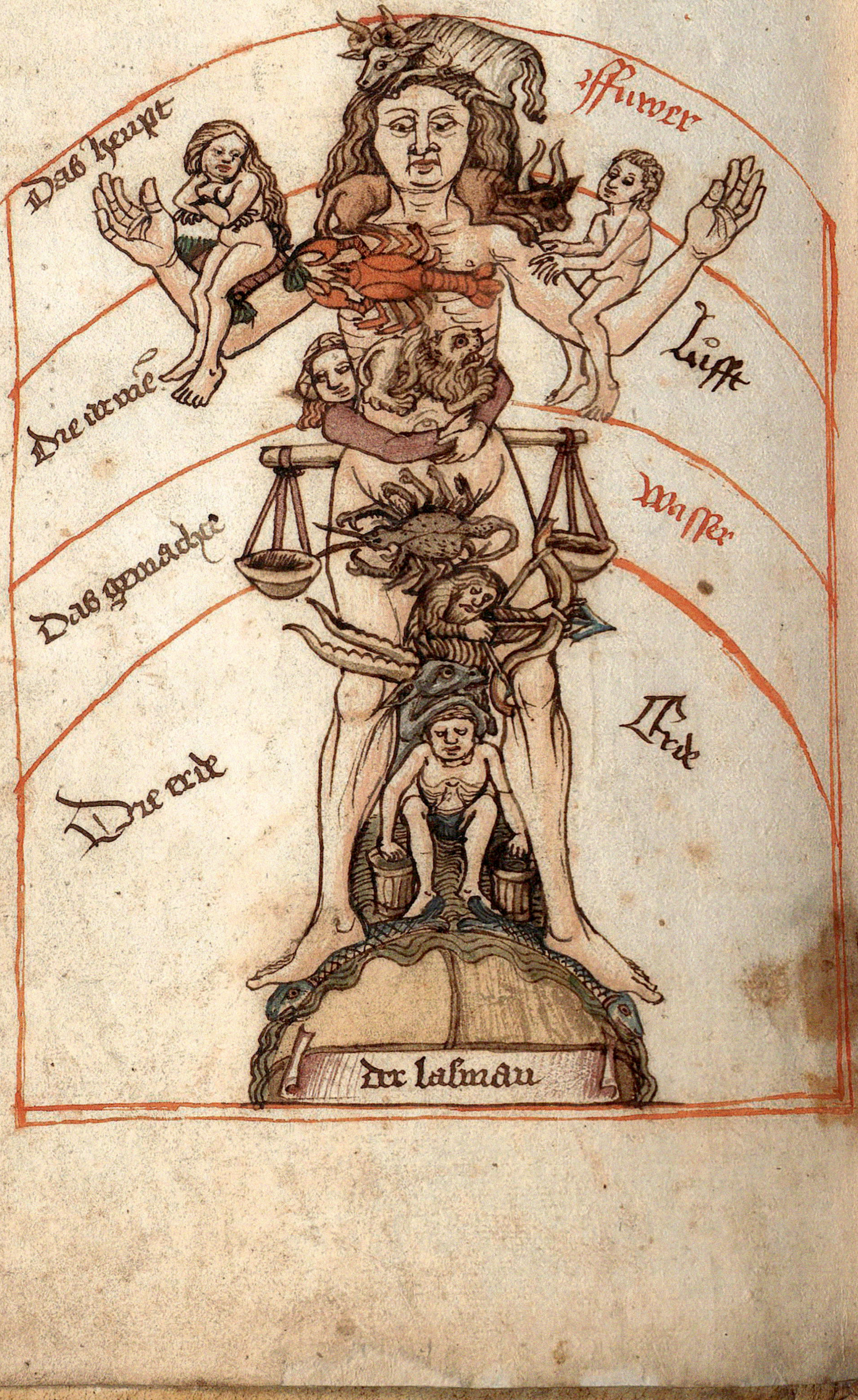

Das haupt
ffuwer
Lufft
Wasser
Das gemacht
Erde
Die erde
der lasman

Archimedes und die Mechanik

Archimedes ist noch heute ein Mythos: Ein mathematisches Genie, ein Physiker und Ingenieur, der einen spektakulären Tod erleidet, als seine Heimatstadt Syrakus im Jahr 212 vor Christus von den Römern erobert wird.

Über sein Leben wissen wir wenig. Das gilt allerdings für viele antike Geistesgrößen. Um das Jahr 287 vor Christus wird er in Syrakus, nach eigener Auskunft, als Sohn des Hofastronomen geboren. Er besitzt gute Kontakte zur Herrscherfamilie und bald auch zur wissenschaftlichen Welt um ihn herum. So studiert er in Alexandria und lernt dort den Gelehrten Eratosthenes kennen, der uns vor allem als Geograph und Vermesser des Erdumfangs bekannt ist, sowie andere Wissenschaftler. Archimedes selbst wird vor allem Mathematiker. So versucht er in seinem „Sandrechner" die Anzahl der Sandkörner in einem großen Universum zu bestimmen, um zu beweisen, dass man auch das scheinbar Unendliche quantitativ erfassen kann. Er kommt auf die Zahl 10^{63} – in unserer Schreibweise. Dazu muss er verschiedene Ordnungen von Zahlen definieren, und kommt unserer Potenzschreibweise sehr nahe. Auch seine sonstige Mathematik ist äußerst innovativ, etwa die Exhaustionsmethode zur Berechnung komplizierter Flächen, wie des Segments einer Parabel. Dabei verwendet er praktisch eine unendliche geometrische Reihe.

In der Physik gilt er mit seiner Arbeit über das Gleichgewicht ebener Flächen als Begründer der Statik und mit seiner Schrift über schwimmende Körper als Begründer der Hydrostatik. Sein archimedisches Prinzip besagt, dass ein Körper in einem Medium wie Wasser genauso viel Gewicht verliert, wie die verdrängte Flüssigkeitsmenge wiegt. Der Legende nach soll Archimedes dieses Prinzip beim Baden entdeckt haben, als aus seinem randvollen Badezuber genauso viel Wasser ausfließt, wie er mit seinem Körper verdrängt. Glücklich springt er aus dem Wasser heraus und läuft nackt mit dem Ausruf „Heureka!" („Ich hab's gefunden!") auf die Straße. In Wahrheit hat er sicher, als exakter Wissenschaftler, mit Waage und Messgefäßen experimentiert. Auch seinen berühmten Nachweis, dass eine Krone für König Hiero von Syrakus nicht aus purem Gold besteht, führt er wohl, wenn die Geschichte überhaupt stimmt, nicht mit dem Überlauf von Wasser durch – denn eine plausible Rechnung führt auf weniger als einen halben Millimeter Unterschied der Wasserstände zwischen echtem Goldklumpen und gefälschter Krone – sondern mit einer Waage, an deren einem Balken die gefälschte Krone und am anderen Balken ein reiner Goldklumpen gleichen Gewichts hängt.

All seine physikalischen Untersuchungen erfolgen streng mathematisch deduktiv. So beweist er auch das Hebelgesetz. Sein Ausspruch „Gebt mir einen Punkt im All und ich hebe die Welt aus den Angeln" gehört ebenfalls in den Bereich des Mythos. Mathematisch bestimmt Archimedes auch Schwerpunkte von Flächen und Körpern und benutzt sie zu deren Inhaltsbestimmung. Die Zahl Pi berechnet er ziemlich genau mittels des regelmäßigen 96-Ecks. Archimedes soll auch die nach ihm benannte Schraubenwelle zur Wasserhebung erfunden haben. Berichtet wird ferner, dass die Römer bei der Eroberung von Syrakus ein komplexes Planetarium von Archimedes finden, das die Bewegungen der Himmelskörper raffiniert vorführt.

Kein Wunder, dass der römische Feldherr Marcellus Archimedes gerne als Ingenieur für Rom gewinnen will. Der Tod des gelehrten Greises, wie er auch immer geschah (hat ihn wirklich ein Soldat erschlagen?), hat dies verhindert.

JT

Tod des Archimedes.

Archimedes im Bade. →

Licht und Sehen – von Euklid bis Ptolemäus

Die Optik als Lehre vom Licht entsteht in der griechischen Antike möglicherweise aus Untersuchungen zur Perspektive der Theaterdekorationen. Sie versucht, das Sehen im Raum zu erklären. Die Katoptrik betrachtet die – praktisch besonders wichtige – Reflexion sowie die Brechung des Lichtes.

Aristoteles vertritt die Sehstrahlentheorie. Vom Auge wird ein Strahlenkegel ausgesendet. Die Gegenstände reflektieren diese Sehstrahlen zurück ins Auge. So erkennen wir die Wirklichkeit. Für ihn ist die Luft nicht einfach Störfaktor, der etwa Sehstrahlen dämpft, sie ist vermittelndes Medium für den Sehvorgang selbst. Die Veränderung ihrer Transparenz übermittelt die Farben eines Objekts. Die Geschwindigkeit des Lichts betrachtet er als unendlich groß.

Die geometrische Optik begründet Euklid im 4. bis 3. Jahrhundert vor Christus mathematisch in Analogie zur reinen Geometrie. Physikalisch vertritt auch er die Sehstrahlentheorie: Die geradlinig sich vom Auge verbreiternde Strahlenaussendung erklärt verschiedene perspektivische Eindrücke wie die scheinbare Verkleinerung von Gegenständen mit der Entfernung, das scheinbare Zusammenlaufen von Parallelen, die scheinbare Veränderung eines Kreises zu einer Ellipse bei schräger Betrachtung.

Wahrscheinlich hat sich auch Archimedes intensiv mit Optik beschäftigt, obwohl kein Werk dazu erhalten ist. Der Mythos, er hätte die Syrakus angreifende Flotte der Römer mit Brennspiegeln in Brand gesetzt, kann in diesem Zusammenhang entstanden sein. Diskussionen über solche Leistungen von Archimedes ziehen sich über Jahrhunderte hinweg. Im 20. Jahrhundert schließlich werden sogar Versuche mit realen Schiffen durchgeführt, um nachzuweisen, dass solch eine optische Waffe physikalisch unmöglich ist. Hero von Alexandria behandelt im 1. Jahrhundert nach Christus die Katoptrik, auch mit Vorschlägen zu verschiedenen Spiegelkombinationen.

Ausführlich forscht Ptolemäus 100 Jahre später zu Licht, Farben, dem Sehstrom sowie zur Lichtreflexion bzw.-brechung. Dabei fasst er alles bisherige Wissen zusammen und geht weit über die geometrische Optik hinaus. Die Lichtbrechung (des Sternenlichts in der Erdatmosphäre) ist für ihn als Astronom besonders wichtig. Er untersucht die Brechung von Lichtstrahlen beim Übergang in dichtere Medien mit ausgeklügelter Apparatur und stellt genaue Tabellen dazu auf. Das Brechungsgesetz allerdings entdeckt er noch nicht. Beim Übergang von Licht in ein dichteres Medium findet er die Totalreflexion. Ptolemäus behandelt auch nicht geometrisch erklärbare optische Täuschungen, wie die Mischung der Farben auf einer sich drehenden Scheibe oder die Farben- und Luftperspektive. Er untersucht auch das Sehen mit beiden Augen, bei dem die zwei in die Augen reflektierten Sehstrahlen eines Objektpunktes zu einer Einheit verschmelzen.

Neben den Sehstrahlen aus dem Auge lassen sich eigenständige Strahlen von Lichtquellen wie der Sonne und des Feuers nicht leugnen. Nach Ptolemäus können die Sehstrahlen von einem Gegenstand nur festgehalten (und reflektiert) werden, wenn er hell ist, also selbst leuchtet oder beleuchtet wird. Die Atomistiker sahen dagegen Atome als Abbilder der Gegenstände von diesen aus nach allen Seiten in den Raum fliegen. Empedokles und Plato verbinden schon in etwa solch eine Emissionsvorstellung mit der Sehstrahlentheorie: Das innere Licht des Auges muss ein äußeres von einem Gegenstand ausgehendes Licht vorfinden, um etwas sehen zu können. Beide Auffassungen gewinnen aber kaum weitere Anhänger.

JT

Im 16. Jahrhundert wird die Legende um Archimedes mit seinen Brennspiegeln immer noch ausführlich dargestellt. →

Physik am Bau: Vitruv und die Maschinen der Römer

Amphitheater wie das Kolosseum in Rom oder Wasserleitungen wie der Pont du Gard in Südfrankreich sind eindrucksvolle Relikte einer hoch entwickelten Baukunst im römischen Reich. Ohne Hebel, Flaschenzug, optische Vermessungsgeräte und hydraulische Techniken zur Wasserförderung, kurz, ohne die Anwendung physikalischer Prinzipien wären diese Bauten nicht entstanden. Vitruvs *Zehn Bücher über die Baukunst* geben uns nähere Aufschlüsse über das antike Wissen, das zu solchen Bauten geführt hat. Darin geht es um Architektur im weitesten Sinn: von ästhetischen Leitlinien bei einzelnen Gebäuden bis zu städtebaulichen Maßnahmen, von der optimalen Ausbildung der Architekten bis zur Kriegstechnik.

Vitruvs *Baukunst*, entstanden im 1. Jahrhundert vor Christus, zählt zu den erfolgreichsten Werken der Buchgeschichte. Im Mittelalter vielfach abgeschrieben, mindestens 55 Abschriften finden sich heute in verschiedenen Archiven und Bibliotheken, erscheint es als gedrucktes Buch in lateinischer Originalsprache erstmals im Jahr 1497. Danach folgen Übersetzungen in italienischer, deutscher, französischer, spanischer, englischer und polnischer Sprache. Am Ende des 16. Jahrhunderts gibt es in den Bibliotheken Europas bereits 74 meist reich illustrierte Ausgaben. Die Kupferstiche interpretieren Vitruv durch die Brille eines Renaissance- oder Barock-Architekten; die Abbildung der Vorrichtungen zum Wasserheben entspricht eher dem Stand der Technik im 17. Jahrhundert als dem der Antike. Doch das unterstreicht nur, wie aktuell die Vitruv'sche *Baukunst* all die Jahrhunderte hindurch geblieben ist.

Die Ursache liegt nicht zuletzt in dem hohen Anspruch, den Vitruv an die Ingenieure und Architekten stellt. „Sie sollten", schreibt er im ersten der zehn Bücher seiner *Baukunst*, „bereit zu wissenschaftlich-theoretischer Schulung sein". Dazu gehört auch die Physik. Vitruvs physikalische Erklärungen sind jedoch weit von unserem modernen Verständnis von Physik entfernt, selbst bei so einfachen Apparaten wie Hebel und Flaschenzug. Vitruv erklärt die Physik der Hebelwirkung in dem Kapitel „Über das Geradlinige und den Kreis als Grundfaktoren der Mechanik". Alle Hebelvorrichtungen, und dazu zählt Vitruv auch Karren, Schöpfräder, Seiltrommeln und andere Maschinen, rufen „nach denselben Gesetzen durch einen geradlinigen Kern (Achse oder Unterlage) und durch Umdrehung eines Kreises ihre beabsichtigten Wirkungen hervor." In einigen Renaissance-Ausgaben der *Baukunst* wird dies mit Kreisbögen und Linien angedeutet, um so der krafterleichternden Wirkung bei den abgebildeten Hebelvorrichtungen einen wissenschaftlichen Ausdruck zu verleihen. Tatsächlich sucht man das Hebelgesetz bei Vitruv vergebens. Erst im 13. Jahrhundert formuliert Jordanus de Nemore das Gleichgewichtsproblem, das dann von Renaissance-Mathematikern weiter diskutiert und von Simon Stevin im 17. Jahrhundert auf praktisch-anschauliche Weise gelöst wird.

ME

Hebelwirkung

Eine mit Pferdekraft angetriebene Vorrichtung zur Wasserförderung. →

Form eins künstlichen wasserrads das wasser vast hoch zu heben.

Von mancherley künstliche m Mülwerck das zehend Capitel.

Weiter

Die Größe der Erde – Aristarch von Samos und Eratosthenes

D ass es der antiken Physik gelingt, die absolute Größe der Erde und ihr Verhältnis zu Mond und Sonne zu bestimmen, ist eine besonders ungewöhnliche Leistung. Damit beginnt, wenn man so will, die quantitative Kosmologie.

Aristarch von Samos schildert im 3. Jahrhundert vor Christus ein raffiniertes Verfahren, um die relativen Entfernungen von Mond und Sonne zur Erde in Einheiten des Erdradius zu bestimmen. Die Entfernung des Mondes war mit etwa 60 Erdradien schon bekannt. Bei exakt Halbmond, von der Erde aus gesehen, bilden Erde, Mond und Sonne ein rechtwinkliges Dreieck. Misst man den Winkel, den die Sichtstrahlen zum Mond bzw. zur Sonne bilden, folgt daraus trigonometrisch sofort das Verhältnis der Entfernungen Erde/Mond und Erde/Sonne. Aristarch nimmt diesen Winkel zu 87 Grad an (richtig wären mehr als 89 5/6 Grad). Daraus folgt, dass die Sonne etwa 19-mal weiter von der Erde weg sein muss als der Mond. Das Problem bei dieser Messung ist nicht nur die Winkelmessung, sondern auch die genaue Bestimmung der Zeit des Halbmondes. Die kluge Idee war nicht exakt durchführbar. Aus dem Ergebnis folgt selbstverständlich, dass die Sonne auch 19-mal größer als der Mond sein muss, da Sonne und Mond bei Finsternissen etwa gleich groß erscheinen. Hinzu kommen weitere geniale Überlegungen aus Beobachtungen von Mondfinsternissen: Der Erdschatten, in den der Mond taucht, hat den zweifachen Monddurchmesser (auch das gilt nicht exakt). Geometrische Betrachtungen über den Strahlensatz zeigen nun sofort, dass die Erde etwa 2,8-mal so groß wie der Mond und 6,7-mal kleiner als die Sonne sein muss. So falsch das Ergebnis bezüglich der Sonne ist, es ist eine gewaltige Entdeckung. Die riesige Erde soll nur eine relativ kleine Kugel sein – die Sonne dagegen riesengroß, nicht etwa einfach vom Ausmaß des Peloponnes, wie völlig frei mitunter gemutmaßt wurde! Vielleicht hat dieses erstaunliche Ergebnis Aristarch zu seiner Theorie eines heliozentrischen Weltbildes angeregt – die große Sonne als Mittelpunkt des Weltalls.

Wie „klein" ist aber die Erde absolut? Wahrscheinlich weiß das auch schon Aristarch – zumindest ungefähr – aus astronomisch-geodätischen Beobachtungen und Überlegungen, die in der Nachfolge des Aristoteles stattfinden. Doch kennen wir vor allem die genauen Messungen des vielseitig begabten Gelehrten Eratosthenes von Kyrene, um diese Größe zu bestimmen. Eratosthenes stellt fest, dass im Ort Syene in Ägypten, dem heutigen Assuan, mittags zur Sommersonnenwende die Sonne genau senkrecht im Zenit steht. Zur gleichen Zeit bleibt sie in Alexandria 7 1/5 Grad vom Zenit entfernt. Er nimmt nun an, dass beide Orte auf dem gleichen Längengrad der Erde liegen. Dann lässt sich mithilfe ihrer Entfernung von 5000 griechischen Stadien ganz einfach der gesamte Umfang der Erde berechnen: Die 5000 Stadien entsprechen 7,2/360 des gesamten Erdkreises. Also ergeben 5000 x 360 : 7,2 den Erdumfang zu 250 000 Stadien. Umgerechnet in Kilometern (nach neueren historischen Untersuchungen über die Größe eines Stadion) übertrifft sein Ergebnis den richtigen Umfang von rund 40 000 Kilometern nur um wenige Prozent.

JT

Erde, Mond und Sonne bilden bei Halbmond ein rechtwinkliges Dreieck.

Aristarch: Sonne-, Erde- und Monddurchmesser. →

ad M B perpédicularis . parallela igitur eſt CM ipſi LX. eſt autem & SX parallela ipſi MR; ac propterea triangulum LXS ſimile eſt triangulo MRC. ergo vt SX ad MR, ita SL ad RC. ſed SX ipſius MR minor eſt, quàm dupla; quoniã & XN eſt minor, quàm dupla ipſius MO. ergo & SL ipſius CR minor erit, quã dupla : & R multo minor, quã dupla ipſius RC. ex quibus ſequitur SC ipſius CR minoré eſſe, quã triplã. habebit igitur RC ad CS maio M rem

Computer in der Antike:
Der Antikythera-Mechanismus

Im Jahr 1900 wird vor der kleinen Insel Antikythera südlich des Peloponnes ein versunkenes antikes Schiff entdeckt. Es enthält viele Kunstgegenstände von großem Wert. Anhand gefundener Münzen kann man die Schiffskatastrophe auf etwa 70–60 vor Christus festlegen.

Das Außergewöhnlichste auf diesem Schiff ist ein zusammen gebackener Metallklumpen aus Zahnrädern. Erst ab 1970 wird mit Röntgenaufnahmen alles genauer untersucht.

Der Antikythera-Mechanismus ist ein Computer zur Berechnung von Himmelsbewegungen. Wahrscheinlich handelt es sich um eine Art Planetarium von etwa 30 × 20 × 10 Zentimeter, das für einen reichen Römer als Luxusobjekt hergestellt wurde.

Gemessen an der Kunstfertigkeit der Juweliere in der griechischen Antike ist die Präzision dieses Werkes nicht unbedingt erstaunlich. Doch gibt es kein zweites Beispiel eines solchen komplexen Mechanismus bis in die Zeit der europäischen Renaissance. Es wurde tatsächlich benutzt, wie mindestens zwei Reparaturen an den Rädern zeigen.

Nach dem Jahr 2000 hat ein groß angelegtes Projekt in Athen begonnen, das mit einem Computertomografen die feinsten Schichten der erhaltenen Metallklumpen darstellt und mögliche Zusatzbewegungen des Mechanismus rekonstruiert.

Eindeutig ist, dass Sonnen- und Mondbahn dargestellt werden, möglicherweise durch einen Handantrieb seitlich in Bewegung gesetzt. Dabei wird die komplexe Mondbewegung durch mehrere Zahnräder sehr genau, dem Stand der damaligen Astronomie entsprechend, wiedergegeben. So greift etwa ein Zahnrad mit einem Stift in die Nut eines anderen, das auf einer ganz leicht versetzten Achse läuft. Sonnen- und Mondfinsternisse sind selbstverständlich kalkulierbar, da sie sich in bestimmten Zyklen wiederholen, wie den Griechen schon aus der babylonischen Astronomie bekannt ist. Auch eine Kalenderfunktion integriert dieser geniale Analogcomputer, so kann man etwa die vierjährigen Zeiträume (Olympiaden) zwischen den pangriechischen Sportspielen ablesen. Aus Ansätzen auf dem sichtbaren Hauptzahnrad, sowie aus Textresten kann man entnehmen, dass auch die Bewegungen der übrigen fünf griechischen Planeten Merkur, Venus, Mars, Jupiter, Saturn dargestellt werden. Dazu sind aber weder Zahnräder, noch Skalen noch Zeiger erhalten.

Es gibt einige wenige Bemerkungen zeitgenössischer Autoren über Planetarien, etwa die Ciceros. Man kann also annehmen, dass dieses Gerät nicht das damals einzig existierende ist. Interessant ist eine neue Untersuchung über den Turm der Winde in Athen, der etwa aus dem Jahr 100 vor Christus stammt und das besterhaltene Bauwerk der Antike in Griechenlands Hauptstadt ist. An den äußeren acht Flächen dieses Oktagons sind Symbole der Winde sowie Sonnenuhren angebracht. Das Innere ist heute leer und es wurde schon vermutet, dass es eine Art zweidimensionales Planetarium enthielt. Sehr wahrscheinlich muss aber ein dreidimensionales Modell der Himmelsbewegungen darin gestanden haben, das durch einen Wasserantrieb in Bewegung gesetzt wurde. Auf einen ehemaligen Wasserantrieb weisen Kanalreste in Boden, Wänden und in einem Tankanbau hin.

Der Turm der Winde.

JT

30

Der Antikythera-Mechanismus.

Herons Experimente mit Luft

Heron von Alexandria zeigt in seinem Werk *Pneumatika*, dass Druckluft ganz unmöglich scheinende Bewegungen hervorrufen kann. Wird in eine mit Wasser zur Hälfte gefüllte Hohlkugel Luft eingepumpt, treibt diese das Wasser durch eine nach oben gerichtete Röhre in die Höhe. Mit einer geeignet angebrachten Düse wird daraus ein Springbrunnen.

Auch mit Wärme bewirkt Heron Erstaunliches: Neben einem Tempel wird ein Feuer entfacht. Die erhitzte Luft wird – für den Betrachter unsichtbar – in einen luftdicht geschlossenen und halb mit Wasser gefüllten Kessel im Untergrund geleitet; die heiße Luft treibt das Wasser durch einen Siphon in einen daneben angeordneten Behälter, der durch das größere Gewicht nach unten sinkt und die Tempeltüren öffnet Erlischt das Feuer, kühlt sich die Luft ab und im Kessel entsteht ein Sog, der über den Siphon das Wasser aus dem Behälter wieder zurück saugt. Der leichter gewordene Behälter steigt zurück in die Ausgangslage, und die Tempeltüren schließen sich wieder.

Heron von Alexandria – er soll in der zweiten Hälfte des 1. Jahrhunderts nach Christus gelebt haben – beschreibt noch eine Fülle anderer überraschender Erscheinungen, die durch das Zusammenwirken von Luft, Wasser und Feuer hervorgerufen werden. Aber er liefert dazu keine physikalischen Erklärungen. Wie kann das leichte Medium Luft das schwerere Medium Wasser in die Höhe treiben? Will Heron seinen Zeitgenossen zu verstehen geben, dass die aristotelische Physik eine Irrlehre ist? Oder sollen die Experimente einfach nur für Erstaunen sorgen? In seinem Werk über Automaten treibt Heron dies mit allerlei Techniken, die für den Einsatz im Theater bestimmt sind, auf die Spitze. Oder will er einer neuen Technik den Weg bereiten, indem er aufzeigt, wie Dampf und Druckluft zum Antrieb von Maschinen genutzt werden können?

Darüber gibt es unter den Wissenschafts- und Technikhistorikern sehr verschiedene Ansichten. Manche sehen in Heron von Alexandria den Vordenker moderner Technik – und rätseln darüber, warum die antiken Ingenieure dieses Wissen nicht zum Bau von Dampfmaschinen genutzt haben und warum die industrielle Revolution noch eineinhalb Jahrtausende auf sich warten ließ. Für andere ist Heron lediglich ein Sammler von Wissensbruchstücken, die zu seinen Lebzeiten schon mindestens zweihundert Jahre lang bekannt waren. Die eigentlichen Entdecker und Erfinder der von Heron beschriebenen Erscheinungen müsse man in der hellenistischen Epoche suchen. Die Pneumatik wurde nicht von Heron begründet, sondern von Ktesibios im dritten Jahrhundert vor Christus, der Blütezeit hellenistischer Wissenschaft.

Herons Absichten mögen umstritten sein; dennoch kommt seinem Werk in der Geschichte der Wissenschaft eine herausragende Bedeutung zu. In der Renaissance wird es wiederentdeckt und aus dem Griechischen ins Lateinische, Italienische und Deutsche übersetzt. Herons Experimente liefern das Vorbild für Wasserspiele in den Lustgärten des Barock. Noch heute verwenden wir den „Heronsball" oder den „Heronsbrunnen" – wenn auch nur als didaktisches Spielzeug, um mit dem Charme antiker Technik die Wirkungen von Dampf oder Druckluft aufzuzeigen.

ME

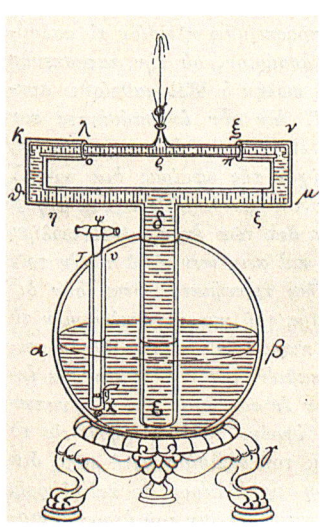

Luft, die in einen Kessel gepumpt wird, treibt Wasser in die Höhe.

Der in den Heronsball geleitete Dampf strömt durch Düsen aus und versetzt nach dem Rückstoßprinzip den Ball in Drehung. →

Ptolemäisches Weltbild und Physik

Der Mathematiker und Astronom Klaudios Ptolemäus fasst im 2. Jahrhundert nach Christus alle theoretischen Ansätze und Beobachtungen aus mehreren Jahrhunderten zu einem geozentrischen Weltbild zusammen und veröffentlicht sie als geschlossenes mathematisches System, der *Megale Syntaxis* – daraus wird im Arabischen der *Almagest*. Er enthält auch einen ausführlichen Sternkatalog. Der *Almagest* spielt bis in die frühe Neuzeit eine einflussreiche Rolle. Die Bewegungen am Himmel werden durch Kreise und Kreise auf Kreisen (sogenannte Epizykel) dargestellt. Es ist ein sehr komplexes System, in dem die Erde keineswegs ganz genau im Zentrum steht. Nicht einmal ein gemeinsamer Mittelpunkt aller Planetenbewegungen existiert. Doch funktionieren astronomische Kalkulationen Jahrhunderte lang ziemlich gut.

Es gibt traditionell sieben Planeten, in der Reihenfolge ihrer Nähe zur Erde: Mond, Merkur, Venus, Sonne, Mars, Jupiter, Saturn. Die Sonne hat durchaus einen zentralen Platz, genau in der Mitte der sieben Planetensphären (= Kugelschalen). Als letzte Sphäre schließt die Kugelschale der Fixsterne den Kosmos ab. Die Erde ist kein Himmelskörper, sondern vollkommen wesensverschieden: Ihr Bereich besteht aus den vier Elementen Erde, Wasser, Luft und Feuer um den Mittelpunkt der Welt. Über der letzten irdischen Sphäre, dem Feuer, in dem auch Blitze und Kometen angesiedelt werden, beginnt das Himmelselement, das schließlich im Mittelalter als fünftes, kristallenes Element, *Quinta Essenza* (daher kommt unser Begriff Quintessenz als das Wesentliche etwa einer Rede), verstanden wird. Die irdischen Elemente zeigen Entstehen und Vergehen, geradlinige und beliebig krummlinige Bewegungen. Am Himmel gibt es nur in sich wiederkehrende d. h. kreisförmige Bewegungen. Auch deshalb können Kometen oder sonstige Veränderungen keine Himmelsphänomene sein. Die Siebenzahl der Planeten wird ab dem Mittelalter immer stärker symbolisch verstanden. Sie werden den sieben Wochentagen (so war es schon in Babylon), Metallen, freien Künsten, Farben und Tugenden zugeordnet. Noch heute erkennen wir in Montag bis Sonntag die sieben antiken *Planetes* (wörtlich: Umherschweifende, sich zwischen den Fixsternen bewegende). Die deutsche Sprache hat allerdings im Donnerstag und Freitag germanische Götterwesen verewigt, der Samstag leitet sich von Sabbat her. In der Astrologie ist die Siebenzahl und der damalige Stand der Sonne im Jahreslauf vor jeweils einem der zwölf Tierkreissternbilder noch heute bestimmend. Die Präzession der Erdachse, d. h. ihre Veränderung in langen Zeiträumen, hat allerdings den Tierkreis bis heute um etwa ein Sternbild verschoben. Deshalb stimmen die astrologischen Tierkreiszeichen, die für ein bestimmtes Geburtsdatum gelten, nicht mehr mit den Tierkreissternbildern überein.

Ptolemäus erörtert auch mehrere physikalische Argumente, die gegen eine Bewegung der Erde sprechen: So muss die Erde, als schwerstes Element in Ruhe im Zentrum des Weltalls sein. Wenn sie sich um ihre Achse bewegen würde, müssten die Wolken in der Luft ständig hinter der Drehung zurückbleiben. Selbst wenn die Atmosphäre mit der Erde mitgeführt würde, müssten feste bewegliche Körper in der Luft zurückbleiben. Und wenn selbst diese mitgerissen würden, könnten sie zumindest keine weitere Bewegung mehr erhalten, etwa beim Wurf. Sie würden also für den Beobachter scheinbar stillstehen. Zugrunde liegen physikalische Vorstellungen, wie sie sich seit Aristoteles entwickelt haben: Man kann verschiedene Bewegungen eines irdischen Körpers nicht beliebig zusammensetzen. Und gegen eine jährliche Bewegung um die Sonne spricht für Ptolemäus ein astronomisches Argument: Er beobachtet keine Fixsternparallaxe, das heißt keine scheinbare Veränderung der Fixsternörter im Laufe eines Jahres.

Ptolemäus versucht auch den Durchmesser des Kosmos zu kalkulieren. Er kommt auf eine Entfernung bis Saturn von etwa 20 000 Erdradien.

JT

Ptolemäus und sein Weltbild –
Sieben Planeten und der Fixsternhimmel. →

ISLAM UND CHRISTENTUM,
DIE WEGBEREITER DER
KLASSISCHEN PHYSIK

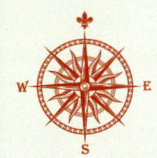

ISLAM UND CHRISTENTUM, DIE WEGBEREITER DER KLASSISCHEN PHYSIK

Griechische Wissenschaft wird in der Kultur des vorchristlichen Rom weitergereicht, durch griechische Lehrer, Wissenschaftler und römische Publizisten, doch ohne jede innovative Eigenbeteiligung. Die Wirren des Untergangs des Römischen Reiches im 5. Jahrhundert nach Christus vernichten viel überliefertes Wissen. Nur einzelne christlich-griechische Wissenschaftler (Johannes Philoponos) versuchen weiter zu denken. Der Niedergang der berühmten und wichtigsten antiken Bibliothek in Alexandria ist auch ein Symbol für diesen geistigen Abstieg.

Die arabisch-islamische Kultur dagegen greift nach dem 7. Jahrhundert alles Wissen auf, das in ihren Bereich gerät. Hätte sie, neben indisch-persisch-babylonischen Einflüssen, kein Interesse an dem Wissenskanon in den eroberten Gebieten von Nordafrika und Vorderem Orient bis Spanien und Sizilien gefunden, wären viele griechische Errungenschaften verschüttet geblieben. Die christlich-europäische Naturwissenschaft hätte erheblich mehr Zeit zum Aufholen gebraucht.

Griechische Philosophie und damit auch Naturbetrachtung sind im aufstrebenden Christentum der nachrömischen Zeit zunächst als heidnisch verpönt. Das gilt auch für die ersten Universitäten, die aus Dom- und Klosterschulen ab dem 12. Jahrhundert entstehen, wie Bologna, Paris, Oxford. An arabisch-islamischen Gelehrtenschulen dagegen wie in Toledo und Palermo wird griechisches Wissen gesammelt, ins Arabische übersetzt, kommentiert. Mitunter werden neue Ansätze diskutiert, bzw. Weiterentwicklungen bei Experimenten und Messinstrumenten versucht. Streben nach Wissen gilt seit den Anfängen als religiöse Pflicht und enthält ab etwa dem 9. Jahrhundert auch in unserem Sinn wissenschaftliches Wissen. Insbesondere Mathematik, Astronomie und Optik, aber auch Teilbereiche der Mechanik werden gepflegt. Das geht Hand in Hand mit der Entwicklung von Technik, die im 8.–13. Jahrhundert ihre Blütezeit erlebt.

Auch im christlichen Mittelalter gibt es bis in das 11. Jahrhundert wichtige technische Innovationen, wie die Dreifelderwirtschaft, die Verbesserung des Pfluges, Wassermühlen, das Kummetgeschirr und der Hufbeschlag beim Pferd. Beim Ausbau universitärer Bildung setzt sich langsam griechische Denkweise durch. So wird die für alle Studenten verbindliche Grundbildung anhand der sieben freien Künste (artes liberales) organisiert, die – aus der platonischen Tradition stammen. Eine anschließende Spezialbildung erfolgt in den drei Fachbereichen Theologie, Jura und Medizin.

Noch im 13. Jahrhundert werden in Paris Dekrete gegen die aristotelische Philosophie erlassen. Allerdings wird die Kugelgestalt der Erde im Allgemeinen nicht mehr infrage gestellt.

Im 14. Jahrhundert schließlich gibt es in England schon eigenständige Überlegungen etwa zur Statik und Bewegungslehre. Viele griechische Schriften von Ptolemäus und von Aristoteles liegen in lateinischen Übersetzungen aus dem Arabischen (der Almagest, etwa 1150) vor. Auch arabische Schriften, wie die zur Optik von Ibn al-Haitham (Alhazen) werden ins Lateinische übersetzt. Ab dieser Zeit beginnt das christliche Europa Schritt für Schritt, die islamische Überlegenheit abzuschütteln. Wahrscheinliche Gründe dafür sind die noch junge Dynamik des Christentums in Klöstern und Universitäten (Scholastik), der Aufstieg eines städtischen Bürgertums – während sich im Islam das theologisch-philosophische Denken verhärtet oder/und in den verschiedenen Machtzentren isoliert bleibt. Die Geistlichkeit wird mehr und mehr wissenschaftsfeindlich. Ferner entwickeln sich keine Stadtzentren mit eigenständiger Verwaltung und Macht, wie das ab dem 12. Jahrhundert im christlichen Europa zu beobachten ist.

JT

← Links: Engel drehen die Fixsternsphäre – im Zentrum der Welt die 4 irdischen Elemente.
Rechts: Das Ptolemäische Weltbild im christlichen Mittelalter.

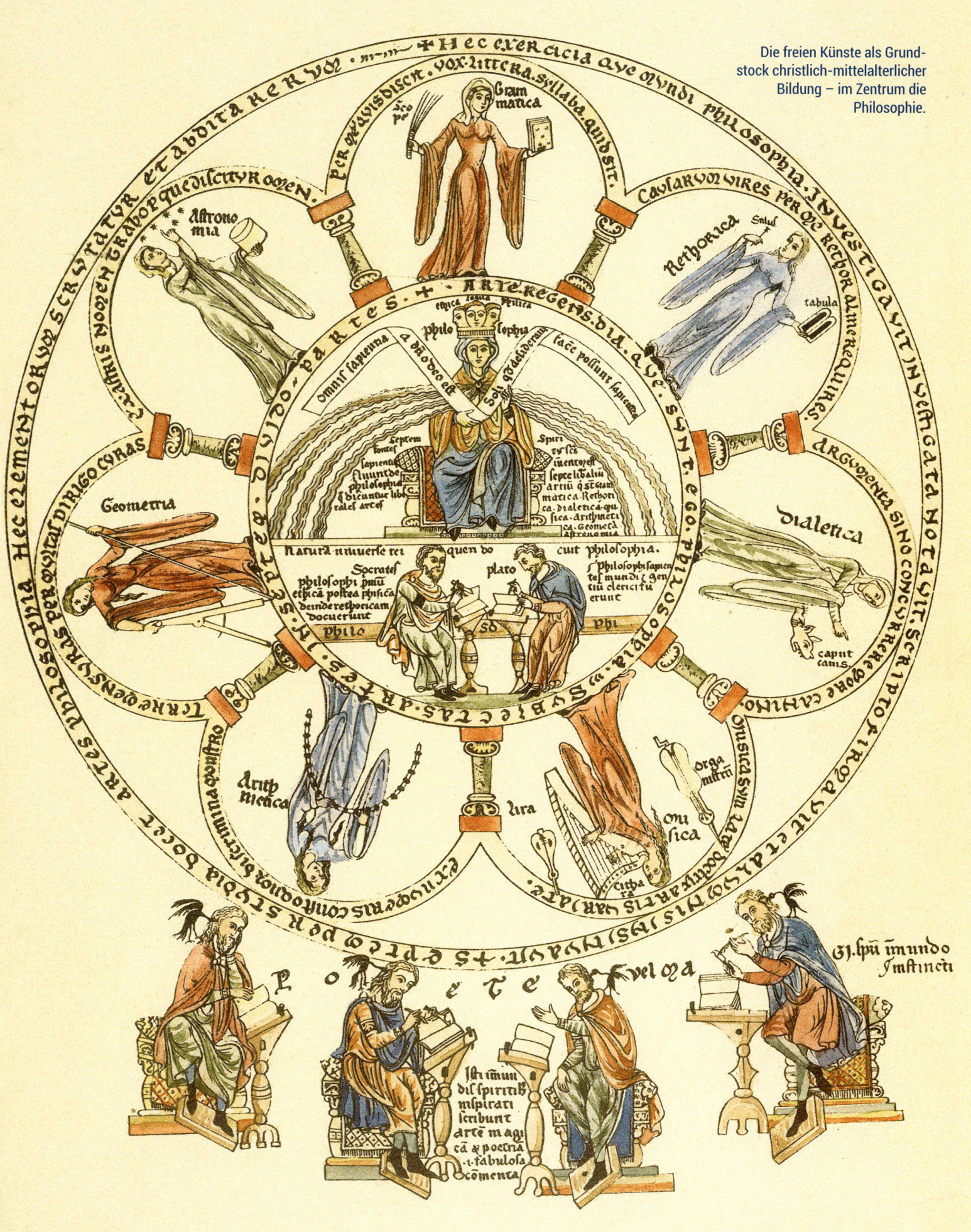

Die freien Künste als Grundstock christlich-mittelalterlicher Bildung – im Zentrum die Philosophie.

Ibn al-Haitham, das islamische Physikgenie

Wir wissen wenig vom Leben dieses universalen Physikers, Astronomen und Mathematikers, obwohl er vielleicht der bedeutendste des Mittelalters ist. Auf jeden Fall übt er wesentlichen Einfluss auf spätere christliche Wissenschaftler aus – insbesondere mit seinen Erkenntnissen zur Optik.

Abu Ali al-Hasan Ibn al-Haitham (im lateinischen Mittelalter Alhazen) wird in Basra, im heutigen Irak geboren. Hier erwirbt er wohl seine große Gelehrsamkeit. Kurz nach dem Jahr 1000 nach Christus soll er die Fluten des Nil in Ägypten regulieren – durch einen Staudamm. Doch sieht er bald ein, dass dieses Vorhaben zu gewaltig ist, um es realisieren zu können. Trotzdem bleibt er in Kairo als Gelehrter. Mehr als 200 Werke soll er in seinem Leben verfasst haben. Nur 55 haben überlebt. Er erweitert die euklidische Geometrie, den Almagest, die Aristotelische Physik und verschiedene griechische Arbeiten zur Optik. Das Besondere in dieser Zeit: Experimente sind wesentlicher Teil seiner Forschung. Sie sind notwendig, um jede Hypothese zu prüfen. Am meisten Einfluss haben bald seine Studien über Licht und Farbe – in seinem Werk *Kitab al-Manazir*. Das Buch entsteht zwischen 1011–1021. Die lateinische Übersetzung um 1200 beeinflusst alle großen Wissenschaftler des christlichen Europa, von Roger Bacon über Leonardo da Vinci, Galileo Galilei, Johannes Kepler bis zu René Descartes.

Ibn al-Haitham argumentiert, wie sein ebenfalls berühmter Zeitgenosse, der persische Arzt Ibn Sina (Avicenna), gegen die griechisch-antike Theorie der Sehstrahlen, die vom Auge ausgehen sollen. Er besitzt eine genaue Kenntnis vom Bau des Auges und kennt auch die vergrößernde Wirkung von Linsen. Licht kommt für ihn von Objekten und wird durch unseren Sehsinn erfasst. Nur der von einem Objektpunkt senkrecht in unser Auge fallende Lichtstrahl erzeugt das Bild dieses Punktes. Er entwickelt daraus eine umfassende, von Experimenten getragene Theorie. In einem dunklen Raum etwa sieht man einen Lichtstrahl anhand der Staubteilchen, die Anteile des Lichts in unsere Augen streuen. Er konstruiert eine Camera Obscura – in unserem Verständnis ein Bildprojektor ohne Linsen – um zu studieren, wie leuchtende Gegenstände abgebildet werden. Hier wirkt eine kleine Öffnung in einem größeren Kasten wie eine Glaslinse. Man kann Dinge, die außerhalb des Kastens existieren, an der inneren Wand abgebildet sehen. Er beschreibt die Wirkungsweise dieser Camera genau – zum ersten Mal außerhalb Chinas, wo ihr Prinzip schon lange bekannt ist. Strahlengänge, auch komplizierte, löst er mathematisch, etwa die Aufgabe, den Spiegelungspunkt auf einem sphärischen Spiegel zu finden, in dem der Strahl von einem Objekt genau in den gegebenen Ort des beobachtenden Auges reflektiert wird. Als Mathematiker berechnet er etwa Paraboloide, also Körper, die durch Rotation einer Parabel entstehen, hier sogar um einen beliebigen Durchmesser. Er entdeckt auch die sphärische Aberration in Linsen.

Auch die Dicke der Lufthülle unserer Erde versucht er aus optischen Beobachtungen, der Dauer der Dämmerung, abzuschätzen. Das Licht des Mondes wird eingehend mit einem selbst gebauten Instrument untersucht. Dabei erkennt er auch, dass die Vergrößerung des Mondes in der Nähe des Horizonts eine optische Täuschung ist. Großen Einfluss im gesamten Mittelalter haben auch seine kosmologischen Vorstellungen: Er glaubt an feste existierende Planetensphären über die rein mathematische Behandlung des ptolemäischen Weltbildes hinaus.

JT

Der Aufbau der Augen bei Ibn al-Haitham. →

وأوّد ولما انتهيت إلى الموضع من الكتاب طمحت نفسي إلى تمام مباحث تشريح
العين إذ كان شروعي منه تشريحاً دون التعليل وتعاطى فيه سمحاً دون القول فنظرت
في كتب أئمة الطب وجمعت ما وجدته فيها ورتبته وألحقته بهذا الفصل
وكتبت بذلك توكيداً لما تقاسيته من الطلب عن اهتمامي بذلك اهتماماً فعسى أن يعينه
هذه الجملة عن مفصلات نلستانا أنني أبحث عنه على طريقهم لا أبالي أن يشنع
من ينكر على بعض المسائل لما يتضمن من الترتيب وحسن النظام وأعتمد فيه على ما
عليه إمام الطب جالينوس وجمعت بين ما وجدته من كلامه في علاج التشريح
وعلى التشريح وبين ما جاء في ابن أبي صادق لكتابه في سائر الأعضاء وبين كلام
الشيخ الرئيس في القانون وصاحب الذخيرة وتذكره الكحالين والمعالجات
البغدادية لأبي الحسن أحمد بن محمد الطبري وغيره من المختصرات جعلها
يستفيد عنه شتى من فوائدهم والله الموفق نقول جرم العين أعضاء حساس
آلي بها مركب من طبقات ورطوبات ملونة روحانية وأغشية واردة
وشرائين وأعصاب وعضلات وتمامها بالأجفان والأهداب وينفعها
أن تنفي البدن من الآفات الواردة عليه من خارج وتنشئه حب أجب وذلك

Die Waage der Weisheit – Al-Khazini

Abu al-Fath Abd al-Rahman Mansour *al*-Khazini kommt als junger byzantinischer Sklave nach Merv in Persien (im heutigen Turkmenistan). Merv ist damals ein großes Handels-, Verwaltungs- Bildungs- und Religionszentrum an der Seidenstraße mit mehreren Bibliotheken und von 1097 bis 1157 Sitz des Seldschukenherrschers Sanjar ibn Malikshah. Al-Khazini macht Karriere als hoher Beamter und Gelehrter am Sultanshof.

In seinem Buch *Kitab Mizan al-Hikmah* aus dem Jahr 1121 beschäftigt er sich mit Schwerkraft, Auftrieb, spezifischem Gewicht, dem freien Fall in Flüssigkeiten. Vor allem die Messtechnik zur genauesten Bestimmung von spezifischen Gewichten verschiedener einfacher und zusammengesetzter Stoffe ist bewundernswert. Die nutzt er insbesondere zur exakten Untersuchung der Pretiosen in der Schatzkammer des Herrschers.

Er baut natürlich auf den antiken griechischen Kenntnissen auf, hat aber auch von seinen muslimischen Kollegen Ibn Sina (Avicenna), Al-Biruni und Ibn al-Haitham (Alhazen) gelernt. So kritisiert er das griechische Wissen, das keinen Unterschied zwischen Kraft, Masse und Gewicht gemacht hat. Auch Luft hat für ihn Masse, ähnlich wie Flüssigkeiten. Körper werden in Luft leichter, so wie sie in Flüssigkeiten getaucht leichter werden. Das heißt, das archimedische Prinzip gilt auch für Gase. Er benutzt das Aräometer, um die Dichte von Flüssigkeiten zu messen und beschäftigt sich auch mit der Theorie des Hebels.

Das erstaunlichste in seinem Buch von 1121 allerdings – und das rechtfertigt seine besondere Stellung in der Geschichte – ist seine Mizan al-Hikmah, die „Waage der Weisheit", insbesondere zur exakten Bestimmung spezifischer Gewichte mithilfe des Auftriebs. Das Prinzip ist nicht neu, die grundlegende physikalische Theorie hat er aus griechischer Tradition. Die hydrostatische Waage lernt er von Al Biruni und anderen kennen, doch Khazini bringt Verfeinerungen an, bestimmt und prüft sorgfältig alle verwendeten Materialien, berechnet genau Hebelarme und Skalen (so liegen etwa der Schwerpunkt der Waage und die Drehachse sehr nahe beieinander) und hängt seine Schalen raffiniert genau an Spitzen auf. Auch auf das sorgfältige Eintauchen und Benetzen mit Wasser achtet er. Dann werden die Gewichtsschalen sorgfältig beladen und verschoben, bis Gleichgewicht eintritt. Sein langer Waagbalken von zwei Meter Länge und sechs Zentimeter Dicke bewegt sich dabei nahezu reibungslos. Die Waagzunge, deren Nullstellung das Gleichgewicht markiert, ist allein 50 Zentimeter lang!

Khazini gibt an, falls das zu untersuchende Material 1000 mitqal (etwa 4500 g) wiegt, könne er noch 1/68 mitqal (rund 7/100 g) nachweisen. So genau werden Analysewaagen erst wieder Anfang des 19. Jahrhunderts sein.

Khazini erhält eine erstaunlich genaue Liste der spezifischen Gewichte von Metallen – mit max. 1% Abweichung gegenüber modernen Werten. Bei anderen Substanzen sind die Fehler allerdings größer (so untersucht er auch Salz, Blut, Eis). Edelsteine sind ihm natürlich besonders wichtig, auch Legierungen – wahrscheinlich um unterschiedliche Münzen zu vergleichen.

JT

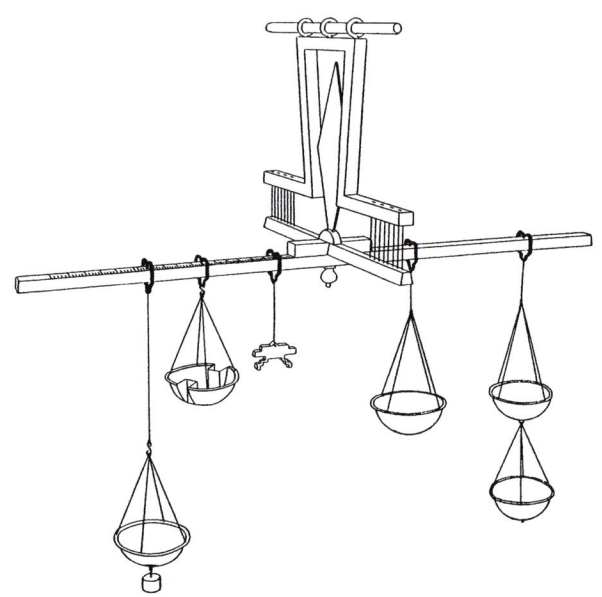

Die Waage der Weisheit – Prinzipskizze.

Die Waage der Weisheit – Rekonstruktion. →

Jordanus de Nemore und das Gleichgewichtsproblem

Kehrt eine Waage, die sich im Gleichgewicht befindet, in die horizontale Ausgangslage zurück, wenn man den Waagebalken nach unten oder oben auslenkt? Im Mittelalter ist dies eine fundamentale Frage, und auch heute wird der eine oder andere nicht sofort eine Antwort darauf geben können. Mit anderen Worten: Es geht um die physikalischen Begriffe Gewicht, Schwerpunkt, Kraft und Drehmoment – Begriffe, die erst im Verlauf einer langen Geschichte ihre heutige Bedeutung finden.

Im 13. Jahrhundert behandelt Jordanus de Nemore in verschiedenen Manuskripten das Gleichgewichtsproblem mit den Mitteln der Geometrie, wie sie in den Elementen Euklids überliefert ist. Was wir heute über diesen Mathematiker aus dem Mittelalter und seine Überlegungen zum Gleichgewichtsproblem wissen, verdanken wir den Renaissance-Mathematikern Nicolo Tartaglia und Peter Apian, die sein Werk im 16. Jahrhundert unter dem Titel *De ratione ponderis* bzw. *Liber de ponderibus* in Buchform gebracht und mit eigenen Kommentaren dazu der Nachwelt erhalten haben.

Ein Beispiel: Jordanus platziert zwei mit einer Schnur verbundene Gewichte auf zwei aneinander grenzende schiefe Ebenen. Gewichte und Neigungswinkel sind verschieden. Welches Verhältnis muss zwischen den Gewichten bestehen, um sie in der Balance zu halten? Nach Jordanus (in der Überlieferung von Tartaglia) müssen sich dazu die Gewichte verhalten wie die Weglängen, die sie auf ihrer jeweiligen schiefen Ebene zurücklegen würden: $G_1/G_2 = AC/BC$.

Jordanus zeigt dies, indem er verschiedene Arten von Schwere unterscheidet: Wenn ein Körper in seiner Bewegung frei ist, ist seine Schwere gleich seinem Gewicht (pondus). Wenn er aber auf einer schrägen Fläche liegt, hat er eine vom Neigungswinkel abhängige Schwere (gravitas secundum situm). Auf einer steilen schiefen Ebene zieht es den Körper stärker nach unten als auf einer flachen schiefen Ebene. Nach unserem modernen physikalischen Verständnis entspricht diese „Lageschwere" der potentiellen Energie, also dem Produkt aus Gewicht mal Höhe. Gleichgewicht herrscht demnach, wenn $G_1 h_1 = G_2 h_2$. Bei einer Lageveränderung auf der schiefen Ebene legen die Gewichte links und rechts die gleiche Distanz d zurück; dann folgt aus den Gesetzen für ähnliche Dreiecke nach Euklid für die Unterschiede ihrer jeweiligen vertikalen Lage: $h_1/d = h/AC$; $h_2/d = h/BC$; $\rightarrow h_1/h_2 = BC/AC$; $\rightarrow G_1/G_2 = AC/BC$.

Überlegungen dieser Art benutzt Jordanus auch, um das Hebelgesetz zu beweisen. Sein Konzept einer von der Lage abhängigen Schwere lässt Ansätze des Prinzips der virtuellen Arbeit erkennen, das im 18. und 19. Jahrhundert die Mechanik auf eine neue Grundlage stellt. Manche seiner Problemlösungen (wie das der Gewichte auf der schiefen Ebene und der Beweis des Hebelgesetzes) gehen über die Antike weit hinaus, doch es wäre anachronistisch, ihn deshalb zum Vorboten der wissenschaftlichen Revolution der frühen Neuzeit zu stempeln. Jordanus ist mit seinem Denken noch sehr stark der aristotelischen Tradition verpflichtet.

ME

Skizze zur Erklärung des Gleichgewichts.

Titelblatt von Jordanus' Buch der Gewichte. →

LIBER IORDANI

NEMORARII VIRI CLARISSIMI,

DE PONDERIBVS PROPOSITIONES XIII.

& earundem demonſtrationes, mul=
tarumǫ rerum rationes ſanè
pulcherrimas comple=
ctens, nunc in lu=
cem editus.

Cū gratia & priuilegio Imperiali, Petro Apiano Ma
thematico Ingolſtadiano ad xxx.annos cōceſſo.

M. D. XXXIII.

Wie entsteht der Regenbogen – Kamal al-Din al-Farisi und Dietrich von Freiberg

Aristoteles versteht den Regenbogen als eine raffinierte Spiegelung des Lichts von Sonne oder Mond an Regenwolken. Er sieht drei Grundfarben darin, Rot, Grün und Blau (Violett). Auch den sekundären Regenbogen, der oft nur schwach über dem glänzenden ersten erscheint, erwähnt er schon, mit der Umkehr der Farbenfolge darin. Islamische Gelehrte wie Ibn al-Haitham (Alhazen) – er dachte ebenfalls an Wolken und Reflexion – und Ibn Sina (Avicenna) bauen darauf auf. Sie denken auch schon an die Brechung des Lichts in Regentropfen. Die ersten aber, die eine erstaunlich modern anmutende Theorie der Farbaufspaltung im doppelten Regenbogen liefern und sie auch mit Experimenten untermauerten, sind der islamische Gelehrte Kamal al-Din al-Farisi in Persien und der sächsische Mönch und Philosoph Dietrich von Freiberg kurz nach 1300.

Beide kennen Ibn al-Haitham und natürlich auch Aristoteles. Sie entdecken, dass der erste Bogen durch zweimalige Brechung am und einmalige Reflexion des Lichts im Regentropfen entsteht. Beim sekundären Regenbogen kommt eine zweite Reflexion im Inneren jeden Tropfens hinzu, die zudem die Farbfolge umdreht.

Dietrich nimmt nun – antik gedacht – zwei Gegensatzpaare an: ein Paar der Form – die größere oder geringere Helligkeit des Lichtes –, und ein Paar des Stoffes – die größere oder geringere Durchlässigkeit etwa des Regentropfens –, die sich vermischen. Bei ihm ergibt das vier Grundfarben des Regenbogens: Rot, Gelb, Grün, Blau. Er sieht auch Übergänge zwischen den Farben. Farben und Licht sind zwar mitunter mit Wärme verbunden, etwa im Sonnenlicht, sollen aber doch unabhängige Eigenschaften sein, wie das Licht eines strahlenden Sternenhimmels in kalten Winternächten beweist. Al-Farisi bringt seine Glas-Wasser-Gefäße in eine Camera Obscura und untersucht hier die Brechung und Reflexion schmaler Lichtkegel in seinen Modell-Regentropfen. Wie Dietrich nimmt er die vier Grundfarben an. Sie entstehen nach seiner Vorstellung durch Überlagerung und gegenseitige Abschwächung verschiedener Formen des Lichts auf einem dunklen Hintergrund.

Die Gleichzeitigkeit beider Forschungen in so verschiedenen Kulturen ist erstaunlich, zeigt aber auch die übergreifende Bedeutung des Genies Ibn al-Haithams. Dietrich von Freiberg ist um diese Zeit im mitteleuropäischen Umfeld isoliert – seine Forschung wird vergessen. In christlichen Darstellungen wird der Regenbogen – als Gottesgeschenk nach der Sintflut – nur vereinfacht wieder gegeben, in unserem Bild mit zwei Farben, rot für die Farbe des Feuers, des Fegefeuers wohl, blau als Zeichen der vergangenen Sintflut. Al-Farisi andererseits wächst in einem lebendigen wissenschaftlichen Netzwerk auf, das Experiment und Theorie verbreiten und weiterreichen kann. Die Blütezeit dieser Erfolge endet jedoch mit der nachlassenden Dynamik des islamischen Denkens in der folgenden Zeit. So bleibt auch al-Farisis Werk dem Westen unbekannt.

JT

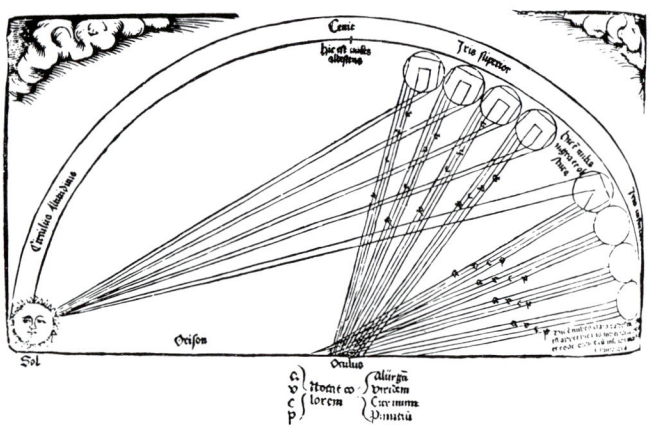

Die Entstehung des sekundären Regenbogens nach Dietrich von Freiberg.

Der Regenbogen in der mittelalterlichen Malerei. →

Wie fliegt ein Speer oder eine Kanonenkugel?

Nach Aristoteles sitzt in jedem schweren Körper eine natürliche Kraft, die ihn zum Zentrum der Welt, zum Mittelpunkt der Erde zieht. Warum kann man jedoch einen solchen Körper, einen Speer etwa, weit von seiner natürlichen Neigung weg bewegen? Die Kraft, die man ausübt, verschwindet ja sofort, sobald man ihn loslässt. Das ist ein großes Problem. Eine mögliche Antwort für Aristoteles ist: Der Speer verdrängt an seiner Spitze die Luft, die hinter ihm einströmt und ihn weiter drückt, bis seine innewohnende Schwereneigung ihn herunter zieht.

Johannes Philoponos versucht im 6. Jahrhundert nach Christus eine befriedigendere Antwort: Die Hand prägt dem Stein oder Speer einen Impetus ein, der eine Zeit lang wirkt und dann nachlässt. Doch wie wirkt beides zusammen – dieser Impetus und die innewohnende Neigung zum Zentrum der Welt zu fallen? Noch die aristotelisch geschulten Denker der frühen Neuzeit können sich das nur getrennt vorstellen: Erst wirkt der Impetus und schleudert das Objekt in gerader Linie fort. Wenn er nachlässt, übernimmt die innewohnende Kraft den senkrechten Fall zur Erde. Ab und zu wird auch schon ein vermittelndes kurviges Stück der Flugbahn angenommen, in der beide Wirkungen gemeinsam auftreten. Das ist nach Aristoteles möglich, natürliche und künstliche „Kräfte" kann man mischen – sonst gilt allerdings: Niemand kann gleichzeitig zwei Herren dienen. Doch ist die kontinuierlich gekrümmte Wurfbahn eines Geschosses wohl allgemein augenfällig – nicht nur für Artilleristen, die ab dem 14. Jahrhundert Bahnen von Gewehr- und Kanonenkugeln abschätzen müssen. Wahrscheinlich ist ein Großteil der Bilder, die uns die getrennten Bahnen nach Impetus und Schwerkraftneigung zeigen, vor allem dazu gedacht, eine einfache Rechengrundlage für die Bahn insbesondere von Kanonenkugeln zu liefern.

Die Wurflinie ist noch nicht als Parabelkurve erkannt, erst recht nicht mit Luftdämpfung und selbst wenn: Für Praktiker wäre das zu kompliziert gewesen. Hier konnte man noch nichts rechnen. Bis vor die Zeit von Galilei gibt es aber Tabellen, die je nach Gewicht der Kugeln und Menge des benutzten Pulvers ungefähre Schussweiten angeben. Dabei wird natürlich die Winkelstellung der Kanone berücksichtigt. Dass die größte Schussweite bei 45° erfolgt, ist allgemein bekannt.

Das Problem zeigt aber, dass mit der neuen Kriegstechnik ein weiterer Grund immer drängender wird (neben der philosophischen Frage nach Fall und Wurf), dieses klassische Problem der Bewegung zu lösen. Niemand vor Galilei beschäftigt sich intensiv mit der Frage, warum und insbesondere wie ein fallender Körper immer schneller wird, je näher er der Erdoberfläche kommt. Allerdings gibt es hier auch im Mittelalter erste Ansätze. Dass ein schwererer Körper – mit natürlich stärkerer innerer Neigung – schneller zur Erde fällt als ein leichterer, wird zunächst überhaupt nicht infrage gestellt. Doch schon vor Galilei gibt es einige andere Antworten: Zum Beispiel könnte nur das spezifische Gewicht, nicht das Gesamtgewicht wesentlich sein.

JT

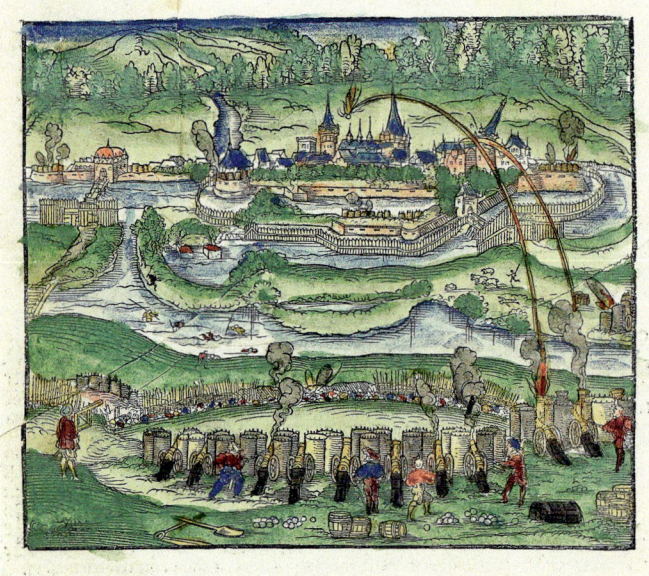

Realistischer Geschossflug.

Theoretisches Konzept einer Geschossbahn. →

Proportion eines Quadrats
welchs 1500 Schuhlang
Elcn gros ist.

D

Pontisus Puchner
Stattis Beumeister.
1577

Magnetismus, Gewichtsräderuhr und Fortschrittsglaube

Das „finstere" Mittelalter gibt es nicht. Auch wenn der Rückgriff auf antike Naturwissenschaft und Philosophie erst langsam ab Ende des 12. Jahrhunderts beginnt – und oft über islamisches Wissen vermittelt wird – technische Entwicklungen zeigen die Innovationskraft Europas schon vor dem Jahr 1000: die Dreifelderwirtschaft, den verbesserten Räderpflug, die Verbreitung der wassergetriebenen Getreidemühle, die verbesserte und verfeinerte Schmiedeproduktion. Ab dem 12. Jahrhundert häufen sich weitere Innovationen, zum Beispiel der Magnetkompass – aus China stammend – zunächst als auf Wasser schwimmende Magnetnadel. Der französische Gelehrte Pierre de Maricourt beschreibt in einem Brief, wahrscheinlich auf einem Kreuzzug 1269, die Eigenschaften des Magnetsteins, seine zwei unterschiedlichen Pole, Anziehung und Abstoßung zweier Magnetsteine, auch die Magnetisierung von Eisen. Damit stellt er Magnetnadeln her, die schwimmend auf Holz oder Strohhalm gelagert nach Norden zeigen, allerdings wie er betont, nicht genau zum Polarstern, sondern zu den Polen des Himmels. Er entwirft auch eine in zwei Drehpunkten gelagerte frei bewegliche Magnetnadel als Wegweiser. Das ganze Manuskript, das in vielen Kopien im Mittelalter kursiert (aber erst 1558 gedruckt wird), stellt eine exzellente, erstaunlich frühe Experimentaluntersuchung zum Magnetismus dar. Sie spiegelt auch den Stand der Technik wider. In der Tat werden „trockene" Kompasse so ab der Mitte des 13. Jahrhunderts eingesetzt. Hier balanciert bald eine Magnetnadel frei auf einem Stift. Ihr wird im Laufe der Entwicklung die Kompassrose, ursprünglich „Stern des Meeres", unterlegt, die alle Himmelsrichtungen angibt. Als legendärer Erfinder des Kompasses gilt üblicherweise ein Seefahrer namens Flavius aus Amalfi.

Die meisten Erfindungen / Entdeckungen, auf die die Renaissance (sie ist doch mehr als nur „Wiedergeburt" der Antike) bald stolz ist, gibt es allerdings parallel zur naturwissenschaftlichen „Wiedergeburt": die Nacherfindung des Schießpulvers mit Nutzung in der Kriegstechnik, die Erfindung der Gewichtsräderuhr mit ihren gleich langen Stunden, gegen die natürliche Einteilung des Tages, beide ab dem 14. Jahrhundert, die „Entdeckungsreisen" als Expansion Europas in die übrige Welt ab dem 15. Jahrhundert, die Erfindung des Buchdrucks mit beweglichen Lettern ab Mitte des 15. Jahrhunderts, die Herstellung von reinem Alkohol oder von starken Säuren als Beispiel für die Entwicklung der chemischen Destillation, die Seidenraupenzucht, die wie das Schießpulver aus China stammt. Auch auf eingebildete Entdeckungen ist man noch 1600 stolz, das Guajakholz, das angeblich gegen die Geißel der Syphiliskrankheit helfen soll, die aus Amerika eingeschleppt wurde. Schattenseiten des Fortschritts werden also nur möglichst positiv reflektiert.

Die Gewichtsräderuhr hat noch einen besonderen Symbolwert. Zwar ist sie vor Erfindung des Pendels durch Christiaan Huygens im 17. Jahrhundert, recht ungenau. Ein Waagbalken nur schwingt hin und her und kontrolliert die Hemmung. Er verändert seine Schwingungszeit stark aufgrund von Reibung, Temperaturänderung oder sonstigen Störungen. Ein Minutenzeiger würde sinnlos ungenau laufen. Es gibt ihn also bei Uhren nicht, die sich zunächst als zentrale Zeitgeber auf Kirchtürmen der städtischen Gemeinden ausbreiten. Doch wird die Uhr bald, neben ihrer Bedeutung als Zeichen für Vergänglichkeit, auch Symbol für den regelmäßigen Weltenlauf im Kosmos. So ergänzt man wichtige Turmuhren oft mit einem Planetariumsmechanismus.

JT

Stolz auf den wissenschaftlich-technischen Fortschritt. →

NOVA REPERTA.

I. CHRISTOPHOR. COLVMBVS GENVENS inuentor. AMERICVS VESPVCCIVS FLORENT.

II. FLAVIVS AMALFITANVS ITALVS INVENTOR.

AME RICA Nova Hispania Florida vel Temistitan Brasilia Peru Chica MAR DEL NORT. MARE PACIFICVM.

Ioan. Stradanus inuenit.

Thedorus Galle excudit Antuerpiæ.

ALOYSIO ALAMANNIO FLOR.NO
I. STRAD. INVENT. DD.

1 Americæ. 2 Lapis polaris. 3 Ignibus
Amatæ puluis. 4 Imprimi volumina.
5 Rotisq; ungis indira hora ferreis.

6 Hyacum. 7 Ab igne stilla. 8 Fila serica.
9 Staphæq; prisco operta cunta sæculo.

DIE ENTDECKUNG NEUER WELTEN: SICHTBARER UND NICHT SICHTBARER KOSMOS

DIE ENTDECKUNG NEUER WELTEN: SICHTBARER UND NICHT SICHTBARER KOSMOS

Als Galileo Galilei das 1608 in Holland erfundene Fernrohr 1609 auf den Nachthimmel richtet und Mondgebirge, Jupitermonde und die Milchstraße in Sterne aufgelöst sieht, beginnt ein neues Zeitalter des Wissens. Schon 1624 wird der streitbare Florentiner – in der Polemik Pater Spinolas gegen dessen Werk *Il Saggiatore* (Der Goldwäger*)* – mit Columbus verglichen. Auch im Makrokosmos des Himmels können Kontinente des Wissens erobert werden, nur mithilfe zweier verschieden gekrümmter Glaslinsen! Um die gleiche Zeit wie das Fernrohr wird das Mikroskop erfunden, das auch aus 2 Linsen zusammengesetzt ist. (Antoni van Leeuwenhoeks grandiose Instrumente kommen allerdings mit nur einer einzigen winzigen, aber perfekten Linse aus.) Bald entfaltet sich damit ein völlig fremdartiger Mikrokosmos.

Nicht nur Makro- und Mikrowelten öffnen sich, sogar das gänzlich Unsichtbare wird Forschungsobjekt: die Leere, das Vakuum – mithilfe von Luftpumpen – und ab Ende des 17. Jahrhunderts die Elektrizität, eine fast mystische Kraft. Man kann das Entstehen dieser neuen Welten mit dem Begriff des Experiments zusammenbinden. Ja, selbst das Fernrohr und Newtons Gravitationslehre sind Experimente an diesen Welten. Sie verändern die Wahrnehmung radikal. Konnte vor 1600 jedes Wissen durch unsere unmittelbaren Sinne überprüft werden, etwa die Anzahl der sichtbaren Sterne durch jeden Normalsichtigen, so ist das nun nicht mehr möglich. Mit Fernrohr, Mikroskop, Schwerkraft von Himmelskörpern, Vakuum, Elektrizität beginnt das Problem der empirischen Wahrheit wissenschaftlicher Erkenntnis. Die wissenschaftlichen Apparaturen ab dem 17. Jahrhundert stellen jedenfalls nicht mehr einfach Verlängerungen unserer Sinne dar, wie es die Brille ab 1300 war – auch wenn das bei Fernrohr und Mikroskop noch behauptet wird. Der große Macht-

zuwachs dieser rationalistisch experimentellen Eroberung neuer Welten beruht auch auf einer Erkenntnis, die Francis Bacon 1600 als erster programmatisch betont: Wissen und Können fallen in Eins zusammen. Der technische Nutzen von naturwissenschaftlicher Erkenntnis wird Teil ihres großen Impetus.

Das kopernikanische Weltsystem, dem Galilei, Kepler, Descartes, und Newton zum wissenschaftlichen Durchbruch verhelfen, wird zum Zeitsymbol. Absolutistische Herrscher können sich mit der Sonne im Zentrum identifizieren und für die beginnende Aufklärung ist das ganze Weltall von Vernunft beherrscht. Der Leviathan von Thomas Hobbes 1651 benutzt Mechanik mit „Federn und Rädern ... wie eine Uhr" als Metapher, um auch den Staat als rationales System vorzustellen.

Die „Unterhaltung über die Vielheit der Welten" des Bernard le Bovier de Fontenelle, Sekretär der Pariser Akademie der Wissenschaften, erahnt sogar Demokratie im kopernikanischen Weltsystem. Das ist 1686, ein Jahr vor Newtons Begründung der Himmelsmechanik in seinen *Principia*. Fontenelles Buch wird zum meistgelesenen (populär)wissenschaftlichen Buch des 18. Jahrhunderts. Darin erklärt ein Marquis einer Marquise Sonne und Weltall, auch, dass die Erde leuchte, wie der Mond und die Planeten, obwohl sie doch nur als grober nicht leuchtender Klumpen angesehen werde. Die Marquise antwortet darauf:

„So erging es uns hierin gerade so, als wenn wir, verblendet durch den Glanz höherer Stände, als die unsrigen, nicht wahrnehmen, dass sie im Grunde einander überaus ähnlich sind."

Der Himmel wird zur groben Materie wie die Erde, doch diese wird gleichzeitig zu einem leuchtenden Himmelskörper erhoben. So klein der Mensch im riesigen Kosmos erscheint, so unfassbar groß gegenüber der mikroskopischen Welt erscheint doch all dieses bald. Und doch glaubt man, es mit Experiment und Mathematik beherrschen zu können.

← Magnetstein und Navigation.

JT

Unterhaltungen
über die
Vielheit der
Welten.

Leonardo da Vinci

Der geniale Maler und hervorragende Ingenieur ist auch ein ungewöhnlich origineller Physiker. Insbesondere die Optik hat es ihm angetan, natürlich auch von seinem malerischen Interesse geleitet. Wie verteilen sich Licht und Schatten in einem Blickfeld, wie wird Licht reflektiert, gestreut, von einer Gestalt, einem Gesicht? Hier löst er etwa die Reflexion von einem Rundspiegel genial einfach geometrisch-mechanisch. Wie verändert sich Licht und Farbe im Dunst der Ferne? Nicht die geometrisch konstruierte Perspektive, die es schon seit 100 Jahren in Italien zur Meisterschaft gebracht hat, interessiert ihn primär – er beherrscht sie einfach –, sondern vor allem die Lichtperspektive. Seine Maltechnik des „sfumato" bringt durch zahlreiche farb- und deckungsarme Lasurschichten vielfache Schattenwerte in ein Bild, die die Kontur einer Gestalt in sanften Übergängen zwischen Licht und Schatten verschwimmen lassen und dabei plastische Wirkungen fast geheimnisvoll hervor kehren. Er experimentiert gerne, zu gerne in der Malerei, sodass manche seiner Gemälde, wie das berühmte Abendmahl in Mailand, sich ziemlich bald selbst zersetzen. Wichtig sind ihm nur eigene Beobachtung und Erfahrung. Bloßes Buchwissen der Gebildeten seiner Zeit verachtet er.

Sein Interesse am Licht führt ihn auch zu einer revolutionären wissenschaftlichen Erkenntnis, die erst 100 Jahre später, bei Johannes Kepler wieder auflebt: Der dunkle nicht von der Sonne beschienene Teil des Mondes, der wie man leicht sehen konnte, doch nicht total dunkel ist, besitzt kein eigenes Licht, sondern reflektiert nur Licht von der Erde. Das konstruiert er auch in einer Zeichnung: „Ist das Auge im Osten und sieht den Mond im Westen nahe bei der untergegangenen Sonne, dann sieht es dessen dunklen Teil von einer Helligkeit umgeben, deren seitlicher und oberer Teil von der Sonne stammt, doch der untere Teil stammt vom westlichen Ozean, der noch die Sonnenstrahlen empfängt und sie auf die unteren Meere des Mondes zurückwirft ..."

Eine revolutionäre, ganz und gar antiaristotelische Behauptung: Wie kann die Erde als Nicht-Himmelskörper Licht weiterreichen als wäre sie ein solcher! Und weiter: Der Mond scheint ihm ganz und gar nicht verschieden von der Erde, sogar schwer als die Erde. Leonardo glaubt, dass er von „Wasser, Luft und Feuer bekleidet ist und sich so in sich und für sich in dem Raum hält, wie es unsere Erde mit ihren Elementen in diesem anderen Raum macht, und so verhalten sich die schweren Körper in ihren Elementen, wie die anderen schweren Körper es in unseren Elementen machen." All das steht in Spiegelschrift über seiner Zeichnung. Im unteren Bild der schmalen Sichel des Neumondes, dem „alten Mond in den Armen des neuen" geht er sogar darauf ein – für ihn als genau beobachtender Maler keine besondere Erkenntnis – warum der dunkle Teil des Mondes an der Grenze zur hellen Sichel noch dunkler erscheint, an der gegenüberliegenden Grenze zum dunklen Himmel dagegen etwas heller. Hell/Dunkel-Kontraste (und andere Kontrastformen) werden erst ab dem 19. Jahrhundert genauer untersucht.

Leonardos Manuskripte – er veröffentlicht nichts – enthalten ein Sammelsurium von Beobachtungen, möglichen Experimenten und Konstruktionen und viele, oft sich widersprechende Vermutungen. Besonders interessieren ihn die „vier Antriebskräfte" der Mechanik: Bewegung, Gewicht, Kraft und Stoß. Die Kraft erscheint ihm besonders geheimnisvoll, denn „Sie selbst hat kein Gewicht, obwohl sie häufig die Funktion des Gewichts erfüllt." Auch mit fallenden Körpern, ihrer Geschwindigkeit und Fallzeit beschäftigt er sich. Ausführlich beobachtet er die Bewegung von Wasser – das war natürlich für Kanalbau, Brückenbau und Schiffsbewegungen durchaus technisch wichtig. Er untersucht (in Experimenten?) die Wirbelbildung und beschreibt die Überlagerung zweier Kreiswellen genau. Eindeutig originell ist auch die geophysikalische Erkenntnis, dass das Quellwasser, das unerschöpflich von den Bergen bis in die Meere herunterfließt, vorher durch Wolken und Regen im Kreislauf hinaufgebracht wird.

JT

Der Widerschein der Erde auf dem Mond. →

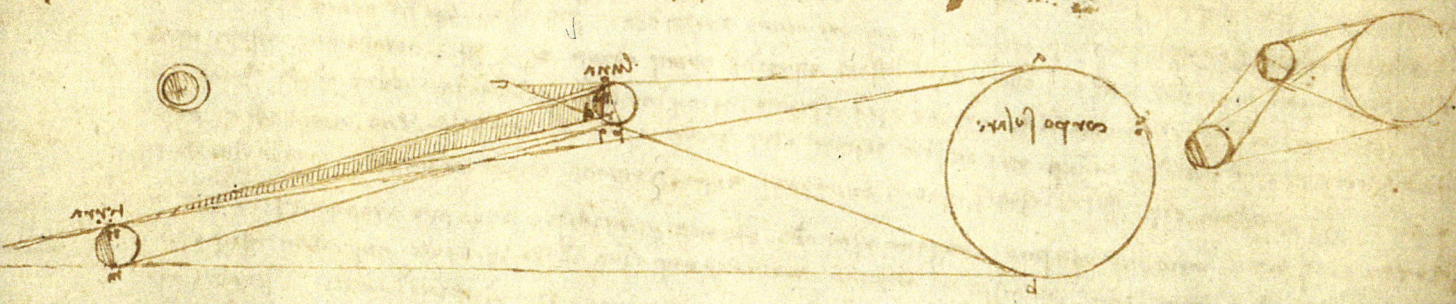

Simon Stevins Gewichtskunst

Eine Kugelkette liegt auf zwei zu einem Keil aneinander gefügten schiefen Ebenen. Wenn sich die Kette nicht im Gleichgewicht befände, würde sie sich in der einen oder anderen Richtung drehen. Dann würden die Kugeln nie aufhören, sich zu bewegen. Da dies nicht der Fall ist, herrscht Gleichgewicht. Die Gewichte der auf den schiefen Ebenen aufliegenden Kugeln verhalten sich zueinander wie die entsprechenden Längen beider Ebenen. Diese Überlegung gefällt dem Niederländer Simon Stevin so gut, dass er sie mehrfach als Titelbild seiner Bücher benutzt.

Ein strenger Beweis ist das ebenso wenig wie die Ableitung derselben Gesetzmäßigkeit von Jordanus de Nemore mit Hilfe von ähnlichen Dreiecken nach der euklidischen Geometrie. Doch im Unterschied zu Jordanus ist für Stevin die aristotelische Tradition nicht mehr bindend. Er ist wie Leonardo da Vinci ein Renaissance-Gelehrter und Repräsentant einer neuen Zeit. Stevin ist Ingenieur, Architekt, Mathematiker und Physiker, ein Mann der Theorie und der Praxis. Was er an Axiomen und Lehrsätzen formuliert, ist wie bei Leonardo da Vinci das Ergebnis einer genauen Beobachtung von Phänomenen, oft gepaart mit dem Ziel einer technischen Nutzung. An Leonardo da Vinci und Simon Stevin wird deutlich, dass die wissenschaftliche Revolution der frühen Neuzeit nicht nur im Denken, sondern auch im Verhältnis von Theorie und Praxis einen Umsturz darstellt.

Stevins Abhandlungen lassen schon auf den ersten Blick erkennen, dass das Gleichgewichtsproblem für ihn aufs Engste mit den technischen Herausforderungen seiner Zeit verknüpft ist. Wenige Absätze nach dem Gedankenexperiment mit der Kugelkette behandelt er in seinen *Grundsätzen der Gewichtskunst* die Frage, welche Kraft man benötigt, um ein Schiff und einen beladenen Karren über eine Rampe nach oben zu ziehen. In einer besonderen Abhandlung über *De Weeghdaet* widmet er sich den zu seiner Zeit üblichen technischen Vorrichtungen zum Anheben schwerer Lasten – vom einfachen Hebel bis zum Lastkrahn, der mit einem Tretrad bedient wird.

Auch bei Stevins Abhandlung über die *Grundsätze des Wassergewichts* ist der Praxisbezug unverkennbar. Darin formuliert er Gesetze für den Druck, den das Wasser auf den Boden und die Wände eines Behälters ausübt. Er erklärt darin das „hydrostatische Paradox", dass nur die Höhe des Wasserstandes und nicht das gesamte mit Wasser aufgefüllte Volumen für den Druck auf den Boden maßgeblich ist. Außerdem behandelt er die Druckverhältnisse bei schrägen und vertikalen Wänden, was besonders für den Bau von Schleusen eine Rolle spielt. Als Wasserbauingenieur kennt Stevin die dabei auftretenden Probleme nur zu gut. Je nach Wasserstand in einer Schleusenkammer ändern sich die auf die Schleusenwände und -tore wirkenden Kräfte beträchtlich. Noch am Ende des 17. Jahrhunderts brechen zum Beispiel beim Bau des Canal du Midi in Südfrankreich Schleusenwände ein, weil man den dabei herrschenden Druckverhältnissen nicht mit geeigneten konstruktiven Maßnahmen begegnet.

ME

Bild aus *De Weeghdaet*, S. 29.

Modell einer Krankonstruktion nach Leonardo da Vinci. →

William Gilbert und das Experiment

William Gilbert und Francis Bacon sind die Wegbereiter des modernen Empirismus in der Physik – Gilbert, der Praktiker, 20 Jahre vor Francis Bacon, dem Ideologen. Genau im Jahr 1600 erscheint Gilberts Hauptwerk *Über den Magneten, magnetische Körper und den großen Magneten Erde* in lateinischer Sprache verfasst. Gilbert ist seit 1573 Arzt in London, wird 1601 Hofarzt der Königin Elisabeth I und anschließend ihres Nachfolgers.

Sein Magnetbuch ist eine erste ausführliche auf Experimenten begründete Untersuchung magnetischer Eigenschaften, gerade auch des Erdkörpers – in der Nachfolge des Pierre de Maricourt und anderer. Die Erde ist für ihn ein großer Magnet, – das ist sein Hauptsatz – der die Magnetnadel der Kompasse zu den entsprechenden Polen zieht, nicht zum Polarstern oder den Himmelspolen, aber auch nicht genau zu den geografischen Polen. Er konstruiert aus Magnetstein eine runde Modellerde, seine terrella, und weist auf ihr nach, wie sich Magnetnadeln ausrichten – sowohl in horizontaler wie vertikaler Richtung, modern: in Deklination und Inklination. Das Erdzentrum besteht für ihn aus Eisen. Er untersucht die Magnetisierung von Eisenmaterial und zeigt, dass man Magnete zerteilen kann und dabei neue kleinere Magnete, ebenfalls mit Nord- und Südpol erhält.

Er untersucht auch elektrische Eigenschaften der Körper, das heißt Anziehungs - und Abstoßungskräfte, die bei einigen nicht metallischen Materialien durch Reibung entstehen. Das Wort *electrica* = wie Bernstein (griechisch *elektron*) anziehende Körper, wird dabei dauerhaft für diese neue Klasse von Eigenschaften in der Physik geprägt. Er sieht deutliche Unterschiede zu magnetischen Eigenschaften. Elektrische Effluvia (Ausströmungen), so glaubt er wie Girolamo Cardano schon 1550, werden durch zwischengehaltene Materie wie Holzplanken und Steinplatten unterbrochen, ja selbst durch Papierblätter, magnetische nicht. Elektrische Körper würden alle – sehr leichten – Dinge anziehen, bei Bernstein etwa Stroh. Der Magnetstein kann sehr schweres heben, falls es magnetisch ist. Für elektrische Experimente konstruiert er Anzeigeinstrumente, eine spitzengelagerte Nadel – das erste Elektroskop der Geschichte. Die Erdkugel hält nach seiner Theorie elektrisch zusammen, wird aber durch ihren Magnetismus ausgerichtet und in tägliche Rotation versetzt, so wie man ja bei Magneten einfache Drehung beobachten kann.

Gilbert ist überzeugter Kopernikaner. Eine tägliche Rotation der Erde sei doch viel einfacher anzunehmen als den rasenden Umschwung der Himmelssphären oder Himmelskörper um die Erde herum im ptolemäischen Weltbild. „Die anderen Bewegungen der Erde" lässt er in seiner Diskussion jedoch aus. In einem postum 1631 veröffentlichten Werk spricht er von Kräften zwischen Mond und Erde. Von der Erde aus wirkt der Magnetismus als Kraft. Ebbe und Flut werden durch unterirdische Ausflüsse verursacht, die in Zusammenklang mit der Stellung des Mondes hervorbrechen. Kepler baut auf diesen Überlegungen auf und versteht auch die Sonne als großen Magneten.

Gilberts Leistung für die wissenschaftliche Revolution ist ein hervorragendes Beispiel für die induktive Methode des Francis Bacon: Man kann alles Natürliche experimentell im Labor untersuchen, selbst kosmologische Themen wie die Rotation der Erde.

JT

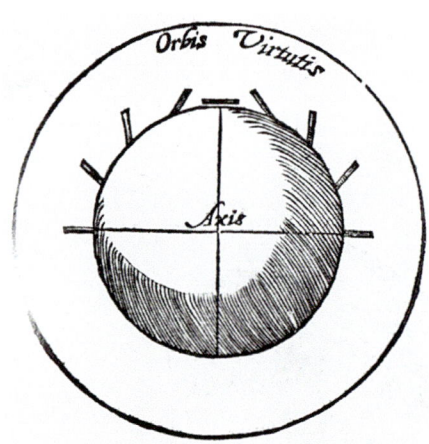

Ein Magnetstein als Erdmodell richtet Magnetnadeln aus.

Gilberts Magnetversuche vor Elisabeth I. →

Kopernikus bis Populärwissenschaft – das neue Weltbild und seine physikalischen Implikationen

Das berühmte Werk *Von den Umdrehungen der Himmelssphären* des Frauenburger Domherrn Nikolaus Kopernikus wird in seinem Todesjahr 1543 veröffentlicht, zunächst ohne Wirkung. Neben seinen klassischen astronomischen Problemen – wo ist die Parallaxenbewegung, die die Fixsterne laut Ptolemäus zeigen müssten – gibt es auch ungeklärte physikalische Fragen. Offensichtlich bestehen alle Planeten aus Materie wie die Erde, die mit ihnen um die Sonne kreist. Es kann keine schroffe Trennung mehr zwischen irdischen Sphären aus Erde, Wasser, Luft und Feuer und dem himmlischen Bereich geben. Wenn alle Planeten um die Sonne kreisen, warum bleibt der Mond der Erde erhalten? Warum kann die Sonne alle Planeten um sich herum ziehen? Da Kopernikus noch an der Existenz kristallener Sphären im Himmel festhält, muss also auch die Erde an solch einer Sphäre befestigt sein. Wie erklärt sich dann, dass ihre Achse im Jahreslauf zu sich selbst parallel bleibt? Kopernikus nimmt deshalb eine dritte Bewegung der Erde, ebenfalls jährlich, als Ausgleich auf dieser Sphäre an.

Im Weltbild des Tycho Brahe, der auch schon alle Planeten um die Sonne kreisen lässt, doch mit dieser zusammen – traditionell – um die ruhende Erde, kann es keine Sphären geben. Erst Kepler zieht um 1600 den Schluss, die Erde halte wie ein rotierender Kreisel ihre Achse im Weltraum immer konstant. Er ist auch der Erste, der versucht, die Frage nach dem warum um die Sonne, dynamisch zu lösen. (Am Mars entdeckt er, dass es keine Kreise, sondern Ellipsen sein müssen.) Er greift auf William Gilberts Untersuchungen zum Magnetismus zurück und schlägt vor, die Sonne als großen Magneten zu begreifen. Mit ihrem Kraftstrahlenkranz zieht sie die Planeten um sich herum. Erde und Mond wirken ähnlich aufeinander. Dass es Kräfte zwischen Mond und Erde gibt, beweisen ihm Ebbe und Flut. Warum verändert sich aber die Entfernung der Planeten von der Sonne während ihrer Umläufe, und das sogar in Ellipsenform? Kepler versucht eine Analogie: So wie Kähne an einem festen Seil durch die Strömung in zwei verschiedene Richtungen über den Fluss gezogen werden können, je nach Stellung des Steuerruders, so muss es wohl Vergleichbares zwischen den Kraftstrahlen der Sonne und der Bewegung der Planeten geben. Galileo Galilei schert sich nicht um solch dynamische Betrachtungen, er glaubt weiterhin an kreisförmige Bewegungen – und die sollen am Himmel traditionell kräftefrei verlaufen.

Tychos Weltbild ist natürlich der katholischen Kirche genehmer. Es wird in vielen Darstellungen bevorzugt: Die Waage der Wahrheit lehnt das kopernikanische Weltbild als zu leicht befunden ab. Die klassische Geozentrik wird allerdings schon in die Ecke gestellt. Immer mehr Wissenschaftler stellen sich im 17. Jahrhundert auf die kopernikanische Seite: von René Descartes, über Otto von Guericke, Christiaan Huygens bis Isaac Newton. Kurz nach 1700 hat das neue Weltbild die populäre Ebene erreicht: Der Maler Cornelius Troost malt sarkastisch einen Disput (nach einem Singspiel *Die Mathematiker oder das Fräulein auf der Flucht*) zwischen zwei ältlichen Wissenschaftlern, die sich über kopernikanisches bzw. ptolemäisches Weltsystem in die Haare geraten. Der linke, der eine im Gasthaus versteckte junge Frau zur Gattin bekommen soll, vertritt Kopernikus: mit einem Schinkenteller als Sonne, einer Weinflasche als Erde und einem Käse als Mond. Sein Widersacher rechts dagegen zeigt auf die Weinflasche als Zentrum der Welt, mit Mond und Sonne (jetzt als Teller mit Fischresten) um die Erde herum. Der junge Held des Stückes, der die beiden raffiniert in Streit bringt, sitzt ganz links im hellen Licht und muss nur warten, bis die Wissenschaft – für seine Liebesaffäre – sich selbst zerlegt hat.

JT

Kopernikanisches und ptolemäisches Weltbild im Wirtshaus. →

Galilei und der Fernrohrhimmel

Im März 1610 erregt eine kleine Veröffentlichung großes Aufsehen in ganz Europa. Der Titel lautet: *Sidereus Nuncius* – Sternenbotschaft. Darin beschreibt und zeichnet Galileo Galilei, was er seit Spätherbst 1609 mit dem ein Jahr zuvor in Holland erfundenen und von ihm verbesserten Teleskop am Himmel entdeckt hat.

Der Mond besitzt Berge wie die Erde. Um den Jupiter kreisen 4 Monde, und die so neblig schleierhaft aussehende Milchstraße besteht in Wirklichkeit aus ungeheuer vielen Einzelsternen. Am übrigen Nachthimmel entdeckte er etwa 100-mal mehr Sterne, als das bloße Auge den Menschen seit Jahrtausenden sehen ließ. Das ist revolutionär, sowohl gegen wissenschaftliche wie auch theologische Tradition gerichtet. Besteht der Himmel, wie der Mond nahelegt, vollständig aus irdischer Materie? Es gibt offensichtlich andere Zentren im Raum, um die Himmelskörper kreisen – siehe Jupiter mit seinen Monden. Das spricht gegen die bisher geltende Philosophie mit der Erde als alleinigem Mittelpunkt des Weltalls. Vielleicht könnte also auch die Sonne Zentrum sein – Zentrum aller Planetenbewegungen, wie Kopernikus schon mehr als 60 Jahre zuvor behauptet hat. Zunächst bleibt Galilei vorsichtig in seinen Äußerungen. Für die Bewegung der Erde um die Sonne hat er auch keine direkten Beweise.

Revolutionär ist das Fernrohr auch ganz praktisch: Zur Vorführung steigt er mit Staatsräten von Venedig im Sommer 1609 auf den Campanile vor dem Dogenpalast. Im Bericht der denkwürdigen Vorführung des neuen Zauberrohrs liest man, dass alle Schiffe auf der Adria vergrößert wurden. Man erkennt sogar Schiffe, die dem bloßen Auge unsichtbar bleiben. Die weitest entfernten brauchen 2 Stunden, bis man sie ohne Fernrohr bemerkt. Das ist eine viel eindrucksvollere Angabe, als die Vergrößerungszahl: 2 Stunden mehr Vorwarnzeit bei einem Angriff von See! Galilei erhält sofort eine Lebenszeitstellung und doppeltes Gehalt.

In ganz Europa reißt man sich um Galilei'sche Fernrohre. Die weltanschaulichen Konsequenzen allerdings beginnen Verdruss zu bereiten. Einige Geistliche predigen gegen Galilei: Bald werde er auch noch behaupten, dass es Menschen auf dem Mond gebe, obwohl doch Gott das Leben auf der Erde erschaffen hat. Die meisten Intellektuellen allerdings akzeptieren bald Galileis Entdeckungen, auch kirchliche Würdenträger, sogar die führenden Jesuitenwissenschaftler. Johannes Kepler selbstverständlich ist begeistert. Galilei triumphiert zunächst. Die vier Jupitermonde nennt er in seiner Schrift nach den vier Brüdern Medici in Florenz mediceische Planeten. Der Florentiner Herzog darf mit seinen Brüdern direkt um den höchsten Gott des Himmels, Jupiter, kreisen – eine erfolgreiche Schmeichelei. Galilei wird mit nochmals höherem Gehalt, als bestbezahlter Höfling überhaupt, nach Florenz berufen. Nun stellt er seinen Glauben an das kopernikanische Weltbild immer schärfer heraus. (An das er wohl schon, beeinflusst durch Johannes Kepler, seit den 1590er Jahren glaubt.) Er gerät damit immer mehr in Widerspruch zur katholischen Kirche. Als er 1632 sein Hauptwerk, die Verteidigung des kopernikanischen Systems im *Dialog über die zwei hauptsächlichen Weltsysteme, das kopernikanische und das ptolemäische betreffend* veröffentlicht – weil er glaubt, der neue liberale Papst Urban VIII sei auf seiner Seite –, wird er angeklagt und 1633 zu lebenslanger Haft verurteilt. Sie wird nur auf Einspruch einiger einflussreicher Gönner zu lebenslangem Hausarrest in seiner Villa über Florenz umgewandelt. Dabei glaubt er doch, leider fälschlich, mit Ebbe und Flut den direkten Beweis für die tägliche und jährliche Bewegung der Erde gefunden zu haben.

JT

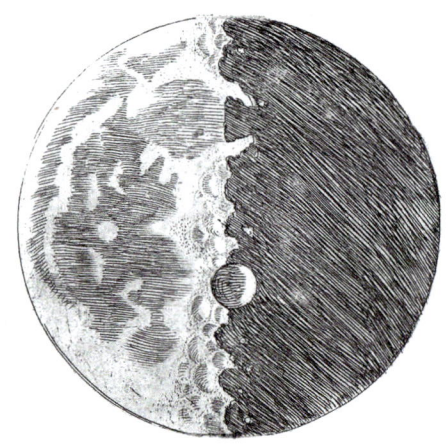

Galilei zeichnet einen Mondkrater – wohl zur Verdeutlichung – viel zu groß.

Das große Luftfernrohr von Hevelius über Danzig, um 1670.

Der freie Fall bei Galilei

Berühmt ist das Schiefe-Ebene-Experiment Galileis zum freien Fall. Auf einer Holzbahn von etwa 6 m Länge wird die Rollzeit von Kugeln durch die Wägung ausgeflossenen Wassers bestimmt. Dieser Versuch steht am Ende einer langen Erörterung in seinem physikalischen Hauptwerk *Unterredung über zwei hauptsächliche Wissenszweige, die Mechanik und die Ortsbewegung betreffend* von 1638. Hier leitet Galilei theoretisch den proportionalen Zusammenhang zwischen dem Fallweg eines Körpers und dem Quadrat der Zeit her. Das Experiment, berichtet er, gebe „gar keine Unterschiede" gegenüber diesem Gesetz, die „zahlreichen Beobachtungen (würden) niemals merklich voneinander abweichen". Harsche Kritik seiner Zeitgenossen gibt es etwa bei einer krass falschen Behauptung: Ein Pendel soll auch bei großer Auslenkung – nicht nur bei kleinen Amplituden – immer isochron schwingen. Andererseits, Galilei ist ein exzellenter Experimentator, das beweisen seine schnelle Nacherfindung und Verbesserung des Fernrohrs.

Galileis Manuskripte, die alle sehr wahrscheinlich zwischen 1604 und 1609 entstanden sind, zeigen, dass er wirklich genial experimentiert hat. Das Manuskriptblatt 116v ist allerdings das einzige erhaltene Zeugnis, in dem Messwerte mit berechneten Werten verglichen werden – ein spannender Einblick in das „Labor" Galileis. Er untersucht den horizontalen Absprung – wohl von Kugeln – mit einer Kombination aus schiefer Ebene und Sprungschanze. Nur so sind die gezeichneten Kurven zu erklären, die sicher den Flug und Aufprall von Tischhöhe auf den Boden darstellen.

Die gemessene Sprungweite auf der horizontalen Achse wird mit der Absprunghöhe auf der senkrechten Achse (alles ungefähr in Millimetern) in den Rechnungen des übrigen Blattes so verwendet, dass gilt: Sprungweite (sie entspricht der Geschwindigkeit beim Absprung) zum Quadrat – ist proportional der Absprunghöhe. Er kennt also den Zusammenhang Fallgeschwindigkeit zum Quadrat ~ Fallhöhe. Das ist identisch mit dem Fallgesetz. Will Galilei es hier beweisen?

Oder ist ihm das Fallgesetz schon selbstverständlich und er will testen, ob die Sprungweite ein proportionales Maß für die Absprunggeschwindigkeit, als Momentangeschwindigkeit, ist? In der Tat sind dieser Begriff und seine Messung ein großes Problem für ihn. Vielleicht soll auch nur die Unabhängigkeit von horizontalem und senkrechtem Teil der Bewegung nach dem Absprung untersucht werden? Oder will er nachweisen, dass die horizontale Geschwindigkeit erhalten bleibt? Oder, dass die senkrechte Fallstrecke nach dem Absprung genau dem gleichen Gesetz unterliegt wie die rollende Kugel auf der Sprungschanze? Oder will er hier die Parabel als Flugbahn nachweisen?

Wir wissen es nicht. Hoch interessant ist auch, dass Galilei hier – sehr wahrscheinlich – untersucht, wieso seine Messwerte, das heißt der Proportionalitätsfaktor Erdbeschleunigung beim freien Fall, gegenüber einfachen theoretischen Betrachtungen falsch herauskommen. Das zeigt ihm wohl eine leicht begründbare Vergleichsrechnung zur Sprunghöhe 828, die der Tischhöhe entspricht, und nicht eingezeichnet ist. Die Ursache Rollenergie kann er noch nicht kennen.

Die Strategie von scheinbarer Exaktheit wie in Galileis Veröffentlichungen war Tradition seit der Antike. Experimente und Messwerte, so sie grob stimmen, werden den Erwartungen angepasst. Die Manuskripte Galileis, insbesondere 116v signalisieren einen Umbruch. Galilei findet mit Gespür gerade das, was damals erreichbar ist: Die Proportionalität von Weg und Zeit zum Quadrat beim freien Fall. Und er zieht wichtige Konsequenzen daraus, die Pendelgesetze, die Rolle von Haupt- und Nebeneffekten in der Physik – etwa die Reibung der Luft als ein Nebeneffekt beim freien Fall, von dem man absehen muss, wenn man ein allgemeines einfaches Gesetz haben will.

JT

Das einzige erhaltene Manuskriptblatt, in dem Galilei gemessene Werte eines Fallexperiments mit berechneten vergleicht. →

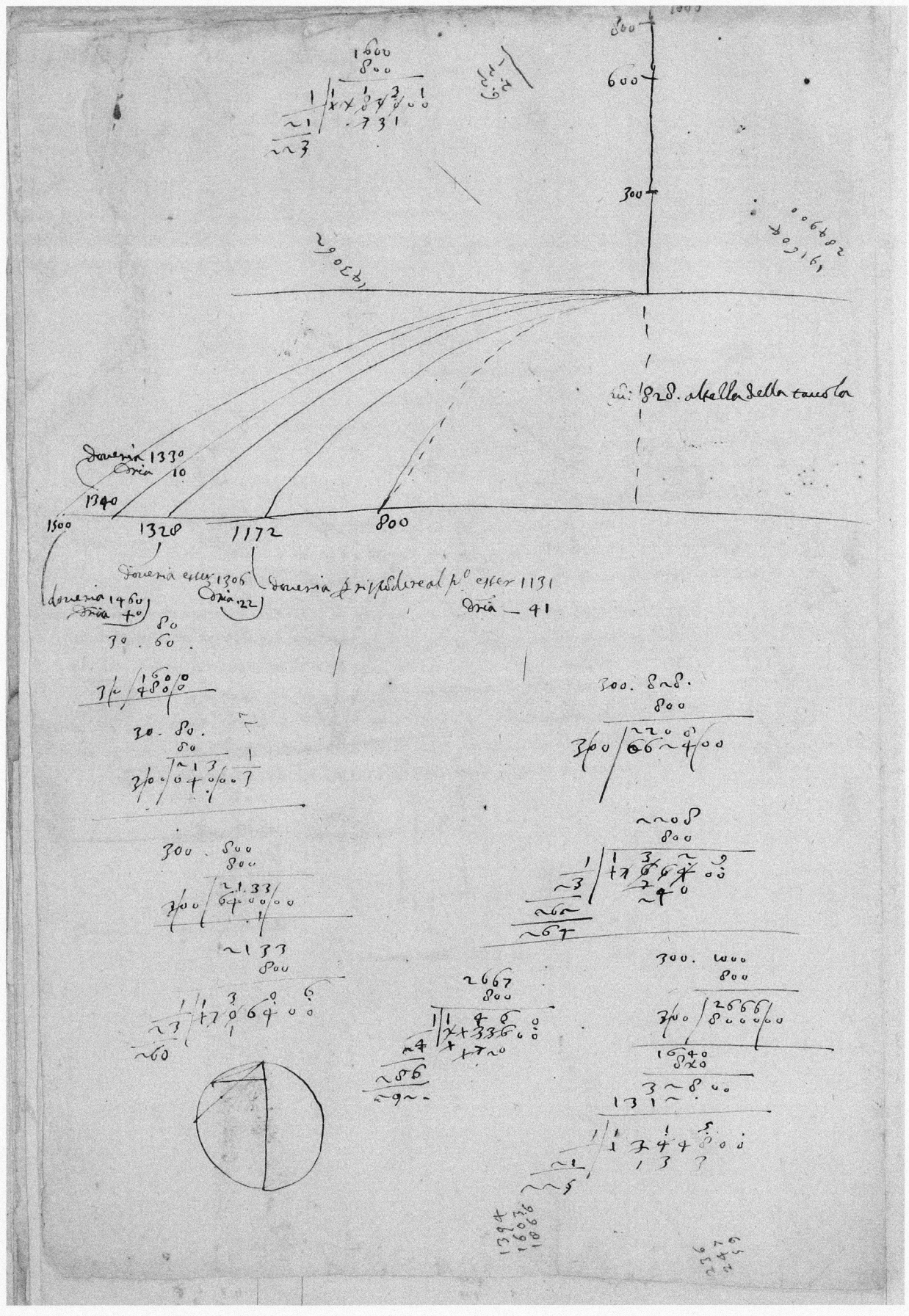

cui 8~d. altella della tauola

doueria 1330
orta 10

1340

1500   1320   1172   800

doueria eiier 1306   doueria p ripidireal pò eiier 1131
orta 22   orta — 41

doueria 1460
orta 40
                80
            30. 60.

Keplers Beiträge zur Physik

Johannes Kepler ist berühmt als Erneuerer der Astronomie. Bei der elliptischen Bewegung der Planeten um die Sonne sprechen wir noch heute von Kepler-Ellipsen und den Kepler'schen Gesetzen. Wir verdanken Kepler aber auch die Begründung der geometrischen Optik. Noch vor Erfindung des Fernrohrs veröffentlicht Kepler 1604 eine Abhandlung mit dem sperrigen Titel *Ad Vitellionem Paralipomena, Quibus Astronomiae Pars Optica Traditur* (*Nachträge zu Witelo mit Anschluß der Astronomischen Optik*). Im Jahr 1611 publiziert er, angeregt durch Galileis Schrift *Sidereus Nuncius* (*Der Sternenbote*), sein zweites Werk zur Optik, diesmal mit dem knappen Titel *Dioptrice* (*Dioptrik*). Im ersten zeigt er, wie sich die Bildentstehung in der Lochkamera (Camera Obscura) geometrisch deuten lässt. Wir nennen dieses Verfahren heute Strahlenoptik. Im zweiten erklärt er die Wirkung des Fernrohrs, wobei er nicht nur die von Galilei beschriebene Anordnung von einer Sammellinse als Objektiv und einer Zerstreuungslinse als Okular diskutiert, sondern auch andere Linsenkombinationen. Ein Fernrohr mit einer Sammellinse langer Brennweite als Objektiv und einer kurzbrennweitigen Sammellinse als Okular bezeichnen wir im Unterschied zum „Galilei-Fernrohr" als „Kepler-Fernrohr".

Keplers intensive Auseinandersetzung mit der Optik hängt eng mit seinen astronomischen Interessen zusammen. „Das Sehen, wie ich es erkläre," schreibt Kepler im Kapitel V seiner *Nachträge zu Witelo*, „kommt dadurch zustande, dass das Bild der gesamten Halbkugel der Welt, die vor dem Auge liegt, und noch etwas darüber hinaus auf die weißrötliche Wand der hohlen Oberfläche der Netzhaut gebracht wird." Descartes gibt dieser Erklärung des Sehens 1637 in seiner *Dioptrique* einen bildhaften Ausdruck. Er sei dabei wesentlich durch Kepler beeinflusst worden, so erweist Descartes 1638 in einem Brief an Mersenne Kepler die Ehre als dem wichtigsten Impulsgeber bei seinen eigenen Studien zur Optik, die ihn dann auch zur Erklärung des Regenbogens und anderer optischer Phänomene führen.

Die beiden Bücher zur Optik sind nicht die einzigen Zeugnisse für Keplers physikalische Interessen neben der Astronomie. In einer kurzen Abhandlung beschäftigt ihn im Jahr 1611 die Frage, warum Schneekristalle immer sechseckig sind. 1619 veröffentlicht Kepler seine *Weltharmonik* (*Harmonices Mundi*), die mit ihrem Titel an sein Erstlingswerk *Mysterium Cosmographicum* von 1596 erinnert. Die darin zum Ausdruck gebrachte Welterklärung ist heute überholt, aber die Überzeugung von der Symmetrie als einem grundlegenden Prinzip, das dem Aufbau der Welt vom Kleinsten bis zum Größten zugrunde liegt, wird zum Leitmotiv der modernen theoretischen Physik.

ME

Strahlengang im Auge nach Descartes.

Aufbau des Planetensystems in Keplers Mysterium Cosmographicum. →

TABULA III. ORBIUM PLANETARUM DIMENSIONES, ET DISTANTIAS PER QUINQUE REGULARIA CORPORA GEOMETRICA EXHIBENS.

ILLUSTRISS: PRINCIPI, AC DNO. DNO. FRIDERICO, DUCI WIRTENBERGICO, ET TECCIO, COMITI MONTIS BELGARUM, ETC. CONSECRATA.

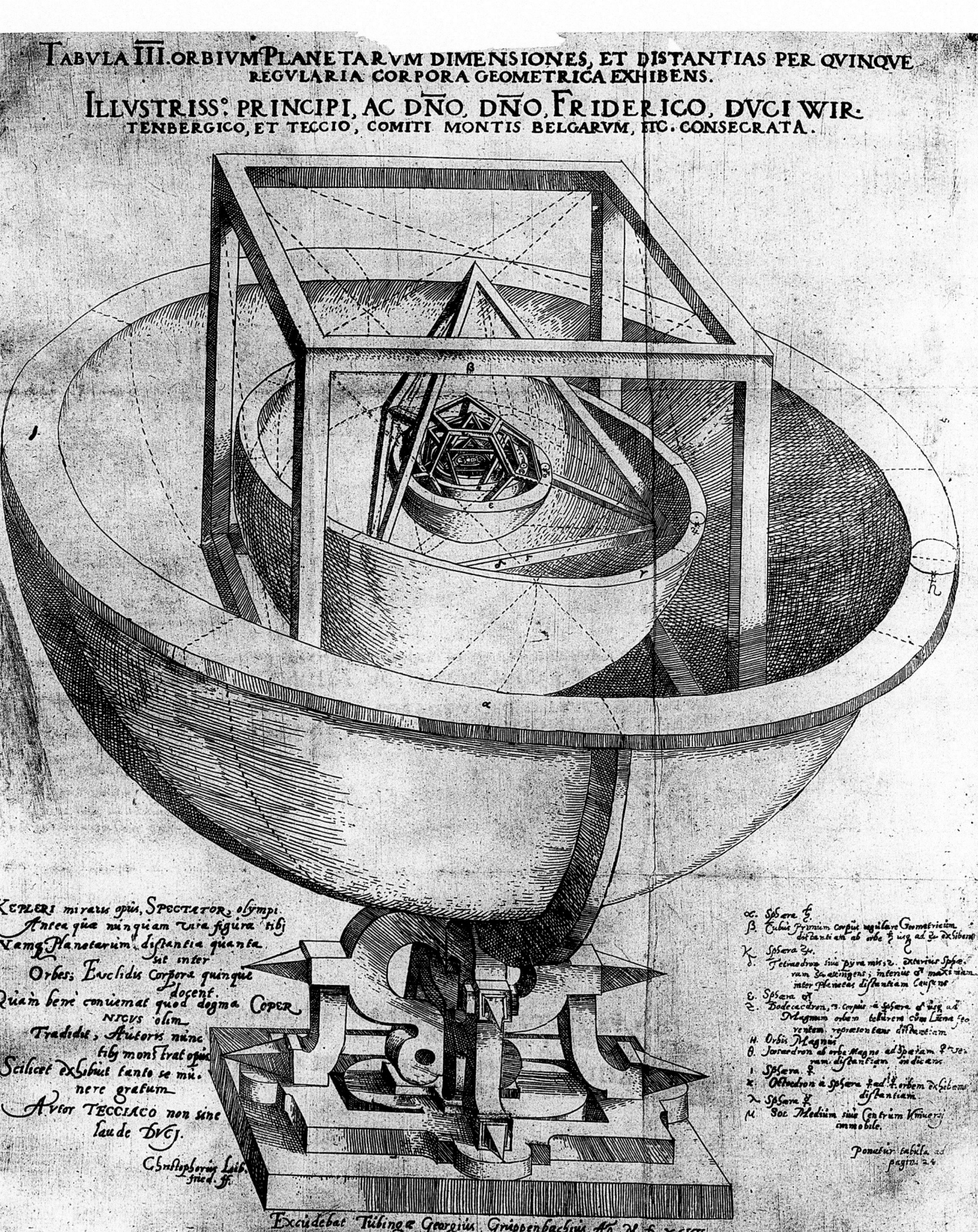

KEPLERI miraris opus, SPECTATOR, olympi.
Antea quæ nunquam uia figura tibj
Namq Planetarum distantia quanta
sit inter
Orbes: Euclidis corpora quinque
docent
Quàm benè conueniat quod dogma COPER-
NICUS olim
Tradidit, Autoris nunc
tibi monstrat opus
Scilicet exhibuit tanto se mu-
nere gratum
Autor TECCIACO non sine
laude DUCJ.

C. Suistophorus Leib-
fried. ff.

α. Sphæra ☿
β. Cubus Primum corpus regulare Geometricum
distantiam ab orbe ♂ uiq ad ♄ exhibens
γ. Sphæra ♃
δ. Tetraedron siue pyramis 2. alterius Sphæ-
ram 3a exingens, interius ♂ maximam
inter planetas distantiam Censens
ε. Sphæra ♂
ζ. Dodecaedron, 3 corpus a sphæra ♂ usq ad
Magnum orbem tellurem cum Luna 3o-
ventem, repraesentans distantiam
η. Orbis Magnus
θ. Icosaedron ab orbe Magno ad Spæram ♀ se-
ram distantiam indicans
ι. Sphæra ♀
κ. Oktaedron à sphæra ♀ ad ☿ orbem exhibens
distantiam
λ. Sphæra ☿
μ. Sol Medium siue Centrum Vniuersi
immobile.

Ponetur tabula ad
pagin. 24.

Excudebat Tübingæ Georgius Gruppenbachius Aõ. M. D. XCVII.

Das Geheimnis der Lichtbrechung

Über Jahrhunderte bleibt ein astronomisch und physikalisch wichtiges Problem ungeklärt: Wie verhält sich Licht, wenn es von einem optischen Medium in das andere übergeht? („Media" sind im antiken Weltbild der vier Elemente die zwei mittleren zwischen Erde und Feuer, also Luft und Wasser als transparente Körper.) Licht weicht von seinem geraden Weg ab, es wird an der Grenzfläche, etwa zwischen Luft und Wasser gebrochen. Doch gibt es ein exakt formulierbares Brechungsgesetz, das den Austrittswinkel etwa in Wasser in Abhängigkeit vom Einfallswinkel aus der Luft beschreibt? Eventuell auch in Abhängigkeit von den beiden Medien? Der Zusammenhang ist astronomisch wichtig, weil Sternenlicht in der immer dichter werdenden Lufthülle der Erde kontinuierlich abgebogen wird. Bildentstehung mithilfe von Glaslinsen, Lupen, und erst recht mit zusammengesetzten Instrumenten wie Teleskopen ab 1608, kann exakt nur mit solchem Wissen behandelt werden. Ptolemäus im 2. Jahrhundert und auch Johannes Kepler um 1600 behelfen sich noch mit Tabellen, die Austrittswinkel für verschiedene Einfallswinkel in einem bestimmten Medium auflisten. Kepler wählt ein dazu angenähertes Gesetz. Keiner der Großen der wissenschaftlichen Revolution des 17. Jahrhunderts weiß, dass schon im Jahr 984 der islamischer Wissenschaftler Abu Said al-Ala Ibn Sahl das Brechungsgesetz formulierte, als er die ideale Linsenform für ein perfektes Brennglas suchte. Es blieb selbst im Islam unbekannt.

Der englische Gelehrte Thomas Harriot findet schließlich die Lösung des Rätsels um 1601–1602. Er ist Briefpartner von Kepler und Fernrohrbeobachter des Mondes kurz vor Galilei 1609, doch bleibt seine Lösung wie bei Sahl in Manuskripten versteckt. Nach vielen genauen Experimenten mit Lichteinfall in Wasser gibt er eine geometrische Konstruktion des Austrittswinkels für jeden Einfallswinkel an. Das entspricht dem Brechungsgesetz $\sin \alpha / \sin \beta = n$, mit dem Brechungsindex n als (Material-)Konstante. Der Niederländer Willebrord Snell weiß nichts von Harriot, entdeckt dessen Lösung um 1620 nach, publiziert aber ebenfalls nichts. So erfährt die Welt zum ersten Mal von René Descartes, dem Philosophen, Mathematiker und Physiker im Jahr 1637, dass es ein solches Gesetz gibt. Descartes versucht als Erster eine physikalische Ableitung. Licht soll im dichteren Medium, etwa in Wasser gegenüber Luft, eine größere Geschwindigkeit erhalten. Luft sei weich, wie ein weicher Körper, auf den eine Billardkugel stößt und an ihm Geschwindigkeit verliert. Weich heißt, die Luftteilchen seien schlecht miteinander verbunden und müssten durch die Lichtteilchen von ihren Plätzen weggedrückt werden. Bei härteren Körpern wäre das nicht nötig. Pierre Fermat, Descartes großer Kontrahent, als Mathematiker (und Jurist) auch mitunter mit Physik befasst, glaubt lange nicht an das Brechungsgesetz. Schließlich behandelt er diesen Lichteinfall mit einem Prinzip, das später nach ihm benannt wird: Die Natur handle äußerst ökonomisch und wähle zwischen zwei Punkten den Weg mit der kürzesten Zeit. Erstaunt erhält er das Harriot-Snellius-Descartes'sche Brechungsgesetz, doch umgekehrt zu Descartes: mit der geringeren Geschwindigkeit im dichteren Medium.

Descartes berechnet noch aus dem Brechungsgesetz die Winkel, unter denen Haupt- und Nebenregenbogen erscheinen: 42° bei zweimaliger Brechung und einmaliger Totalreflexion im Regentropfen, bzw. 52° bei zweimaliger Brechung und zweimaliger Totalreflexion. Zur Entstehung der Farben gibt es bei ihm nur kurze nebensächliche Bemerkungen. Erst mit Isaac Newton wird allgemein bewusst, dass der Brechungsindex n auch von der Farbe des Lichtes abhängt.

JT

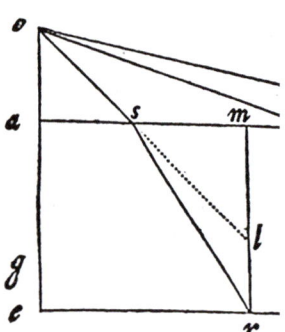

Das Brechungsgesetz nach Snell – Das Verhältnis sl zu sr bleibt immer konstant.

Haupt-und Nebenregenbogen nach Descartes. →

TAB. LXVI.

GENESIS Cap. IX. v. 12.17.
Iridis demonstratio.

I. Buch Mosis Cap. IX. v. 12.17.
Unterſuchung des Regenbogen.

Fig. I.

Athanasius Kircher, Caspar Schott und die Physik der Jesuiten

Die Jesuiten sind die intellektuelle Speerspitze der Gegenreformation. Wenn sie – wie im Fall Galileis – Glaubensdogmen bedroht sehen, sorgen sie mit Macht (und Intrigen) für Ordnung. Sind die jesuitischen Gelehrten blind gegenüber den Einsichten der wissenschaftlichen Revolution? Wie verträgt sich dies mit ihrer Rolle für die weltweite Verbreitung wissenschaftlicher Bildung?

Am Beispiel von Athanasius Kircher und Caspar Schott wird die zwiespältige Haltung der Jesuiten zur „neuen Wissenschaft" deutlich. Kirchers *Ars magna lucis et umbrae* (Große Kunst von Licht und Schatten) zeigt schon im Titelbild die uns heute merkwürdig erscheinende Mischung religiöser und physikalischer Aspekte. Über allem steht als Quelle allen Lichts der hebräische Schriftzug für Gott (Jahwe). Links gelangen von der Sonne Lichtstrahlen auf direktem Weg zur Erde, rechts reflektiert der Mond vom nächtlichen Himmel Sonnenlicht auf die Erde. Sonnenlicht kann durch ein Fernrohr auf einen Schirm projiziert werden – eine Anspielung auf die Entdeckung von Sonnenflecken durch den Jesuiten Christoph Scheiner und die Lichtwahrnehmung durch Sinneseindrücke (sensus) im Gegensatz zum Licht der Vernunft (ratio). Licht kann aber auch für allerlei Effekte genutzt werden, wie zum Betrieb von Springbrunnen (unten links) oder zur Ausleuchtung von Grotten in barocken Lustgärten (unten rechts). Kircher geht es nicht in erster Linie um eine Lehre von Licht und Schatten im Sinn einer physikalischen Optik, sondern um eine bunte Zusammenschau visueller Effekte, von Sonnenflecken bis zur Bildverzerrung an gekrümmten Siegeln (Anamorphosen).

Kircher ist berühmt für seine Sammlung wissenschaftlicher Gegenstände und Kuriositäten, die er in Rom in einem Museum zur Schau stellt. Darin findet sich von antiker Kunst bis zu Fossilien, Skeletten und technischen Apparaten so ziemlich alles, was Staunen erregt. Aber im Unterschied zu vielen anderen Wunderkammern der Barockzeit ist das Museum Kircherianum auch ein Ort, an dem mit den Mitteln der Wissenschaft Religion vermittelt wird. Linsenanordnungen auf einer optischen Bank und eine Camera Obscura dienen dazu, spiegelbildliche und auf dem Kopf stehende christliche Botschaften sichtbar zu machen. Staunen, wissenschaftliche Belehrung und jesuitischer Missionsgeist gehen Hand in Hand.

Licht und Schatten sind nur eines von vielen Themen jesuitischer Physik. In seiner *Phonurgia nova* (*Neue Hall- und Tonkunst*) verblüfft Kircher seine Leser mit akustischen Kuriositäten wie schneckenförmigen Schallempfängern, die zu gigantischen Abhöranlagen arrangiert werden. Neben solchen Ausgeburten barocker Phantasie bietet er aber auch seriöse wissenschaftliche Beobachtungen über die Natur des Schalls. Er vergleicht die Ausbreitung des Schalls mit der bei Licht bewährten geometrischen Bahn von Strahlen und erklärt die Wirkungsweise von Flüstergalerien, indem er die Reflexion der Schallstrahlen an oval geformten Wänden verfolgt.

Ganz in den Fußstapfen Kirchers bewegt sich auch sein Schüler Caspar Schott. Buchtitel wie *Magia Universalis* oder *Physica Curiosa* deuten schon an, dass auch er Gottes Wirken gerade in den wunderlichsten Erscheinungen der Welt erkennen will. Dabei ist er sogar bereit, von der aristotelischen Lehrmeinung des „horror vacui" abzuweichen, die nicht zu den Experimenten von Galileis Schüler Evangelista Torricelli passen will. Schott zeigt sich beeindruckt von Otto von Guerickes Versuchen. Er erweitert dessen Vakuumversuche und liefert noch deutlichere Beweise dafür, dass nicht die Scheu vor dem leeren Raum die Flüssigkeit in umgestülpten Röhren festhält, sondern der äußere Luftdruck.

ME

Titelblatt von Kirchers *Ars magna lucis et umbrae.* →

Das Vakuum existiert – von Torricelli bis Otto von Guericke

Schon Galilei wiegt die Luft und überlegt, was passieren würde, wenn es sie nicht gäbe: Alle Körper müssten exakt gleich schnell fallen. Ein Vakuum ist nicht mehr fremd für ihn. Seine Zeit ist jedoch in aristotelischen Vorstellungen gefangen: Warum können Pumpen Wasser nur einige Meter hochziehen? Antwort: Die Natur hat Angst vor dem Vakuum. Damit keines entsteht, zieht sie das Wasser dem Pumpenkolben nach. Galileis Schüler, Evangelista Torricelli, untersucht solche Phänomene um 1644 genauer: Warum läuft Quecksilber aus einer Glasröhre nicht heraus, sondern bleibt bei einer Höhe von – umgerechnet – etwa 76 cm stehen und lässt dabei einen kleinen quecksilberfreien Raum im geschlossenen Ende der Röhre zurück? Ist hier auch der *horror vacui* schuld? Nein, sagt Torricelli, der äußere Luftdruck hält der Quecksilbersäule das Gleichgewicht. Der französische Mathematiker, Physiker und Philosoph Blaise Pascal bestätigt das bald darauf. Er konstruiert komplexere Glasröhren. Sein berühmtestes Experiment führt er nicht selber aus, es ist ihm zu anstrengend. Er schickt seinen Schwager mit einem Quecksilberbarometer auf den Puy de Dome, einen Berg in der Auvergne. Das sind immerhin 1000 schweißtreibende Höhenmeter bis zum Gipfel. Und tatsächlich, sein Schwager berichtet ihm, was Pascal schon ungefähr wusste: Das Quecksilber steht auf dem Gipfel keine 76 cm hoch sondern rund 7,5 Zentimeter niedriger. Der Luftdruck 1000 Meter höher ist eben ein ganzes Stück geringer als im Tal bei Pascal.

Otto von Guericke aus Magdeburg, im Dreißigjährigen Krieg unglücklicher Bürgermeister dieser Stadt – sie wird zum großen Teil vernichtet und Guericke rettet nur mit Glück sein Leben – beginnt nach Kriegsende, den seltsamen unsichtbaren Luftdruck in vielfältigen Experimenten zu untersuchen. Sein Anlass ist allerdings kosmologisch: Er möchte beweisen, dass im All keine Luft existiert – nur dann bleibt das kopernikanische Weltsystem überzeugend, da sich alle Himmelskörper ohne Reibung ewig bewegen können. (Im ptolemäischen System garantierte dafür die himmlische Materie.) Wenn man auf der Erde einen luftleeren Raum herstellen könnte, dann gäbe es ihn erst recht im Weltall. Als Politiker hat er auch Sinn für publikumswirksame Experimente: So entsteht sein berühmter Versuch mit 16 Pferden, 8 links von einer luftverdünnt gepumpten hohlen Metallkugel, 8 rechts davon. Der Luftdruck presst die beiden Hälften dieser Hohlkugel so fest zusammen, dass die 16 Pferde sie nicht auseinander reißen können. Wir wissen heute, luftleer hat er die Hohlkugel nicht gepumpt – vielleicht sind es 20% bis 10% des Luftdrucks, die er erreicht. Immerhin, er konstruiert die erste Luftpumpe der Physikgeschichte und sein berühmtes Buch *Neue Magdeburger Versuche über den leeren Raum* von 1672 wird ein Bestseller. Darin gibt es auch elektrische Experimente: Eine kleine Flaumfeder wird von einer geriebenen Schwefelkugel elektrisch angezogen, sofort wieder abgestoßen und schwebt über ihr, wie der Mond über der Erde – für Gericke ebenfalls ein kosmologisches Modellexperiment.

Vakuumexperimente haben im weiteren Verlauf des 17. und 18. Jahrhunderts hohe Konjunktur. Sie werden oft als eindrucksvolle Vorführexperimente konzipiert, die die Macht des aufgeklärten Menschen über die Natur augenfällig machen. Ein solches Experiment überliefert uns der englische Maler Wright of Derby 1768. Hier wird Luft aus einer Glasglocke gepumpt, in der ein Vogel eingesperrt flattert. Er ermattet immer mehr, der Lebensodem schwindet. Das Publikum schaut neugierig, erstaunt, mitleidig oder schaudernd zu. Der Experimentator kann, fast magisch göttlich, das entschwindende Leben wieder zurückgeben, indem er neue Luft in die Glocke lässt.

JT

Ein magisches Experiment mit der Luftpumpe. →

Billardkugeln, Zentrifugalkraft, Pendeluhr – Christiaan Huygens

Wie und warum stoßen elastische Körper, etwa Kugeln, so berechenbar aneinander? Das Wie beherrscht jeder Billardspieler im 17. Jahrhundert. Warum strafft ein im Kreis geschleuderter Stein die Schnur, an der er gehalten wird? Gibt es genaue Uhren, die in vielen Wochen weniger als 1–2 Minuten falsch gehen? Das wäre für die Navigation auf See von unschätzbarem Vorteil. Man könnte die Ortszeit eines Hafens bei Abreise genau einstellen und sie auf hoher See mit dem Sonnenstand dort vergleichen. Das gäbe den Längengrad des Standortes. Christiaan Huygens, der niederländische Gelehrte aus wohlhabender Familie, widmet sich all diesen und weiteren Fragen, die Physik, Astronomie und Technik verknüpfen.

Vor ihm versucht René Descartes zum ersten Mal die gesamte Welt umfassend mechanisch zu begründen. In seinem Kosmos gibt es kein Vakuum, das Weltall ist ausgedehnte Materie, in der alle Wirkung durch Stöße der elastischen Wirbelmaterie weitergegeben wird. Das oberste Gesetz ist die Erhaltung der *quantitas motus*, der Bewegungsgröße. Aus diesen Grundgedanken – die Energieerhaltung kennt er noch nicht – versucht Descartes, die Gesetze beim elastischen Stoß zu entwickeln. Doch nur sein einfachstes ist richtig: Stoßen zwei genau gleiche Körper mit gleicher Geschwindigkeit gerade aufeinander, werden sie ebenso gleich voneinander weggestoßen. Erst Huygens findet 1652

alle Gesetze (veröffentlicht 1669). Er braucht dazu die Erhaltung der Energie. Huygens benutzt bei seiner Herleitung einen Trick, dem das Relativitätsprinzip der Mechanik zugrunde liegt. Er beobachtet aus einem Bezugssystem, das sich mit der Geschwindigkeit des einen stoßenden Körpers bewegt.

1657 erhält Huygens ein Patent auf eine Pendeluhr, die wesentlich genauer geht als die traditionellen Waaguhren. Er schlägt sie für astronomische Zeitmessungen und für die Bestimmung des Längengrades auf See vor. Die Theorie des Pendels hat er schon ab 1646 entwickelt. Doch erst 1673 erscheint seine große Veröffentlichung zur Pendeluhr mit der physikalischen Definition der Zentrifugalkraft, die er in 13 Sätzen formuliert. Modern lautet das Wesentliche: Diese Kraft, die jede sich kurvig bewegende Materie nach außen zieht, ist proportional der Geschwindigkeit zum Quadrat und umgekehrt proportional zum Radius der Bewegung. Er konstruiert etwa eine kardanisch aufgehängte Pendeluhr für Schiffe. Sie ist jedoch zu kompliziert für die Praxis. Schließlich entwickelt er eine Uhr mit Spiralfederunruhe. Dieses Konzept wird Erfolg haben, doch erst ab 1735 mit den Konstruktionen des britischen Uhrmachers John Harrison, nachdem Großbritannien einen fast unglaublich hohen Preis für die Lösung des Längengradproblems ausgesetzt hat.

Neben allen experimentellen Erfolgen ist Huygens vor allem ein großer theoretischer Physiker – so befasst er sich auch mit der Erdschwere, doch gelingt ihm der große Wurf Kosmologie nicht, das heißt, die Entwicklung eines neuen Konzepts Gravitation und seine Vereinigung mit der Kepler'schen Astronomie. Er bleibt Anhänger der Descartes'schen Wirbeltheorie. Folgerichtig wendet er sich auch gegen Newtons revolutionäre Thesen in dessen *Principia* 1687.

JT

Der Gedanken-Trick von Huygens zur Herleitung der Stoßgesetze.

Öffentlicher Billardsaal in Paris. →

Isaac Newton und die Himmelsmechanik

Eines Nachts im November 1680 erregt „eine Art nebliger Fleck von ungewöhnlichem Aussehen" neben der Mondsichel die Neugier des Berliner Astronomen Gottfried Kirch. In den folgenden Tagen beobachtet er in seinem Fernrohr, wie der Fleck seine Position vor dem Hintergrund der Fixsterne verändert und einen Schweif ausbildet. Nun besteht kein Zweifel mehr daran, dass es sich um einen Kometen handelt.

Isaac Newton, der schon 1664 bei der Beobachtung eines Kometen seine Liebe zur Astronomie entdeckt hat, zeigt auch an diesem Kometen ein lebhaftes Interesse. Nacht für Nacht notiert er sich in seinem Notizbuch die Position des Kometen und die Länge seines Schweifs, bis dieser im März 1681 auf Nimmerwiedersehen verschwindet.

Seit Kepler weiß man, dass sich die Planeten auf Ellipsenbahnen um die Sonne bewegen. Auch Monde bewegen sich auf Ellipsenbahnen um ihre Planeten. Aber auf welchen Bahnen bewegen sich Kometen? „Man kann Kometenbahnen berechnen", schreibt Newton in seinem 1687 veröffentlichten Werk *Mathematische Prinzipien der Naturphilosophie*, „indem man sie als parabolische voraussetzt; denn derartige Bahnen werden immer sehr nahe mit den Erscheinungen übereinstimmen. Dies ist nicht nur durch die parabolische Bahn des Kometen von 1680 erwiesen, welche ich oben mit den Beobachtungen verglichen habe, sondern auch durch die Bahn des berühmten Kometen, welcher in den Jahren 1664 und 1665 sichtbar war."

Als er diese Schlussfolgerung im Jahr 1687 veröffentlicht, ist ihm klar, dass die Bahn aller Himmelskörper um die Sonne Kegelschnitte sein müssen. Die mathematische Begründung veröffentlicht Newton im Jahr 1685 in einer kleinen Abhandlung *Über die Bewegung von Körpern auf einer Umlaufbahn*.

Dies ist der Beginn einer physikalisch begründeten Himmelsmechanik. Das schlägt sich schon in den frühen Himmelsdarstellungen der Ära nach Newton nieder. Wo zuvor nur die fast kreisförmigen Bahnen der Planeten und Monde zu sehen waren, sind jetzt auch parabelförmige Kometenbahnen eingezeichnet. Wie um das Werk gebührend abzurunden, widmet Newton den letzten Abschnitt seiner *Mathematischen Prinzipien der Naturphilosophie* den Kometen. Er zeigt, wie aus der Position eines Kometen am Himmel seine Bahn berechnet werden kann. Der Komet von 1680/81 erhält darin einen Ehrenplatz.

ME

Planeten- und Kometenbahnen in einem Himmelsatlas aus dem Jahr 1742. →

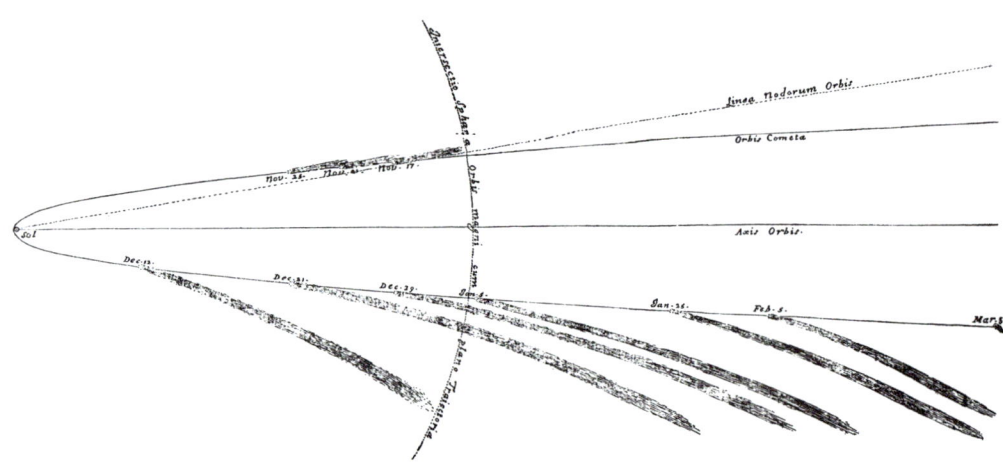

Newtons Skizze mit den Positionen des Kometen.

THEORIA COMETARUM

in quo praecipua eorum Phaenomena ex recentiorum Astronomorum Observationibus secundum illustrium Newtoni et cel. Whistoni Hypothesin geometrice deducta cum aliis exhibentur à
IOH. GABR. DOPPELMAIRO. Acad. Caf. Leopoldin. Carol. Nat. Cur. Regiarum Societatum Britanica et Boruff. Sodali, et Math. Prof. Publ. Sumptibus Heredum Homannianorum Norbergae.

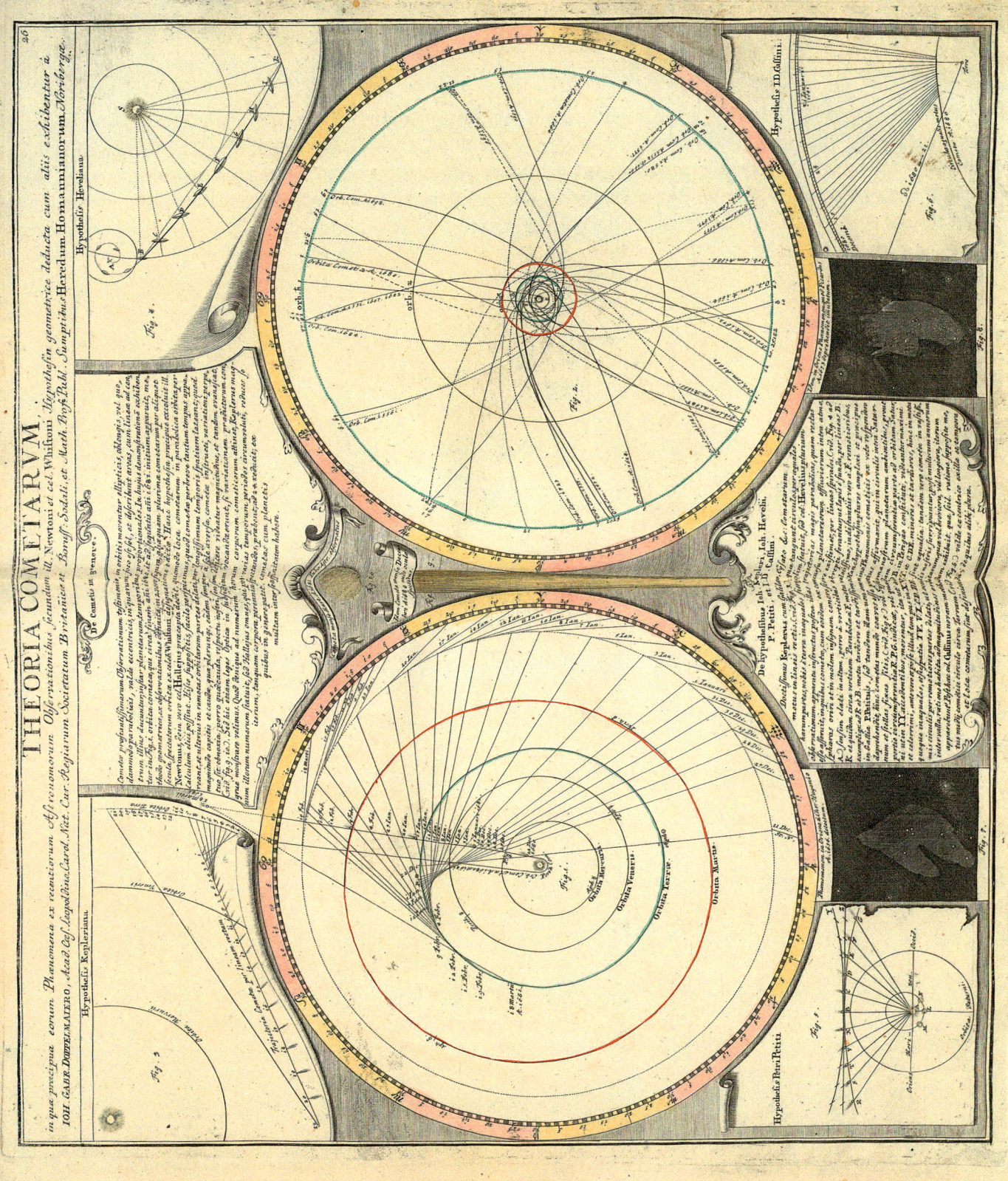

Hypothesis Heveliana.

De Cometis in genere.

Hypotheseos Kepleriana.

Hypothesis IIoh. Hevelii et
P. Petiti.

De hypotheseos Ioh. Hevel. Ioh. Kassini.
F. Petiti.

Hypothesis Bini Petiti.

Die Zerlegung des Lichts

In einem Brief vom 6. Februar 1671 berichtet Isaac Newton von einer seltsamen „Geistererscheinung", die er des längeren untersucht hat – schon 1666, so sagt er. Lässt man einen Sonnenstrahl durch das Loch eines Fensterladens in einen dunklen Raum fallen und hält ein Glasprisma in seinen Weg, so wird das scheinbar weiße Licht in Farben aufgespalten. Ein „Spektrum" (lateinisch: Erscheinung, Gespenst) von rot bis violett wird auf einem weißen Schirm sichtbar. Isoliert er einzelne Farben daraus, lassen diese sich nicht mehr weiter zerlegen. Führt er alle Farben des Spektrums mit einer Linse wieder zusammen, so erhält er das ursprüngliche Weiß. Weiß muss also aus all diesen Farben zusammengesetzt sein. Newton wird zu diesen Versuchen durch die farbige Unschärfe angeregt, die jedes Bild in den einfachen Fernrohren zeigt. Offenbar zerlegen Glaslinsen der Teleskope so wie Regentropfen weißes Licht in Farben. In seinen Experimenten sieht er zwar, dass dieses Farbspektrum von rot bis violett in allen Farbnuancen von einer Farbe zur anderen wechselt – kontinuierlich also. In seiner Optik (von 1704) legt er sich dann doch auf sieben getrennte Grundfarben fest: Rot, Orange, Gelb, Grün, Blau, Indigo, Violett. Sie passen für ihn wunderbar zu den sieben Grundtönen c, d, e, f, g, a, h, c der diatonischen Musik.

Die Zerlegung des scheinbar einfachen Weiß in Farben ist Newtons berühmte These und er verteidigt sie in klassischen Experimenten hartnäckig vor zeitgenössischen Gegnern. Thomas Hooke etwa wehrt sich 1672 entschieden dagegen: Genauso gut könnte man behaupten, alle Orgeltöne seien schon in der Luft des Gebläses enthalten. Auch gegen Newtons experimentelle Sorgfalt gibt es erhebliche Einwände.

Stärkeren Gegenwind gibt es wieder Jahrzehnte später. Der Dichter und Naturwissenschaftler Johann Wolfgang Goethe etwa wehrt sich ab 1791 ausführlich gegen Newtons Versuche und Interpretationen. Für ihn ist es eine Vergewaltigung der Natur, helles Licht, das uns von allen Seiten umstrahlt, durch eine kleine Öffnung in einen dunklen Raum und dort in ein Stück Glas zu zwängen und daraus Grundsätzliches über Farben abzuleiten. Goethe verwendet ein längliches Prisma, durch das man im hellen Raum mit beiden Augen blicken kann – auf Kärtchen zum Beispiel, die Weiß und Schwarz unterschiedlich geometrisch verteilt enthalten. Weiß, das heißt hell, und Schwarz, das heißt dunkel, sind für Goethe unzerlegbare polare Grunderscheinungen. Insofern baut er auf mittelalterlich-antikem Denken auf. Aus Weiß und Schwarz entsteht Farbiges erst durch Vermittlung von „Trübem" – von Regentropfen, Glasstücken, Nebelschwaden.

Untersuchungen aus dem 20. Jahrhundert zeigen, dass der naturphilosophische Gegensatz nicht so groß sein muss, den Goethe zu Newton und Newtons Anhängerschaft zu Goethe beschwören. Hell und Dunkel sind wirklich polare Gegensätze, auch in ihren Beziehungen zu Farben. Man kann etwa, umgekehrt zu Newton, einen absolut hellen Raum erzeugen und da hinein einen „Strahl" Dunkelheit zwängen, der dann ein Glasprisma trifft. Das ergibt ein Spektrum genau invers zum Spektrum des Regenbogens, mit den jeweils komplementären Farben. Komplementäre Farben untersucht Goethe als Erster sinnesphysiologisch und farbpsychologisch. Auch wenn Physik und Technik des Farbfernsehens Newton Recht geben, Farbempfindung selbst bleibt ein komplexeres Problem.

JT

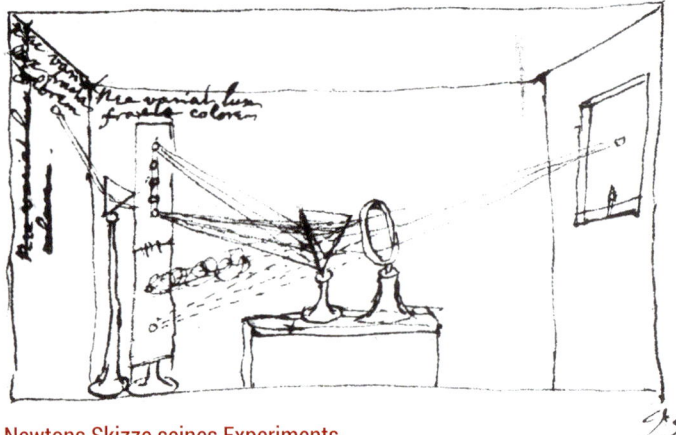

Newtons Skizze seines Experiments.

Newton zerlegt das Sonnenlicht – eine Allegorie. →

AUFKLÄRUNG UND NEUE WISSENSGEBIETE

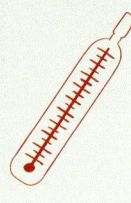

AUFKLÄRUNG UND NEUE WISSENSGEBIETE

Im 18. Jahrhundert erst beginnt die wissenschaftliche Revolution langsam in der Gesellschaft zu wirken. Astronomie und kopernikanisches Weltbild werden in den breiteren, gebildeten Kreisen nicht nur diskutiert, sondern die naturwissenschaftliche Methodik insgesamt, besonders Physik und Mathematik, werden zum Vorbild für alles wissenschaftliche Handeln erklärt. Rationalismus und Empirismus beherrschen das philosophische Denken. Einflussreicher Vertreter für den Rationalismus ist Gottfried Wilhelm Leibniz. Vernunft ist bei ihm Grundlage jedes Denkens und Tuns. Diese Welt ist physisch und moralisch die vollkommenste aller Welten. Die größte Wirkung wird mit dem kleinsten Aufwand auf dem kürzesten Weg erreicht. Das findet bald Resonanz in den entsprechenden Extremalprinzipien der Mechanik. Berühmtester Vertreter des Empirismus wird John Locke. Erst durch Erfahrung beschreiben wir das anfänglich leere Blatt unseres Bewusstseins und füllen es mit Wissen. Äußere Sinneserfahrungen und innere Eindrücke verbinden sich zu komplexerem Wissen. Die großen wissenschaftlichen Akademien in London und Paris, 1660 bzw. 1666 gegründet, werden zu Institutionalisierungen all dieser Vorstellungen, zum Mekka und Medina der Wissenschaft. Ihr Urteil bedeutet höchste Anerkennung oder endgültige Zurückweisung eines wissenschaftlichen Ergebnisses. So lehnt die Pariser Akademie im Jahr 1772 jede weitere Eingabe zu einem (mechanischen) Perpetuum Mobile als unsinnig ab. Es ist ein endgültiger Schiedsspruch über ein Jahrhunderte währendes Problem.

Die theoretische Mechanik, das erste mathematisch fundierte geschlossene System der Physik, von Newton 1687 begründet, wird im 18. Jahrhundert perfektioniert, in der Astronomie etwa durch die Störungsrechnung formal erweitert und um neue Bereiche, etwa in der Hydrodynamik, angereichert. Newton selbst wird als Übervater der neuen Wissenschaft verehrt, so beim englischen Dichter Alexander Pope:

Nature and Nature's laws lay hid in night:
God said, Let Newton be! and all was light.

Das Experiment und mit ihm die instrumentelle Ausstattung der Akademien, die jetzt überall in höfischen Zentren aus dem Boden schießen, aber auch bei privaten Wissenschaftlern (im Gegensatz noch zu Universitäten), wird immer wichtiger. Das gilt gerade für die physikalische Forschung. Das Demonstrationsexperiment wird in breite Kreise getragen, in Salons, in städtische Vorführungen, auf Jahrmärkte. Reiche Liebhaber der Instrumentenkunst leisten sich anspruchsvolle Experimental-Kabinette als kostbare Sammlungen. Neue experimentelle Forschungsgebiete entwickeln sich, die Wärmelehre, das Studium der Elektrizität. Wechselwirkungen zur Technik werden dichter, etwa zwischen Wärmeforschung und Dampfmaschinenentwicklung, zwischen Hydrodynamik und Wasserbau / Kanalbau / Springbrunnentechnik, zwischen Optik und Teleskopentwicklung.

Die französische Enzyklopädie ab 1751 wird zum Symbol für aufgeklärtes Wissen, von Literatur, Philosophie, Politik über Naturwissenschaften bis hin zur Technik. Als Herausgeber widmet sich ein Literat und Philosoph, Denis Diderot, auch eingehend der Beschreibung aller Technik. Der Physiker und Mathematiker, Jean-Baptiste le Rond d`Alembert, schreibt auch philosophische und politische Artikel. Das gesamte Wissen wird, nach Francis Bacon, in Gedächtnis, Vernunft und Fantasie eingeteilt. Naturwissenschaft ist selbstverständlich wesentlicher Teil der Vernunft. Darin steckt die Physik, die aber auch Chemie, Biologie, physikalische Astronomie und Medizin einschließt. Die mathematisch behandelten Bereiche der Physik, Mechanik, Optik, geometrische Astronomie, sind unter „gemischter Mathematik" eingeordnet. Neben lexikalischem Wissen und Lehrbüchern erhalten auch populärwissenschaftliche Veröffentlichungen immer mehr Konjunktur.

JT

← Aufstieg einer Montgolfière – eines Heißluftballons.

Jean-Antoine Nollet, Geistlicher, Experimentalphysiker und Erzieher der königlichen Prinzen in Paris. →

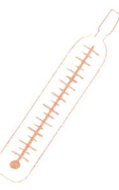

Thermometer, Wärme, Dampfmaschinen

Die Wärmelehre ist ein Bereich der Physik, der erst im 18. Jahrhundert mit reproduzierbaren Thermometern und einfachen quantitativen Erkenntnissen, Bedeutung gewinnt. Schon im 17. Jahrhundert gibt es erste Versuche, mithilfe der Wärmeausdehnung von Flüssigkeiten wie Alkohol Temperaturen zu messen, etwa in der – leider recht kurzlebigen – Accademia del Cimento in Florenz. Ihre Thermometer sind gut vergleichbar und gehen auch schon von zwei (groben) Bezugspunkten aus: Kälte von Schnee und größte Sonnenwärme. Auch die Royal Society in London ist seit ihrer Gründung 1660 an vergleichbaren Thermometern interessiert. Von Newton selbst gibt es 1701 einen Vorschlag, bestimmte Fixpunkte zu wählen. Doch wie soll man überall gleiche Messwerte reproduzieren?

Der Danziger Kaufmann Gabriel Daniel Fahrenheit (1686–1736) schafft den Durchbruch, als er seinen alten Beruf an den Nagel hängt und sich zu einem exzellenten Feinmechaniker entwickelt. Er diskutiert mit dem Astronomen Ole Römer, korrespondiert mit dem Universalgelehrten Gottfried Wilhelm Leibniz und eignet sich dabei fundiertes Wissen an. Er führt immer genauere Experimente mit verschiedenen möglichen Thermometerflüssigkeiten wie Alkohol und Quecksilber (ab 1718) durch. Quecksilber reinigt er besonders geschickt. Von Amsterdam aus, wo er ab 1717 ständig lebt und auch regelmäßig öffentliche Vorträge hält, knüpft er kluge Kontakte zur Royal Society in London. 1724 wird er ihr Mitglied – ein erstaunlicher Erfolg für einen reinen Instrumentenhersteller. Seine Thermometer mit dem Fixpunkt schmelzendes Eis bei 32 °F und der Siedetemperatur des Wassers bei 212 °F setzen sich durch. Doch gibt es in Europa noch das ganze 19. Jahrhundert hindurch verschiedenste Skalen – neben Fahrenheit, Réaumur (0–80°) und Celsius (0–100°) noch weitere, die oft nebeneinander angebracht werden.

Ein zweiter Begriff neben Temperatur als Wärmemaß wird ab 1750 eingeführt: die Wärmemenge, die bei gleicher Temperatur von Stoffmenge und Stoffart abhängt. Dazu kommt die „latente" Wärme, etwa beim Übergang von Eis zu Wasser und Wasser zu Dampf. Das Problem der Wärmeleitung wird erst ab Ende des 18. Jahrhunderts angegangen.

Parallel zu dieser wissenschaftlichen Entwicklung gibt es eine technische Revolution: die Erfindung der Dampfmaschine. Luftdruck kann Arbeit verrichten – aus diesen Versuchen des 17. Jahrhunderts (von Guericke, Huygens und anderen) entwickelt der Engländer Thomas Newcomen kurz nach 1700 eine erste brauchbare Dampfmaschine, die immer häufiger zur Entwässerung von Bergwerken in seinem Heimatland eingesetzt wird. Sie arbeitet allerdings sehr ineffektiv. Um ein Bergwerk zu entwässern, brauche man ein zweites, das die Kohle für die gefräßige Maschine liefere, wird kolportiert. Um 1760 diskutiert der Ingenieur James Watt mit dem Chemiker Joseph Black über die Probleme von Wärme und ihrer Nutzbarmachung. Zur gleichen Zeit beginnt er, über eine verbesserte Dampfmaschine nachzudenken und mit Modellen zu experimentieren. Er misst Dampfverbrauch, sowie Temperaturen, vergleicht Siedetemperatur, Dampfdruck und Rauminhalt, rechnet und überprüft. Eine wesentliche Verbesserung gelingt ihm schließlich 1769. Das Kondensieren des Wasserdampfs wird nicht durch Abkühlen des Dampfzylinders selbst bewirkt, sondern durch einen getrennten, immer auf niedriger Temperatur befindlichen Kondensator. Die von ihm patentierte Dampfmaschine verbraucht nur noch ein Viertel des Brennstoffs der vergleichbaren Newcomen'schen. Auch wenn Watt vor allem genialer Praktiker ist, die Parallelität der Entwicklung von Wärmeexperimenten/Thermometer und erster Wärmekraftmaschine ist nicht zufällig. Watt etwa arbeitet in der Tat mit wissenschaftlicher Methodik in engem Kontakt mit Gelehrten der Universität Glasgow. Nutzen und Erkenntnis gehen programmatisch seit Beginn des 18. Jahrhunderts immer stärker Hand in Hand.

JT

Prinzipbild einer Watt'schen Dampfmaschine (mit Drehbewegung), Georg Friedrich Reichenbach 1791. →

Auch früher gedacht hat, als es abgebrochen ist, welches beweiset
daß man schon dieserwegen den Hahnen wenigstens nach der
dergestalten Größte berechnen muß; und wer man über dem
Boden hat, das das Essen auch nicht allemal gantz gesund ist so kann
man füglich den Zehaben ansehen. ——

A Wallish Steam-Engine

DEUTSCHES MUSEUM
Archive

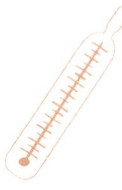

Jacob Leupold: Vom barocken Maschinentheater zur Nützlichkeit der Aufklärung

„Theoria cum Praxi" – dieses Motto gibt Leibniz im Jahr 1700 der „Sozietät der Wissenschaften und Künste" mit auf den Weg, aus der sich dann die Berliner Akademie der Wissenschaften entwickelt. Diesem Leitmotiv fühlen sich besonders die mechanischen Künste verpflichtet, die in den technischen Schaubüchern des Barockzeitalters unter dem Begriff des Maschinentheaters mit fantasiereichen Konstruktionen für Aufsehen sorgten. Jacob Leupold, ein Handwerkersohn, der sich als Instrumentenbauer der Praxis zugehörig fühlt, aber beim Studium der Mathematik, Philosophie und Theologie an der Universität Jena auch an den Wissenschaften Gefallen findet, verkörpert wie kein anderer den Übergang vom barocken Maschinentheater zum Ingenieur im Zeitalter der Aufklärung. Er wendet sich mit seinen Büchern an „Künstler, Handwercker und dergleichen Leuthe", die kein Latein wie die gelehrten Akademiker von den Akademien beherrschen. *Theatrum Machinarum* heißt seine mehrbändige Technikenzyklopädie nur noch im Obertitel. Daran erkennt man noch die Tradition des barocken Maschinentheaters, aber im Titel der einzelnen Bände wird dann der neue Tenor deutlich: *Schau-Platz des Grundes Mechanischer Wissenschaften, Schau-Platz der Wasser-Bau-Kunst, Schau-Platz der Rechen- und Meß-Kunst* etc. – hier dominiert nicht mehr das barocke Spiel mit Technik, sondern der Geist der Aufklärung.

Gilt das Perpetuum Mobile im barocken Maschinentheater noch als durchaus realistische Utopie, so macht Leupold für derlei „Mißgeburthen von Maschinen" den Mangel an Wissen verantwortlich. „Aber all dieses närrische Zeug und Windmacherey entsteht blos daher: Weil solche Leuthe kein Fundament haben und Krafft, Last und Zeit nicht zu berechnen wissen." Den nur auf dem Papier funktionierenden mechanischen Apparaten im barocken Maschinentheater stellt Leupold Maschinen gegenüber, die von Praktikern konstruiert wurden und die ihre Nützlichkeit etwa bei der Wasserhebung im Bergbau unter Beweis gestellt haben. Im zweiten Teilband seines „Schauplatz der Wasser-Künste" findet sich in dem Kapitel „Von Feuer-Maschinen" die Schnittzeichnung einer Dampfmaschine, bei der das Wechselspiel von expandierendem und kondensierendem Dampf einen Kolben auf und ab bewegt und durch sechs Zoll dicke Röhren Wasser aus 600 Fuß Tiefe an die Oberfläche fördern kann. „Feuer-Maschinen" sind das Nonplusultra zeitgenössischer Maschinentechnik – und eine Herausforderung für die Wissenschaft. Die physikalischen Prinzipien werden erst mit der Thermodynamik des 19. Jahrhunderts geklärt, aber es sind Praktiker wie Leupold, die dafür den Weg ebnen.

Leupold ist aber nicht nur an großen Maschinen interessiert. Sie dienen ihm vor allem als Anschauungsmaterial für didaktische Zwecke. Seine wahre Meisterschaft als wissenschaftlich gebildeter Praktiker entfaltet er bei der Konstruktion von physikalischen und meteorologischen Instrumenten, wo feinmechanisches Know-how und naturwissenschaftliches Verständnis gefragt sind. Zu seinen Meisterleistungen zählt eine Luftpumpe, die er 1706 seinem Landesherrn, August dem Starken, vorführt und die in der Dresdener Kunstkammer einen Ehrenplatz bekommt. Seine Reputation als Experte für den wissenschaftlichen Instrumentenbau verschafft ihm sogar einen Platz unter den Gelehrten der Preußischen Societät der Wissenschaften zu Berlin, was ihm aber nicht zu Ruhm und Ehren in der Wissenschaftsgeschichte verhilft. Heute ist Leupolds Name nur noch Technikhistorikern ein Begriff.

ME

Leupolds Luftpumpe aus dem Jahr 1706. →

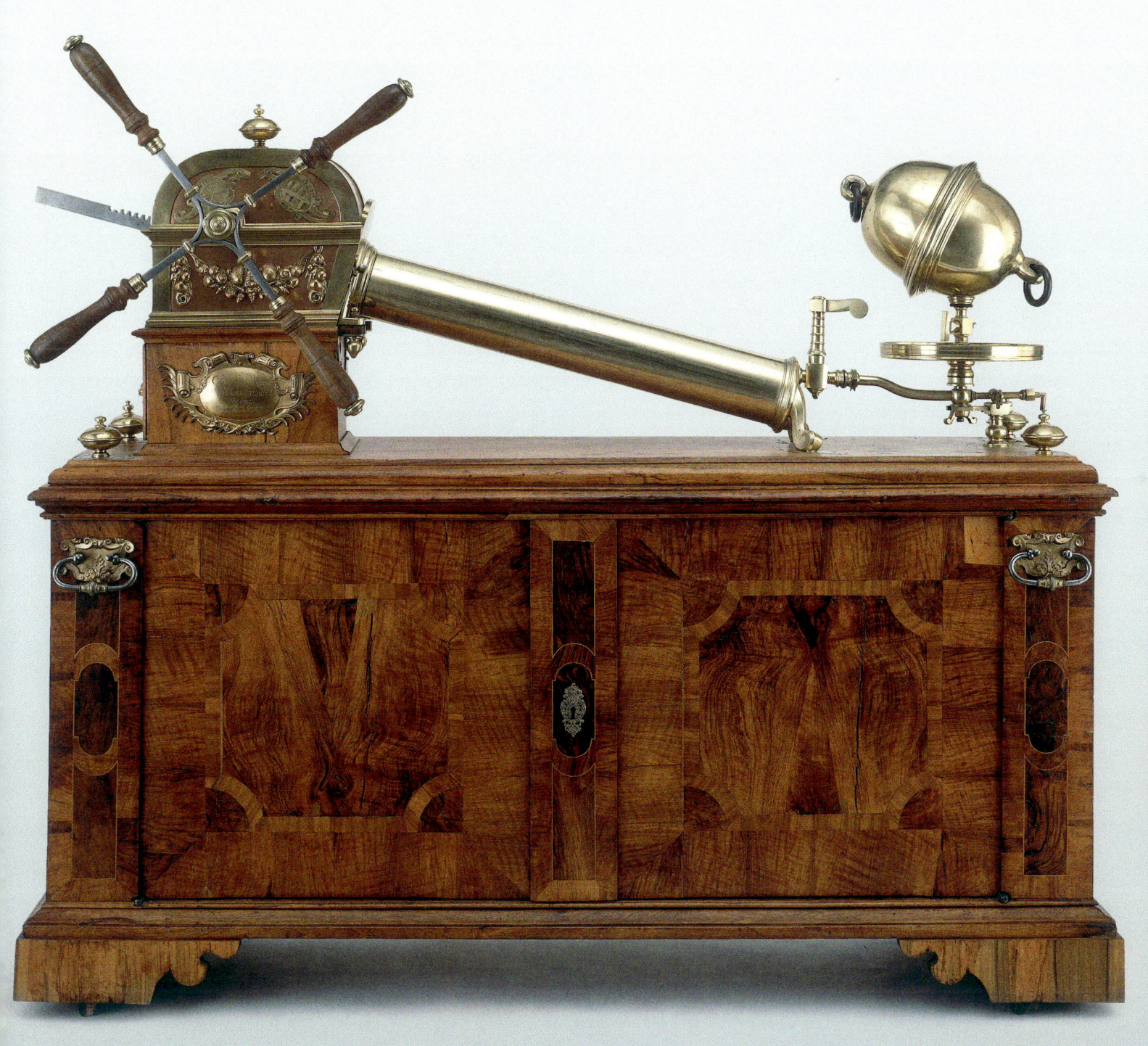

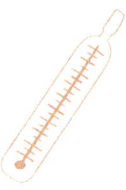

Bernoulli, Euler und die Anfänge der Hydrodynamik

Die Kunst, Wasser in die Höhe zu heben, gehört zu den großen Herausforderungen, mit denen sich die Ingenieure im 17. und 18. Jahrhundert konfrontiert sehen. Um Bergwerke zu entwässern, muss das Wasser aus der Tiefe in die Höhe gepumpt werden. Um in Städten Trinkwasser bereit zu stellen, wird Grundwasser in hochgelegene Reservoirs von Wassertürmen gepumpt, wo es dann mit dem nötigen Druck die tiefer gelegenen städtischen Brunnen versorgt. Um in einem Schlosspark Fontänen in die Höhe schießen zu lassen, werden raffinierte Wasserhebemaschinen konstruiert. Große Berühmtheit erreicht die 1684 fertiggestellte „Maschine von Marly", die mit einem gigantischen Aufwand Wasser der Seine nach Versailles befördert. In dem nach Versailler Vorbild angelegten Nymphenburger Schlosspark wird mit ausgefeilter Technik Wasser in Hochbehälter gepumpt, um vor dem Schloss ansehnliche Fontänen in die Höhe zu treiben.

Im Zeitalter der Aufklärung, das sich der rationalen Durchdringung der technischen Praxis verschrieben hat, wird die Wasserkunst zur Herausforderung für die mathematischen und physikalischen Wissenschaften. Von Galilei bis Newton haben sich immer wieder große Gelehrte daran versucht, aber erst Daniel Bernoulli macht die Hydrodynamik zu einer mathematisch-physikalischen Wissenschaft. 1738 veröffentlicht er in seinem Werk *Hydrodynamica sive de viribus et motibus fluidorum commentarii* (*Hydrodynamik oder Kommentare über die Kräfte und Bewegungen von Flüssigkeiten*) die grundlegenden Prinzipien für Wasserströmungen in Rohrleitungen und Pumpen. Das nach ihm benannte „Bernoulli'sche Gesetz" beschreibt in seiner ursprünglichen Fassung den Zusammenhang von Strömungsgeschwindigkeit und Wasserdruck gegen die Rohrwand bei Wasserleitungen mit unterschiedlichem Rohrdurchmesser. Den Druck gegen die Rohrwand ei-

ner Wasserleitung veranschaulicht er mit vertikalen Röhrchen, in denen das Wasser je nach Strömungsgeschwindigkeit verschieden hochsteigt – eine Technik, die auch in der Praxis für die Druckmessung eingesetzt werden kann.

Bernoullis Erkenntnisse werden vor allem von Leonhard Euler aufgegriffen, der mit der Basler Mathematikerfamilie Bernoulli einen lebhaften Briefwechsel unterhält und mit Daniel Bernoulli mehrere Jahre an der Akademie der Wissenschaften in St. Petersburg gemeinsam forscht. 1749 beschäftigt sich Euler – nun als Mitglied der Berliner Akademie und in den Diensten Friedrichs des Großen – mit den Wasserspielen im Schlosspark von Sanssouci, die immer wieder an geplatzten Rohrleitungen auf dem Weg zu dem höher angelegten Wasserreservoir scheitern. „Ich habe Berechnungen über die ersten Versuche angestellt", so fasst Euler seinen Befund zusammen. „Ich finde, dass die Rohre tatsächlich einem Druck ausgesetzt waren, der einer 300 Fuß hohen Wassersäule entspricht. Das ist ein sicheres Anzeichen dafür, dass die Maschine noch weit von einem perfekten Zustand entfernt ist." Euler erkennt die Ursache des Versagens im hohen Druck, der beim Auf und Ab der Kolbenbewegung in den Pumpen entsteht, und macht Verbesserungsvorschläge, die man ignoriert. Am Scheitern der Wasserspiele hat Euler also keine Schuld. Seine Theorie der Rohrströmung, die er aufgrund seiner Beschäftigung mit der „Maschine von Sanssouci" entwickelt, ist das Vorspiel zu der Formulierung der allgemeinen Bewegungsgleichungen für ideale (das heißt reibungsfreie) Fluide. Diese „Euler'schen Gleichungen" werden im 19. Jahrhundert durch Einbeziehung der Reibung zu den „Navier-Stokes-Gleichungen" erweitert. Sie bilden das Fundament der gesamten Strömungslehre.

ME

Fontänen in barocken Schlossgärten werden zur Herausforderung für die Hydraulik. →

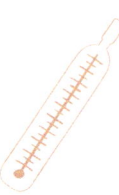

Erdgestalt und Physik

Zwei berühmte Forschungsexpeditionen des 18. Jahrhunderts nach Südamerika und nach Lappland gelten der Frage: Ist die Erde ein an Nord- und Südpol abgeplattetes Sphäroid oder eine Art aufrecht stehende Melone? Das Problem beginnt schon im Jahr 1672, als eine Gruppe der gerade gegründeten Pariser Akademie der Wissenschaften nach Cayenne in Südamerika geschickt wird. Sie soll den Winkelabstand des Mars von einem nahen Stern bestimmen. Dieser Abstand wird zur gleichen Zeit in Paris gemessen. Daraus folgt die Parallaxe des Mars – die scheinbare Verschiebung vor dem Sternenhimmel gegenüber den Orten Paris und Cayenne. Der Leiter der Expedition, Jean Richer, hat auch zwei Huygens'sche Pendeluhren zur Zeitmessung mit. Anhand der Vergleichsuhr Erde, das heißt, anhand zweier aufeinanderfolgender Meridiandurchgänge eines Fixsterns, stellt er erstaunt fest, dass seine Uhren ein kleines Stück langsamer gehen als in der höheren geographischen Breite von Paris. Das seltsame Ergebnis wird zunächst als Temperatureinfluss wegdiskutiert. Erst im 18. Jahrhundert glaubt man an eine Erklärung, die schon von Huygens aus dem Jahr 1687 stammt: Entscheidend für die Verlangsamung von Pendelschwingungen ist eine verminderte Schwere in Äquatornähe. Dieser Effekt muss allerdings mit einer eventuell veränderten Zentrifugalkraft verrechnet werden. Was kann man daraus für die Gestalt der Erde schließen? Ist die Schwerkraft nur bei einer exakten Erdkugel überall gleich groß, wie Isaac Newton behauptet? Oder gilt das gerade für ein am Äquator abgeplattetes Sphäroid – so eine französische Theorie von 1720? Letzteres ist natürlich eindeutig gegen Newton gerichtet. Im Sinne dieser französischen Theorie hätte sich die Erdmelone durch ihre Rotation nur etwas am Äquator ausgebaucht, aber ihre ursprüngliche Melonenform immer noch behalten. Auch das würde die Pendelverlangsamung von 1672 erklären können.

Die Pariser Akademie möchte den endgültigen experimentellen Beweis für eine der beiden Theorien liefern. 1735 werden zwei Expeditionen ausgerüstet, eine in das heutige Ecuador, die andere nach Lappland, also näher zum Nordpol.

Die Expedition nach Südamerika leitet der Mathematiker und Astronom Charles Marie de La Condamine, die nach Lappland sein Fachkollege Pierre Louis Moreau de Maupertuis. Maupertuis führt die schwierigen Versuche in Eile durch (Messung einer Basislinie, Aufsummierung der Entfernungen von dort aus – anhand von Dreiecken – bis zur gewünschten Bogenlänge von 1°) und kann schon 1737 in Paris seine Ergebnisse vorlegen. Die Bogenlänge von umgerechnet rund 111,9 km ist tatsächlich länger als die bekannte Bogenlänge in der Breite von Paris, was der Abplattung nach den Theorien von Newton (und Huygens) entspricht. Erst 1744 liegen die Ergebnisse der Südamerika-Expedition vor. Sie bestätigen mit – umgerechnet – 110,6 km das Ergebnis, der Bogen hier ist kürzer als der in Paris. Die geringen Differenzen zeigen die große Schwierigkeit von Theorie und Experiment – ein grandioser Triumph von Physik und Wissenschaftsorganisation, aber auch ein Triumph wissenschaftlicher Vernunft über nationalistische Gegensätze. Maupertuis persönlich verschafft dieser Erfolg die Bewunderung auch Friedrichs des Großen, der ihn zum Präsidenten seiner Preußischen Akademie der Wissenschaften erhebt. Er lässt sich als wissenschaftlicher Grande porträtieren, im Winter Lapplands, mit der einen Hand auf der Erdkugel, als hätte er sie persönlich abgeplattet.

An der Expedition nach Lappland nimmt auch ein junger Wissenschaftler teil, Alexis-Claude Clairaut, der bald einen weiteren Triumph der Newton'schen Mechanik vorbereitet: die genaue Vorhersage der Wiederkehr und größten Sonnennähe des Halley'schen Kometen im Jahr 1759. Dazu muss er genauere Störungsrechnungen in die Newton'sche Himmelsmechanik einführen. Am 25. Dezember 1758 entdeckt tatsächlich ein Amateurastronom in Sachsen den sich annähernden Himmelsvagabunden.

JT

Die Erde wird von Pierre Louis Moreau de Maupertuis mit eigener Hand „abgeplattet". →

PETRVS LVDOVICVS
MOREAV DE MAVPERTVIS,
...rium primarium regiæ Acad. Scient. Pari-
...sis, ut et Societatum eruditarum, Imperialis
Petropolit. regiarumq₃ Londinensis, Berolinensis,
Vpsaliensis atq₃ instituti Bononiensis.

Die Elektrizität als Salonwissenschaft

Schon die Antike kannte die anziehende Kraft von Bernstein (*élektron*) auf leichte Teilchen. In der zweiten Hälfte des 17. Jahrhunderts gibt es vereinzelt Forschungen zu elektrischen (= bernsteinartigen) Wirkungen, zum Beispiel durch Otto von Guericke. 1705 macht Francis Hauksbee Versuche mit einer Urform der Reibungselektrisiermaschine. In den nächsten vier Jahrzehnten wird das Wissen um die elektrischen Vorgänge spielerisch weiter ausgebaut. Barock und Rokoko lieben es, in Vorträgen, Salons und auf Jahrmärkten elektrische Wirkungen vorzuführen, zum Beispiel (seit 1744) durch den Finger eines elektrisierten Menschen Alkohol in einem Löffel zu entzünden. In den Jahren 1745/46 wird etwas noch Aufregenderes entdeckt: Elektrizität kann mit großer Wirkung in einer Wasserflasche gespeichert werden.

Das Kondensatorprinzip ist entdeckt. Man kann – bald mit „Leidener Flaschen", die innen und außen mit Metallfolie bedeckt sind – wesentlich größere Ladungsmengen als vorher speichern. Das führt auch zum größeren theoretischen Interesse der Physiker. Ladungsmengen sind bequem durch Aufteilung in immer kleinere und gleiche Portionen messbar. Das führt zur Bildung der beiden unterschiedlichen Begriffe Ladungsmenge und Spannung.

Die Wirkung des Kondensators ist nur mit Stromkreisvorstellungen und Ladungserhaltungsprinzip zu erklären. Bis zu dieser Zeit herrschte die Ausströmungstheorie vor. Sie verstand die elektrische Kraftwirkung als unsichtbares Ausströmen eines Fluidums aus dem elektrisierten Körper.

Es entwickeln sich eigenständige Begriffe, wie Kapazität, spezielle elektrische Instrumente, wie Elektrometer. Und es gibt immer mehr Wissenschaftler, die sich auf dieses neue Gebiet konzentrieren.

Die Erfindung der Leidener Flasche zeigt breite gesellschaftliche Wirkung. Viele beschäftigen sich mit den neuartigen Experimenten, so auch Johann Wolfgang von Goethe, der schon als Sechzehnjähriger dieses eindrucksvolle Phänomen in einen Liebesbrief einbindet: „Freudigkeit der Seele, und Heroismus ist communicabel wie die Elektrizität, und Sie haben so viel davon, als die elektrische Maschine Feuerfunken in sich enthält." Auch an Fürstenhöfen wird elektrisiert, wie das Bild – wohl am Zarenhof in Sankt Petersburg – zeigen soll: Der schwarzafrikanische Diener muss hier die – leichten – Schmerzen der Funkenentladung ertragen. Die Pelzmütze eines Zuschauers weist zusätzlich auf Russland hin. Die Reibungselektrisiermaschine ist hier schon – an der Unterseite – mit einem Reibkissen versehen und muss nicht mehr mit der Hand gerieben werden.

JT

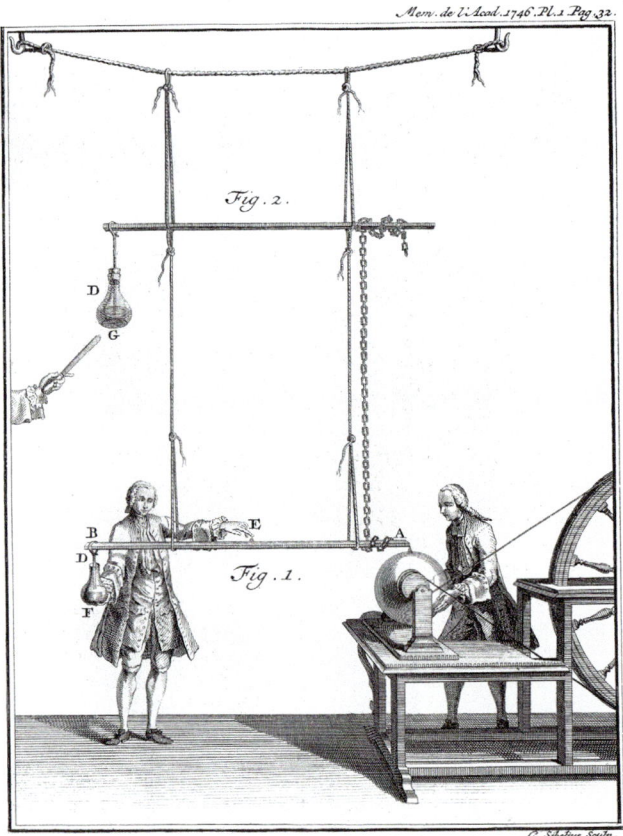

Die Erfindung der Leidener Flasche 1746.

Die Leidener Flasche als Salonexperiment. →

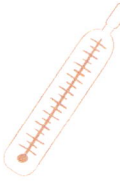

Technik und Experimentalphysik – John Smeaton

Im 18. Jahrhundert beginnen Ingenieure, physikalische Untersuchungsmethoden und Antworten zu drängenden praktischen Problemen zu entwickeln. Da man immer mehr Wasserkraft für industrielle Zwecke, aber auch für höfische Wassernutzung benötigt, wird die Frage nun ausführlicher diskutiert, ob oberschlächtige Wasserräder wirkungsvoller gegenüber dem viel älteren Prinzip der unterschlächtigen sind.

Doch erst 1759 reibt sich der englische Ingenieur John Smeaton mit großem historischen Erfolg an dieser Aussage. Er besitzt Vorgänger, den Franzosen Antoine Deparcieux und den Deutschschweizer Johann Albrecht Euler, Sohn des berühmten Mathematikers und Physikers Leonard Euler. Alle drei können nachweisen, dass das Gewicht der Wassermenge in den Schaufeln des oberschlächtigen Wasserrades entscheidend ist, weshalb solche Räder erheblich effektiver sind. John Smeaton ist von seiner Herkunft Instrumentenbauer und wird Begründer des „civil engineering". Er baut Brücken, auch Leuchttürme, Hafenanlagen und Kanäle, verbessert die Dampfmaschine Newcomens und konstruiert Wasser- und Windmühlen mit Dampfpumpenantrieb und sechs Windmühlen.

Im Jahr 1759 also legt er der Royal Society in London eine berühmte Untersuchung vor. Raffinierte technische Modelle von 2–3 m Größe erlauben es, den Wirkungsgrad von Wasser- und Windrädern exakt zu vergleichen. Smeaton verändert als Erster systematisch Gewichte, die bei ihrem Hochziehen die Arbeit der Räder messen, die Geschwindigkeit des Wassers, die Wassermenge und die Radtypen. Er findet heraus, dass unterschlächtige Wasserräder einen Wirkungsgrad von etwa 30 % erreichen, oberschlächtige dagegen einen doppelt so hohen Grad. Entscheidend wirkt hier das Gewicht der Wassermengen auf die herunter sinkenden Schaufeln – bei möglichst geringer Geschwindigkeit des Rades. So ungefähr haben das seine Vorgänger auch schon heraus bekommen. Smeaton betrachtet aber weitere mögliche Einflussfaktoren und vergleicht mit der Praxis großer Räder. Vor allem steht er in engem Kontakt mit der technisch-wissenschaftlichen und industriellen Welt. So korrespondiert er auch mit James Watt und dessen Unternehmer Matthew Boulton. Smeatons Arbeiten bewirken, dass in England bald keine unterschlächtigen Wasserräder mehr eingesetzt werden. Die weitere Verbreitung der Dampfmaschine wird dadurch übrigens bis nach 1800 nicht unerheblich gehemmt.

Auch Windmühlen untersucht er in seiner Arbeit von 1759. Ein Modell wird mit konstanter Geschwindigkeit gedreht, um einen konstanten Luftzug zu erzeugen. Hier messen ebenfalls hoch gezogene Gewichte, die Arbeit des Windes. Form, Drehgeschwindigkeit und Winkelstellung der Flügel können variiert werden.

Auf dem großen Bild ist das Experimentiermodell eines Wasserrades von John Smeaton dargestellt. Der Wasserfluss aus einem Reservoir (rechts) wird durch eine Pumpe wieder darin zurückgeführt. Es fehlen die Gewichte, die die Arbeit des Wasserrades messen.

JT

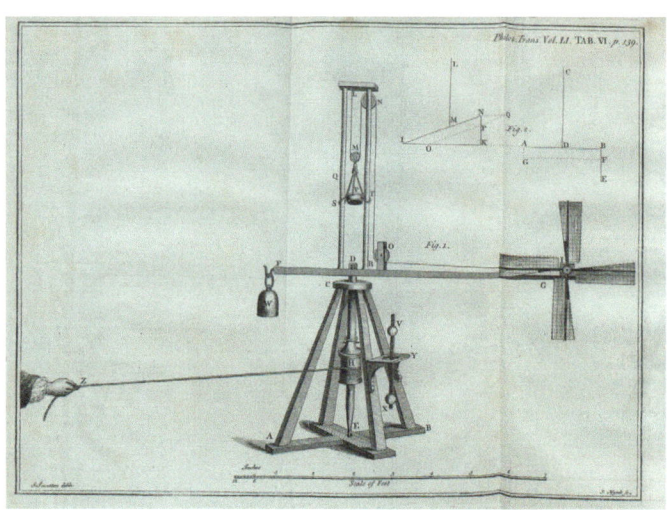

Windräder im Experiment Smeatons.

Das Experimentiermodell eines Wasserrades von John Smeaton. →

F

L

M

H

E

G

K

N

M

W

P

Q

R

T

O

I

S

A

B

D

C

J. Smeaton delin.

J. Mynde Sc.

Experiment und Allegorie – Physikalische Spiele und Lichtenberg'sche Figuren

Ab 1700 gibt es immer mehr populärwissenschaftliche Veröffentlichungen – auch für eine ganz neue Zielgruppe: Frauen. In Schlössern und Schlossgärten gibt es geheimnisvolle mechanische Automaten, die die Gäste überraschen sowie optische Spielereien in großem Maßstab. Wunder- und Raritätenkammern, die es schon länger gibt, werden immer reichhaltiger. Oft werden Experimentierkabinette damit verbunden. Experimentelle Beherrschung der Natur wird auch allegorisch verstanden. Der Übergang zwischen Vergnügen und Lernen ist fließend. So wird ein raffinierter Treppenturner konstruiert, in dessen Körperinneren sich Quecksilber bewegt. Durch die ständige Verlagerung des Schwerpunktes kann er mit beweglichen Armen und Beinen Überschläge vollführen und angepasste Treppen herunterturnen. Elektrische Glockenspiele, bezaubern mit ihrem Klang. Verzerrte optische Zeichnungen (Anamorphosen), die nur in einem Zylinderspiegel entzerrt werden, verwirren und beeindrucken.

Ein großer Physiker des 18. Jahrhunderts, der dieses Spielen zwischen Vergnügen und Erkenntnis besonders liebt, ist Georg Christoph Lichtenberg in Göttingen. Er lockt oft über 100 Zuhörer, fast 1/3 der damaligen Göttinger Studenten, in seine Experimentalvorlesungen.

Auch als Aperçu schätzt er das Experiment: Wie kann man ein Weinglas ohne Luftpumpe luftleer machen? Indem man es mit Wein füllt. Das einfachste Verfahren, die Luft wieder einzulassen, bietet das Austrinken. „Der Versuch misslingt selten, wenn er gut angestellt wird." Berühmt wird sein einziges großes Forschungsexperiment, die elektrostatischen Figuren von 1777. Modern interpretiert sind es Gleitentladungen an Isolatoroberflächen. Lichtenberg hobelt die Isolatorschicht aus Baumharz auf seinem großen Elektrophor, einer Art Plattenkondensator glatt. Dabei legt sich der Hobelstaub in wundersame Figuren, unterschiedlich je nach positiver oder negativer Ladung der Oberfläche. Eine Art elektrostatisches Speicheroszilloskop ist erfunden, das also den zeitlichen Verlauf von Entladungen aufzeichnet. Der Dichter in Lichtenberg begeistert sich. Er sieht Strahlen mit Ästchen, ähnlich Sternen, Milchstraßen und Sonnen im Weltall. Alle experimentellen Details beschreibt er aber sachlich exakt und findet sogar eine technische Anwendung: Schreibt er mit einem geladenen Stift auf seiner Isolatorfläche, bleiben die Buchstaben zunächst unsichtbar, eine Geheimschrift, wie sie im 18. Jahrhundert (mit chemischer Tinte) sehr beliebt ist. Streut er nun Bärlappsamen auf die Fläche, wird alles sichtbar. Er kann das Geschriebene fixieren und seine elektrostatische „Steganographie" verschicken, etwa an den König von England – hier sind es dessen Initialen.

In seinen Aphorismen, die erst nach seinem Tod bekannt werden, experimentiert Lichtenberg oft auch – mit Ideen:

„Wenn Scharfsinn ein Vergrößerungsglas ist, so ist der Witz ein Verkleinerungsglas."
„Königlicher Hofblitzableiter, ein Titel."
„‚Es denkt‘, sollte man sagen, so wie man sagt: ‚Es blitzt.‘ Zu sagen ‚cogito‘, ist schon zu viel, sobald man es durch ‚Ich denke‘ übersetzt."

JT

Elektrostatische Entladungsfigur von Lichtenberg.

Der Treppenturner. →

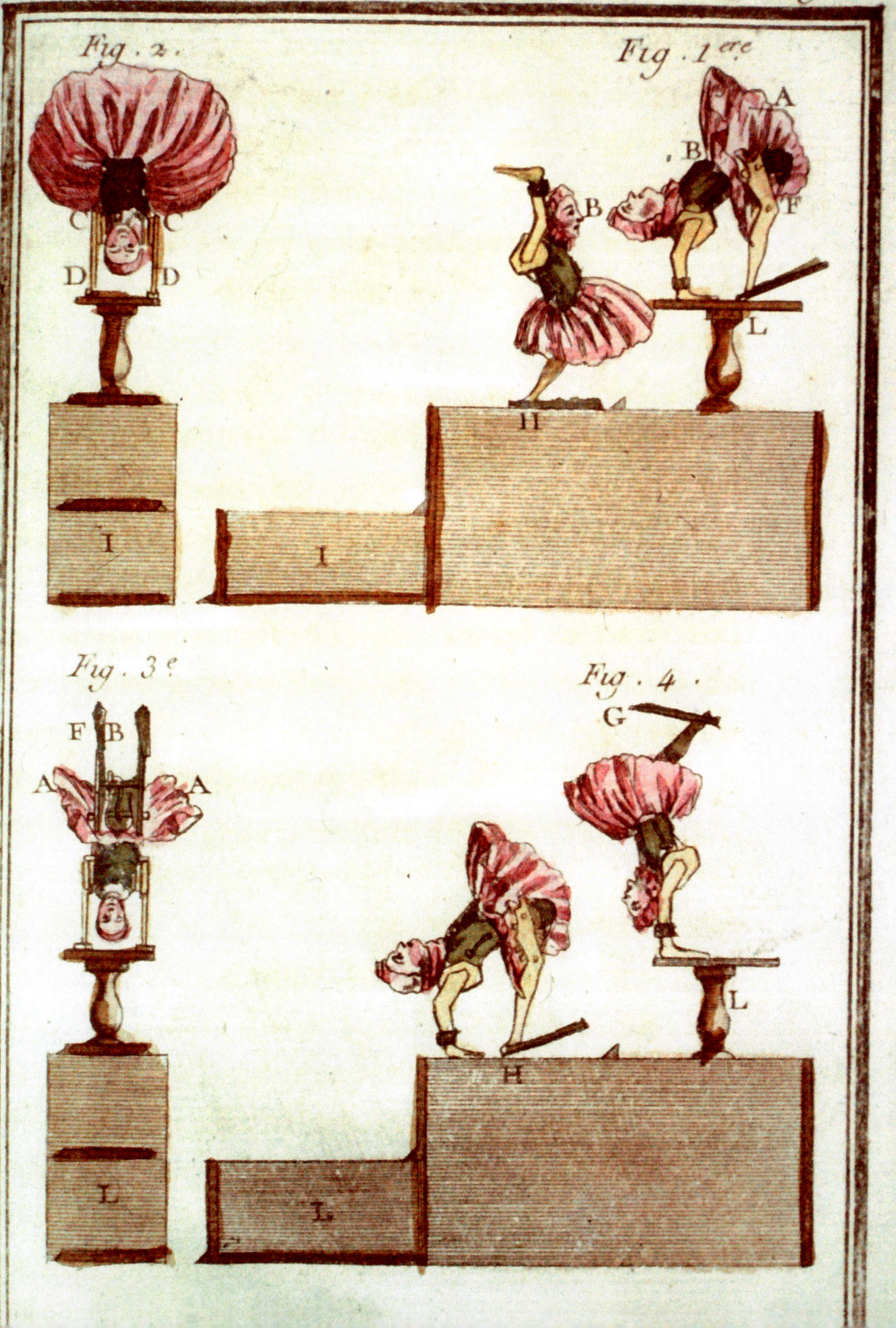

Fig. 2.

Fig. 1.ᵉʳᵉ

Fig. 3.ᵉ

Fig. 4.

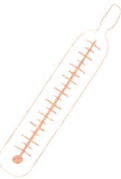

Das Grundgesetz der Elektrostatik – Henry Cavendish und Charles Augustin Coulomb

Beide Wissenschaftler beweisen experimentell, auf sehr unterschiedliche Weise, dass zwei gleiche elektrische Ladungen sich umgekehrt proportional zum Quadrat ihres Abstandes abstoßen.

Henry Cavendish stammt aus uraltem englischen Adel. 1760 wird er Mitglied der Royal Society von London und bleibt in ihr bis an sein Lebensende als Chemiker und Physiker aktiv. Er ist ein Sonderling, verkehrt mit seinen Bediensteten nur schriftlich und meidet jeden gesellschaftlichen Kontakt außerhalb der Royal Society. In einer seiner wenigen Veröffentlichungen 1771 deutet er an, er habe großen Grund anzunehmen, dass sich elektrische Ladungen mit dem Quadrat des Abstandes abstoßen. Aus unveröffentlichten Manuskripten erfahren wir warum: Er kennt den mathematischen Nachweis Newtons, dass eine mit Masse belegte Kugelschale im Inneren feldfrei sein müsse. Das folgt aus Newtons quadratischem Gravitationsgesetz. Doch experimentell kann man das erst bei elektrischen Phänomenen beweisen. Lädt man eine Kugel elektrostatisch auf, stülpt zwei dünne Halbkugelschalen isoliert darüber und verbindet nun Kugel mit Schalen, verschwindet die Kugelladung und geht auf die Schalen über. Cavendish weist das mit einem Elektroskop nach. Sogar eine Fehlerrechnung über die Empfindlichkeit seines Elektroskop führt er durch: Die Abweichung von der Potenz zwei könne höchstens 1/50 sein.

Bis heute ist Charles Augustin Coulomb berühmt, der 1785, im Gegensatz zu Cavendish, ein direktes Experiment wählt. Coulomb ist zunächst Militäringenieur im Festungsbau. 1776 wird er korrespondierendes Mitglied der Académie des Sciences in Paris und wendet sich immer stärker der Naturwissenschaft zu. 1781 wird er Vollmitglied dieser Académie und lebt von nun an ständig in Paris. In einer Arbeit zur Verbesserung des Schiffskompasses untersucht er eine Magnetnadel, die an einem Metallfaden aufgehängt ist. Die Anordnung ist sehr empfindlich, die Torsion des Fadens ist proportional der wirkenden Magnetkraft. In seiner ersten Arbeit zum Kraftgesetz untersucht er 1785 die Abstoßung zweier elektrostatischen kleiner Kugelladungen. Die eine ist ortsfest, die andere an einem leichten Waagebalken befestigt, der an einem Metallfaden hängt. Die Abstoßungskräfte misst er durch Rückdrehung dieses Fadens. In einer zweiten Arbeit bestimmt er die Anziehungskräfte. Hier muss er das Schwingungsverhalten eines Waagebalkens als Maß für die Anziehung nehmen. Er untersucht auch die Ladungsverluste während seiner Messung. Coulomb selbst gibt keine Hinweise auf viele Schwierigkeiten. Manuskripte existieren nicht.

Bis 1800 zeigt sich wenig Resonanz auf diese Arbeiten. In Frankreich benutzt das Kraftgesetz kurz darauf Siméon-Denis Poisson. Erst mit dem Beginn der theoretischen Elektrodynamik ab den 1850er Jahren wird es allgemein anerkannt.

JT

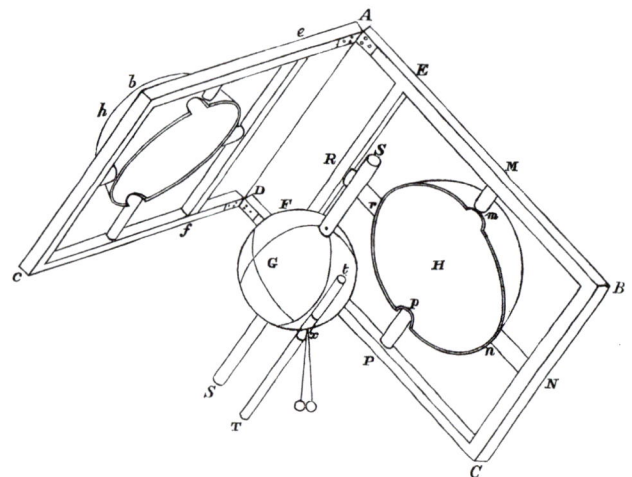

Das Experiment von Henry Cavendish zum elektrostatischen Kraftgesetz, 1771.

Die Drehwaage von Charles Augustin Coulomb von 1785. →

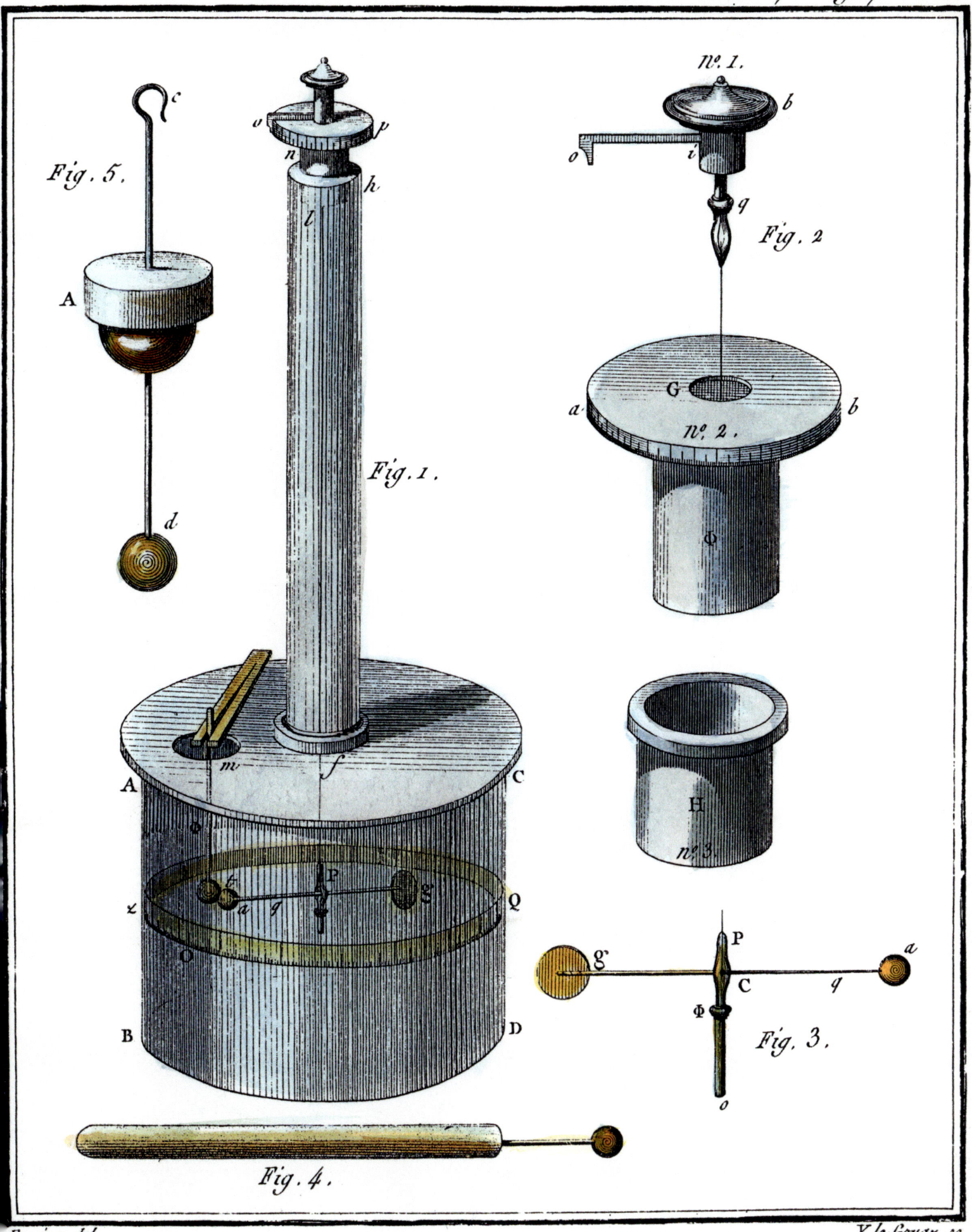

Fig. 5.

Fig. 1.

N.° 1.

Fig. 2

N.° 2.

N.° 3.

Fig. 3.

Fig. 4.

Fossier del.

Y. le Gouaz sc.

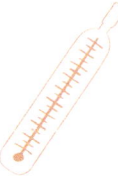

Von Galvanis Froschschenkeln zur Voltasäule – die chemische Batterie

Im Jahr 1791 beginnt der Anatomieprofessor aus Bologna, Luigi Galvani, mit Froschexperimenten. Zunächst entdeckt er, dass das Nerv-Muskelpräparat eines Frosches zuckt, wenn ein Metallmesser daran gehalten wird und entfernt davon der Funke einer Elektrisiermaschine überspringt. Das würden wir heute als Sender und Empfänger einer gedämpften elektromagnetischen Welle interpretieren. Doch Galvani glaubt an eine physiologische Elektrizität. Er stellt fest, dass auch Gewitterblitze einen mit Drähten verbundenen Nerv-Muskel auf dem Balkon zucken lassen. Danach bemerkt er: Der Froschmuskel zuckt auch, wenn er ihn, an einem kleinen Eisenhaken hängend, an das eiserne Balkongitter andrückt – obwohl keinerlei äußere Elektrizität vorhanden ist! Er glaubt noch nicht so recht daran und führt im Labor weitere Versuche dazu aus. Siehe da, jede Metallleitung vom Nerv zum Muskel ergibt Kontraktionen – ohne Elektrisiermaschine, ohne atmosphärische Elektrizität. Letztlich ist das für ihn nichts Neues, es bestätigt nur seine These: Der Froschorganismus enthält Elektrizität. Er findet sogar, dass eine metallische Ableitung aus zwei verschiedenen Metallen erheblich stärkere Zuckungen verursacht. Doch passt das nicht in seine Theorie von Frosch gleich Kondensator.

Sein italienischer Landsmann, der Physiker und Chemiker Alessandro Volta, greift Galvanis Untersuchungen auf und erklärt ein Jahr später gerade dieses letzte Ergebnis für wesentlich. Der Frosch ist keine Leidener Flasche. Elektrischer Strom entsteht aus dem Kontakt zweier verschiedener Metalle, die über einen flüssigen Leiter – den Froschorganismus – miteinander verbunden sind. Dieser Strom fließt kontinuierlich, nicht als plötzliche Entladung. 1799 setzt er solche „galvanischen Elemente", wie sie bald heißen, aus Metall 1/Metall 2 und Pappe- oder Lederscheiben getränkt mit Salzlösung zu seiner Voltasäule zusammen: die erste Hintereinanderschaltung chemischer Batterien. Von Chemie bei diesen Vorgängen hält er nichts. Seine Batterien haben großen Erfolg und werden Jahrzehnte lang zum zentralen Forschungsmittel der aufstrebenden Elektrophysik und -chemie. Volta kann die Effekte schon mit seinen neuen Begriffen Spannung, Ladungsmenge, Widerstand erklären. Durch das Hintereinanderschalten vieler Zellen wird auf jeden Fall die Spannung erhöht, so dass sie ein Elektrometer messen kann. Bald stellen andere Forscher chemische Wirkungen der Voltaschen Batterien fest: Durch Elektrolyse werden neue Elemente wie Kalium, Natrium und Barium entdeckt. Unedles Metall etwa kann im Leiterbad mit elektrolytisch abgeschiedenem Gold überzogen werden – Galvanisierung heißt das bald. Relativ starke Ströme, die zwischen Kohleelektroden entladen werden, erzeugen gleißendes Licht. Sogar erste (elektrochemische) Telegrafen werden konzipiert und ausprobiert: In München experimentiert der Arzt und Naturforscher Samuel Thomas von Sömmering dazu sogar mit Leitungen durch die Isar.

JT

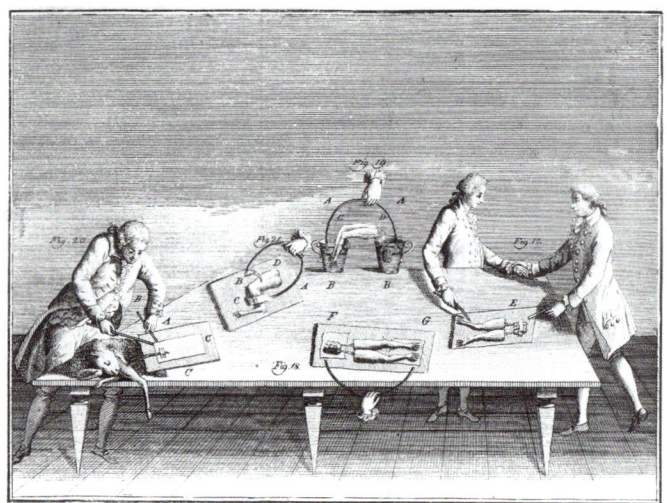

Luigi Galvanis Froschschenkelexperimente im Labor.

Der elektrochemische Telegraph von Sömmering, 1809, mit Voltasäule, Sender A, B, C … und Wasserbadempfänger, in dem durch Elektrolyse aufsteigende Gasblasen die Nachricht anzeigen. →

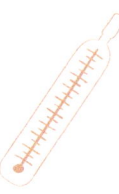

Kanonen bohren und Wärmetheorie

Benjamin Thompson, in Amerika geboren und 1793 in Bayern zum Grafen Rumford erhoben, ist eine schillernde Persönlichkeit zwischen Politik, Öffentlichkeit und Wissenschaft. Im amerikanischen Unabhängigkeitskrieg spioniert er für England und wandert schließlich dorthin aus, um sein unstetes Leben als Diplomat, Erfinder, Sozialreformer und Wissenschaftler fortzuführen. Nichts aber ist ihm wesentlicher als die Verbreitung seines eigenen Ruhms. Er sorgt selbst dafür, dass seine wissenschaftlichen Schriften in möglichst allen drei damals wichtigen Sprachen Englisch, Französisch und Deutsch erscheinen. Aus seinem sozialen Engagement als Militärbefehlshaber in Bayern ab 1784, erwachsen viele seiner technisch-wissenschaftlichen Interessen: Zur Ernährungsproblematik – siehe Rumfordsuppe und Kartoffelanbau; zur Beleuchtung – siehe Schattenfotometer und Lichteinheit; zur Wärmewirkung – siehe kinetische Wärmethese, Kalorimeter, Dampfheizungen.

Fragen über die Natur der Wärme ergeben sich schon früh bei seinen artilleristischen Untersuchungen, als er über die Erwärmung von Gewehren beim Schießen nachdenkt. Ist Wärme ein Stoff oder die Bewegung kleinster Teilchen im Körper? Diese zwei Thesen existieren schon das ganze 18. Jahrhundert nebeneinander. Entscheidende Argumente oder Experimente für die eine oder andere Auffassung gibt es jedoch nicht. In Bayern untersucht Thompson-Rumford zum Beispiel die Wärmeleitung von Textilien, um besser isolierende Kleidung für Soldaten zu entwickeln. Er stellt dabei fest, dass neben der Wärmeleitung ein anderer Transport, modern die Wärmekonvektion, wichtig ist. Da ist er schon überzeugt, dass es keinen Wärmestoff gibt: Irgendwann müsste er doch aus einem Wärme abgebenden Körper total verschwunden sein. Am berühmtesten sind seine Experimente mit stumpfen und scharfen Bohrern an Kanonenrohren 1797 im Zeughaus in München. Er ist zu dieser Zeit als Heeresbefehlshaber für die gesamte Verteidigung Bayerns zuständig und staunt über die „beträchtliche Hitze" die eine Kanone während des Bohrens schon in ganz kurzer Zeit erhält und über die noch größere, die die Bohrspäne zeigen. Er präpariert schließlich das Ende eines Kanonen-Gussrohlings zu einem Metallzylinder, den er gegen äußeren Wärmeverlust isoliert. Bohrt er mit einem stumpfen Geschützbohrer in diesen Zylinder, wird dieser sehr heiß. Das misst er mit einem Thermometer. 1/1000 des Zylinders wird dabei in Späne verwandelt. Aus ihnen kann doch unmöglich, laut Thompson-Rumford, so viel Wärmestoff entwichen sein. Auch der Zylinder kann sie kaum freigesetzt haben, denn jedes neue Bohren bringt weitere Hitze hervor. Die Wärme muss eine Vibration sein wie der akustische Klang. Schließt er den Metallzylinder seiner Bohrversuche in einen Holzkasten mit Wasserfüllung ein, wird dieses nach etwa zweieinhalb Stunden zum Kochen gebracht (insgesamt sind es 60 kg Wasser und Messing). James Prescott Joule berechnet in den 1840er Jahren aus solchen Werten, die natürlich verschiedene Verluste noch nicht berücksichtigen, dass Thompson immerhin 15 % des richtigen Werts des mechanischen Wärmeäquivalents erhalten hätte, wenn er schon über die Gleichheit von Wärme und Arbeit nachgedacht hätte. Doch versucht nicht einmal eine Abschätzung der durch das Pferd beim Bohren geleisteten mechanischen Arbeit.

In einer späteren Schrift nimmt Thompson-Rumford zur Erklärung der Wärme sowohl Bewegung der Körperteilchen an, als auch Bewegung eines sie umgebenden elastischen Äthers. Die Anhänger der Wärmestofftheorie haben damals freilich keine Schwierigkeiten, Rumfords Argumente zu entkräften. Der Wärmestoff ist eben so fein, dass es nicht möglich ist, ihn zu wiegen. Deshalb ist auch so ungeheuer viel davon vorhanden. Die kinetische Wärmetheorie wird sich erst nach 1850 durchsetzen.

JT

Graf Rumfords Kanonenbohrversuche – im Modell (oben) und in seiner Veröffentlichung (unten). →

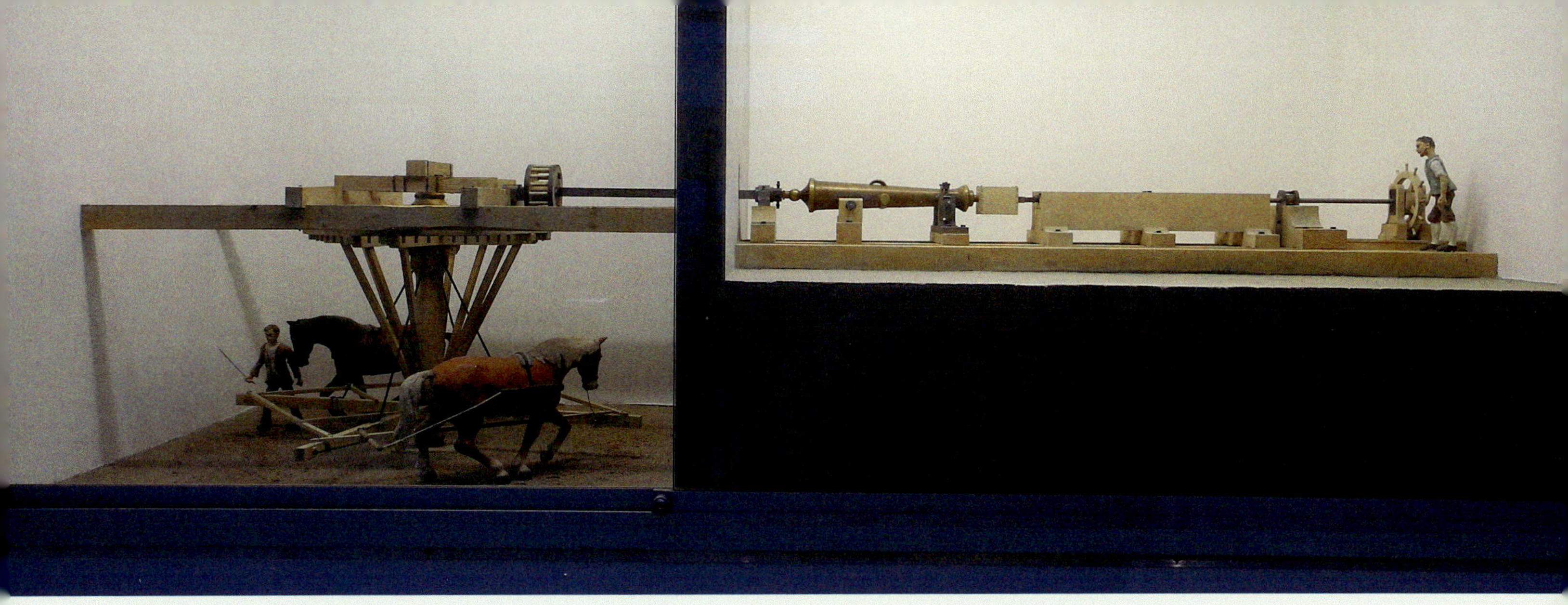

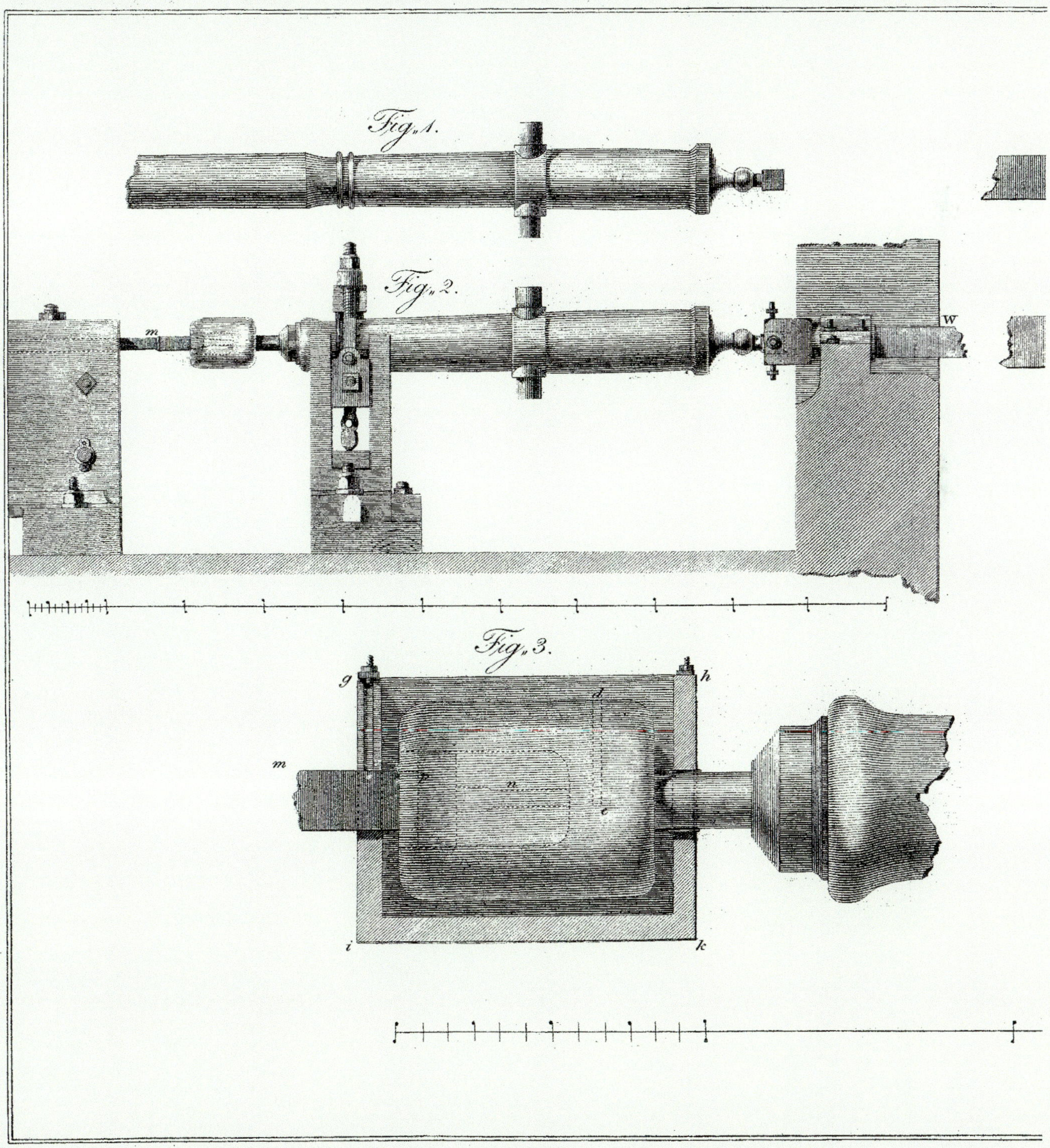

Fig. 1.

Fig. 2.

Fig. 3.

PALAIS D

DIE SPEZIAL-WISSENSCHAFT PHYSIK UND IHRE TECHNIK

DIE SPEZIALWISSENSCHAFT PHYSIK UND IHRE TECHNIK

Auch wenn wir die Errungenschaften eines Galilei, Newton und anderer Heroen aus der frühen Neuzeit zu den Meilensteinen der Physikgeschichte zählen, entwickelt sich die Physik erst im 19. Jahrhundert zur eigenständigen Wissenschaftsdisziplin. Dieser Prozess ist nicht zuletzt eine Folge der großen Umwälzungen im ausgehenden 18. Jahrhundert, der Französischen Revolution in Frankreich und der industriellen Revolution in England. Die 1794 in Paris gegründete École Polytechnique bringt Physiker wie Sadi Carnot, Augustin-Jean Fresnel oder Louis Joseph Gay-Lussac hervor. Sie dient zunächst als Kaderschmiede für Ingenieure in der französischen Armee, wird aber bald zum Vorbild für technische Hochschulen in anderen Ländern wie dem 1825 gegründeten Polytechnikum in Karlsruhe, an dem Heinrich Hertz seine Versuche über elektromagnetischen Wellen durchführen wird. In London wird 1799 die Royal Institution mit dem Ziel gegründet, naturwissenschaftlich-technische Neuerungen allgemein bekannt zu machen. Hier veranstaltet Michael Faraday seine berühmten Weihnachtsvorlesungen. An den deutschen Universitäten ist es die von Wilhelm von Humboldt angestoßene Reform des Bildungswesens, die mit einer 1810 eingeführten Lehramtsprüfung eine fachorientierte Ausbildung von Gymnasiallehrern vorschreibt; dies hat die Einführung von spezialisierten Seminaren zur Folge, etwa an der Universität Königsberg, wo ein Seminar für die Fächerverbindung Mathematik und Physik entsteht. Hier macht Gustav Kirchhoff erste Bekanntschaft mit Physik, bevor ihn seine weitere Universitätskarriere nach Heidelberg führt und zum Mitentdecker der Spektralanalyse werden lässt.

Es ist kein Zufall, dass auf dem Weg der Physik zu einem naturwissenschaftlichen Spezialfach die Technik meist greifbar nahe ist. Physikalische Experimente gehen nicht selten Hand in Hand mit technischen Verfahren. Die Fraunhoferlinien werden bei Untersuchungen zur Glasherstellung entdeckt und spielen zuerst für die Produktion hochwertiger Linsen eine Rolle, bevor sie bedeutsam für die Astrophysik werden. Noch enger berühren sich Physik und Technik in der Person von Werner Siemens. Hermann von Helmholtz und Siemens verkörpern diese Beziehung auch als „Gründerväter" der Physikalisch-Technischen Reichsanstalt (PTR). Sie beschert gegen Ende des 19. Jahrhunderts erstmals Physikern auch außerhalb von Gymnasien, Universitäten und einigen Industriefirmen einen Arbeitsplatz. Die PTR wird unter ihrem ersten Präsidenten Helmholtz in eine physikalische und eine technische Abteilung gegliedert; in beiden Abteilungen sind Laboratorien für thermodynamische, optische und elektrische Untersuchungen eingerichtet, in der technischen zusätzlich eines für Präzisionsmechanik und eines für Wärme und Druck. Damit ist neben der Technik auch für grundlagenorientierte Physik gesorgt – getreu dem Helmholtz'schen Diktum: „Wer bei der Verfolgung der Wissenschaften nach unmittelbarem Nutzen jagt, kann ziemlich sicher sein, dass er vergebens jagt. Vollständige Kenntnis und vollständiges Verständnis des Waltens der Natur- und Geisteskräfte ist es allein, was die Wissenschaft erstreben kann."

Nicht von ungefähr wird Helmholtz auch „Reichskanzler" der deutschen Wissenschaft genannt. Das wilhelminische Deutschland misst der Physik große Bedeutung bei. Das erkennt man nicht nur an dem Palast-ähnlichen Gebäude der PTR, sondern auch an den seit der Reichsgründung neu errichteten physikalischen Universitätsinstituten. Zwischen 1870 und 1900 werden im deutschen Kaiserreich 20, meist sehr großzügig ausgestattete, Physikinstitute errichtet, 8 davon allein in Preußen. Angesichts dieser Entwicklung sprechen Wissenschaftshistoriker auch von einer „institutionellen Revolution" der Physik in Deutschland.

ME

← Weltausstellung Paris 1900.

Physik bereitet den Boden für neue Technik – hier in einer Illustration mit magnetischen Apparaten aus dem Jahr 1850. →

Pl. X.

PHYSIQUE ILLUSTRÉE.
MAGNÉTISME.

Unsichtbare Strahlung – Infrarot und Ultraviolett

Der Brite (mit deutschen Wurzeln) William Herschel und der Deutsche Johann Wilhelm Ritter sind zwei Wissenschaftlertypen wie sie unterschiedlicher nicht sein können. William Herschel, ursprünglich Musiker, wird zum berühmtesten Astronomen des 18. Jahrhunderts, Johann Wilhelm Ritter, als Apotheker ausgebildet, verschreibt sich der romantischen Naturphilosophie, der Chemie und insbesondere, der neuen Wissenschaft Elektrizität. Herschel entdeckt den Planeten Uranus, die Eigenbewegung der Fixsterne und untersucht Form und Größe der Milchstraße mit stellarstatistischen Methoden. Er baut das größte Teleskop des 18. Jahrhunderts mit 1,2 m Spiegeldurchmesser. Ritters Verdienste sind weniger grandios, immerhin entdeckt er das Prinzip des Akkumulators, formuliert in Worten das – später so genannte – Ohmsche Gesetz der Stromleitung, wird aber auch mit Wünschelrutenversuchen zum Gespött der ernsten Wissenschaft.

Mit 62 Jahren gelingt Herschel noch eine große Entdeckung. Er untersucht verschieden dunkel getönte Gläser, um die besten zu finden, durch die man die Sonne direkt beobachten kann. Überrascht stellt er fest, dass einige Gläser zwar stark verdunkeln, aber trotzdem erhebliche Sonnenwärme durchlassen. Daraufhin beginnt er, die unterschiedliche Wärmewirkung der Farben des Sonnenspektrums experimentell genauer zu untersuchen: Lässt er ein solches Spektrum auf ein Thermometer fallen, steigt es vom Blauen bis zum Roten erheblich an. Völlig überraschend für ihn, zeigt das Thermometer jenseits von Rot noch höhere Temperatur an, obwohl keine Strahlung mehr sichtbar ist. Er untersucht nun die optischen Eigenschaften dieser „strahlenden Wärme" wie Reflexion, Brechung und Dispersion. So reflektiert ein kleiner Spiegel die unsichtbare Strahlung eindeutig merkbar auf ein weiteres Thermometer. Weitere Versuche mit Flammenlicht, Kohlenfeuer usw. folgen. Aus allen Versuchen schließt er, dass es ein Wärmestrahlenspektrum neben dem Lichtspektrum gibt. Dass violettes bis rotes Licht bei Absorption in Materie zu Infrarotstrahlung umgewandelt werden kann und so selbstständige Wärme vortäuscht, erkennt er noch

nicht. Erst Thomas Young nimmt im Rahmen seiner Wellentheorie ein Jahr später an, dass Wärmestrahlung mit eigener Schwingungsfrequenz nur jenseits von Rot existieren kann.

Ritter knüpft an die Entdeckung Herschels an. Ein Denkprinzip der Romantik, der er huldigt, ist die Einheit aller Naturkräfte und deren polare Ausprägung. Es gibt Nord- und Südpol beim Magnetismus, Plus und Minus bei der Elektrizität, kalt und warm, männlich und weiblich. Die Eigenschaft „warm" habe Herschel an einem Ende des Lichtspektrums entdeckt, so Ritter, also müsse es kalte Strahlen am anderen Ende des Sonnenspektrums geben. Ritter ist nicht nur romantischer Philosoph sondern auch ein guter Experimentalforscher. So findet er im Jahr 1801 den praktischen Schlüssel zum Nachweis seiner hypothetischen Strahlen. Er weiß, das „Hornsilber" (Silberchlorid) durch Lichteinwirkung chemisch verändert wird, und zwar im Spektrum umso stärker, je weiter man ins Violette kommt – daraus wird sich bald die Fotografie entwickeln. Hält er nun ein mit dieser Chemikalie bestrichenes Papier in das Spektrum, so fängt es in der Tat, wie er gehofft hat, schon jenseits von Violett an schwarz zu werden, bevor noch Violett und später Blau bis Grün an der Reihe sind. Bei Gelb bis Rot bleibt sein Papier weiß.

Infrarot und Ultraviolett werden im Lauf des 19. Jahrhunderts zusammen mit dem Lichtspektrum weiter untersucht. Beide Strahlenarten haben in Physik und Technik große Bedeutung bekommen. Infrarotastronomie spielt heute zur Untersuchung von Vorgängen hinter Dunkelwolken im Kosmos sowie bei nicht so heißen Vorgängen der frühen Sternentstehung und in sonstigen Staub- und Gasnebelstrukturen eine wichtige Rolle.

JT

William Herschel untersucht die Reflexion der Wärmestrahlung: Infrarot aus dem Spektrum Violett bis Rot wird auf einen kleinen Spiegel projiziert – im Hintergrund der Pferdekopfnebel. →

110

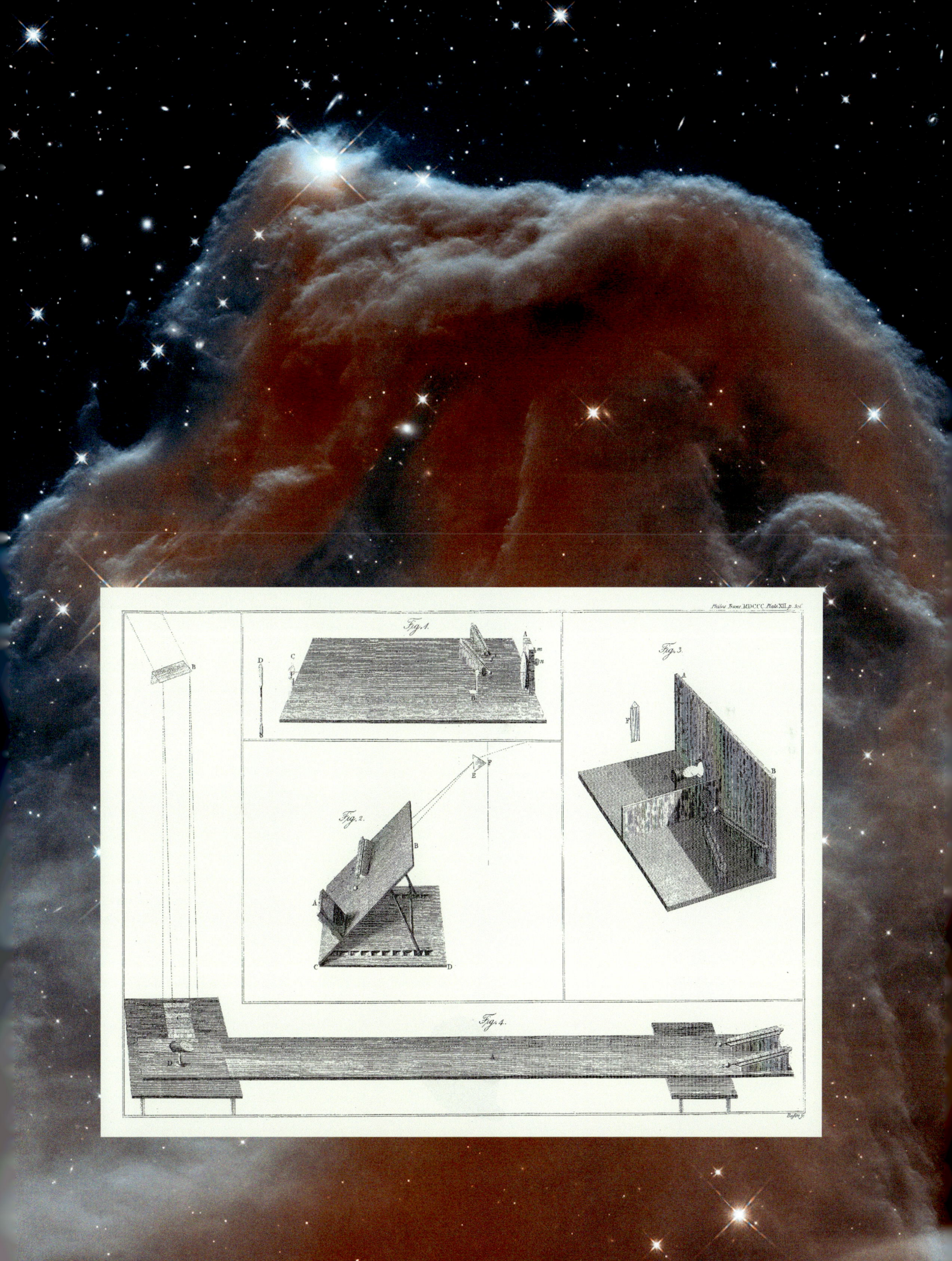

Die Wellentheorie des Lichtes

Der Erste, der Licht mit Wellen erklärt und deren Wechselwirkung mit dem Interferenzprinzip beschreibt, ist Thomas Young ab 1801. Er ist ein phänomenaler Außenseiter, eigentlich Arzt und nebenbei ein umfassendes Sprachgenie. So beschäftigt er sich ab 1814 mit dem Rätsel der Hieroglyphen und kann als Erster Namen wie Kleopatra entziffern. Mit zwei Jahren soll er schon gelesen haben. Ab 1800 ist er für kurze Zeit Physikprofessor in London. Um diese Zeit verfasst er seine berühmten Arbeiten zur Wellentheorie des Lichtes. Er vergleicht Licht mit Schallwellen. Anhänger der Theorie, dass Licht aus kleinen Korpuskeln besteht, kann er damit aber nicht überzeugen. Ein Argument gegen seinen Vergleich lautet: Schall können wir um die Ecke hören, er wird „gebeugt", wenn eine marschierende Kapelle schon hinter Häusern verschwunden ist. Licht jedoch geht anscheinend immer geradeaus. Young weiß eine Antwort: Auch hohe Töne einer Kapelle hören wir nicht mehr so gut, wenn sie gerade verschwunden ist – im Gegensatz zu den tiefen Tönen der Trommel. Licht verhält sich also wie sehr hohe Tonwellen.

Er demonstriert die Beugung und Überlagerung von Wasserwellen mit einer Wellenwanne. Licht soll sich ähnlich verhalten, etwa durch Beugung und Überlagerung seiner Wellen an Draht, Spalt und Doppelspalt. Auch die Wellenlängen der Lichtfarben berechnet er aus solchen Phänomenen. Seine Gegner allerdings können kleine Abweichungen von der geraden Ausbreitung, Farbringe etwa, die Young durch Beugung und Interferenz erklärt, auch mit einer zerfransten Streuung von Lichtkorpuskeln an Blenden beschreiben. Das geht auf Isaac Newton zurück, der allerdings schon Korpuskularvorstellungen mit Wellenannahmen mixte, als er versuchte, die teilweise Reflexion, die Farben dünner Blättchen und Farbsäume an Blendenrändern zu erklären. Als ab 1808 Étienne Malus entdeckt, dass Lichtreflexe der Fenster des Palais de Luxembourg (so die Überlieferung) in Paris, durch einen doppelbrechenden Kristall betrachtet, je nach Richtung des Kristalls verschwinden können, glaubt er die Korpuskulartheorie des Lichtes bewiesen zu haben: Reflektierte Lichtteilchen zeigen unterschiedliche Richtung ihrer Achsen, in Analogie zu Magnetdipolen. Er nennt das Phänomen Polarisation.

Der französische Physiker Augustin-Jean Fresnel bricht 1816 der Wellentheorie endgültig die Bahn. Er nimmt an, dass Licht nicht aufeinanderfolgende Verdichtungen und Verdünnungen des Äthers in Richtung der Lichtwelle darstellt, so wie das beim Schall mit der Luft passiert, sondern mit Schwingungen dieses Äthers senkrecht zur Ausbreitungsrichtung des Lichtes erklärt werden muss, durch Transversalwellen also. Thomas Young wiederum hatte als Erster die Idee dazu. Damit kann man auch die Entdeckung von Malus einfach erklären. Fresnels Interferenzversuch im Jahr 1816, nach dem Licht und reflektiertes Licht der gleichen Lichtquelle Dunkelheit ergibt, lässt sich nun mit dem Teilchenbild überhaupt nicht mehr interpretieren.

Fresnel verknüpft auch Interferenzprinzip und Elementarwellen, die schon Christiaan Huygens im 17. Jahrhundert konzipiert hatte, zur mathematisch exakten Erklärung von Beugungserscheinungen. Er kann ebenso erklären, warum im Alltag fast nie die Auslöschung von zwei Lichtstrahlen beobachtet wird. Die Existenz eines weißen Punktes im Zentrum des Schattens einer runden Scheibe spricht für Fresnels Theorie. Diesen Effekt hat sogar er selbst nicht erwartet. Der Widerstand der Physiker gegen die Wellentheorie des Lichtes bricht nach und nach zusammen, obwohl der notwendige Äther als Träger der Lichtwellen widersprüchliche physikalische Eigenschaften hat: Er muss fest sein (sonst wären keine transversalen Wellen in seinem Inneren möglich) und total durchsichtig. Er muss äußerst geringe Dichte haben, offenbar keinerlei Gewicht, keine Wechselwirkung mit anderer Materie, aber sehr hohe Elastizität. Erst Einstein wirft dieses Monstrum wieder aus der Physik.

JT

Thomas Youngs Zeichnungen zu optischen Experimenten. Fig. 442: Zwei schmale Öffnungen, die „farbiges Licht" durchlassen „erzeugen dunkle Streifen oder Säume durch Interferenz". →

PLATE XXX.

Fig. 436. Fig. 437. Fig. 438. Fig. 439. Fig. 440. Fig. 441. Fig. 442. Fig. 443. Fig. 444. Fig. 445. Fig. 446. Fig. 447. Fig. 448. Fig. 449. Fig. 450. Fig. 451. Fig. 452.

Pub. by J. Johnson, London 1 July 1806.

Joseph Skelton sculp.

Gay-Lussac und die Gasgesetze

„Ich werde einige Zeit auf dem Land mit Bürger Berthollet und seiner Frau verbringen", schreibt Joseph Gay-Lussac im Februar 1801 an seine Mutter. Claude-Louis Berthollet ist Chemieprofessor an der Ecole Polytechnique, der aus der Französischen Revolution hervorgegangenen Pariser Elite-Hochschule für die Ausbildung von Physikern und Ingenieuren, und Gay-Lussac ist einer seiner talentiertesten Studenten. Was er bei „Bürger Berthollet" an der École Polytechnique und in dessen Landhaus in Arcueil bei Paris gelernt hat, zeigt er 1802 in einer Abhandlung mit dem Titel „Sur la dilatation des gaz et des vapeurs" („Über die Ausdehnung von Gasen und Dämpfen"). Sie macht seinen Namen weit über das nachrevolutionäre Paris hinaus bekannt und beschert ihm den Ruhm als Entdecker eines grundlegenden Gesetzes über das Verhalten von Gasen: Bei gleichem äußeren Druck verändert sich das Gasvolumen proportional mit der Temperatur – und zwar für jedes Gas in gleicher Weise. Man benennt dieses Gasgesetz auch nach Jacques Charles, der es schon 1787 entdeckt, aber nicht veröffentlicht hat. Charles habe dieselbe Gesetzmäßigkeit wie er selbst bei fünf verschiedenen Gasen festgestellt, erkennt Gay-Lussac dessen Priorität an. Alle Gase besitzen denselben Ausdehnungskoeffizienten von 1/266 pro Grad Celsius. Das stimmt annähernd mit dem modernen Wert von 1/273 überein und kommt fast einer Vorhersage des absoluten Nullpunktes gleich; denn wenn dieses Gesetz für alle Temperaturen gilt (Gay-Lussac beschränkt sich auf Temperaturen zwischen dem Gefrierpunkt und Siedepunkt von Wasser), dann schrumpft jedes Gasvolumen auf Null, wenn seine Temperatur auf etwa minus 273 Grad Celsius erniedrigt wird.

Wie so oft in der Wissenschaftsgeschichte kann man auch diesem Gasgesetz viele Väter zuweisen. Unabhängig von Gay-Lussac findet der englische Chemiker John Dalton um dieselbe Zeit ebenfalls, dass Gase ihr Volumen proportional mit der Temperatur vergrößern

oder verkleinern. Guillaume Amontons (1663–1705) hat dies schon hundert Jahre vorher bei der Konstruktion von Gasthermometern erkannt. Auch das nach Edme Mariotte und Robert Boyle benannte Gasgesetz hängt damit zusammen: Bei gleichbleibender Temperatur ist der Druck in einem Gas umgekehrt proportional zu seinem Volumen.

Was die physikalischen Grundlagen angeht, klären sich die Verhältnisse erst mit der kinetischen Gastheorie in der zweiten Hälfte des 19. Jahrhunderts, als das Verhalten der Gase auf ihre atomistische Natur zurückgeführt wird. Dass Phänomene wie die thermische Ausdehnung von Gasen aber schon viel früher erforscht und auch weitgehend zutreffend in Gasgesetzen formuliert werden, ist auf die im 18. Jahrhundert entwickelte chemische Technik zurückzuführen, mit der Gase erzeugt und untersucht werden konnten. Ein Gas, dessen Wärmeausdehnung bestimmt wird, muss zuerst mit einem geeigneten chemischen Verfahren erzeugt werden. Wasserstoffgas entsteht zum Beispiel, wenn Eisenspäne mit Schwefelsäure übergossen werden. Es ist kein Zufall, dass Charles nicht nur als Namensgeber des Gasgesetzes, sondern auch gasgefüllter Ballons bekannt ist. Am 1. Dezember 1783 erhob sich der erste Wasserstoffballon vom Jardin de Tuileries in Paris in die Luft, zehn Tage nach dem Aufstieg des von den Brüdern Montgolfier erfundenen Heißluftballons. Die „Mongolfière" und die „Charlière", wie man den Wasserstoffballon nennt, eröffnen das Zeitalter der Luftfahrt. Auch Gay-Lussac unternimmt zwei Jahre nach seiner Untersuchung der Wärmeausdehnung von Gasen mit einer „Charlière" Ballonfahrten im Himmel über Paris. Er bestimmt die Temperaturabnahme der Atmosphäre mit zunehmender Höhe, nimmt Proben von verdünnter Luft und misst das Erdmagnetfeld. Mit diesen Ballonfahrten wird die Untersuchung der Atmosphäre zu einer eigenen Wissenschaft.

ME

Die Füllung einer „Charlière" mit Wasserstoff. →

Sellier Sculp.

Die Chladnischen Klangfiguren

Seit der Antike ist bekannt, dass Töne durch schnelle Schwingungen von straff gespannten Saiten, Membranen oder anderen elastischen Körpern hervorgerufen werden. Auch der Zusammenhang von Tonhöhe und Saitenlänge, -spannung und sonstigen Materialeigenschaften ist immer wieder Gegenstand experimenteller Untersuchungen. Spätestens mit Guerickes Luftpumpenversuche ist auch klar, dass sich im luftleeren Raum kein Schall ausbreitet. Aus dem Unterschied zwischen dem Lichtblitz beim Abfeuern einer Kanone und der Wahrnehmung des Knalls ergibt sich die Schallgeschwindigkeit in Luft zu ca. 330 m/s. Im 18. Jahrhundert wird die Akustik auch zu einer mathematischen Wissenschaft. Euler und andere berechnen, wo bei einem angestoßenen Stab Schwingungsbäuche und -knoten auftreten.

Zur physikalischen Experimentalwissenschaft wird die Akustik aber erst im 19. Jahrhundert. Am Anfang stehen die *Entdeckungen über die Theorie des Klanges*, mit denen Ernst Florens Friedrich Chladni im Jahr 1787 für Aufsehen sorgt. Chladni will darin das von Bernoulli und Euler erschlossene Untersuchungsfeld von Stabschwingungen auf Plattenschwingungen ausdehnen. Dazu ersinnt er eine ebenso einfache wie raffinierte Methode: Er streicht mit einem Geigenbogen kreisförmige, quadratische und rechteckige Platten an einer Kante an und macht mit aufgestreutem, feinen Sand das entstehende Schwingungsmuster sichtbar: Von den Schwingungsbäuchen, wo die Platte heftig vibriert, wird der Sand weggeschleudert, um sich entlang der Schwingungsknoten, wo die Platte in Ruhe ist, wieder anzusammeln. Danach untersucht Chladni systematisch die Eigenschwingungen von Luftsäulen, Platten und Stäben, die er als stehende Wellen auffasst, und ihren Zusammenhang mit der jeweils erzeugten Tonhöhe. Er erkennt auch das unterschiedliche Ausbreitungsverhalten von transversalen und longitudinalen Schallwellen in Festkörpern.

1802 fasst Chladni seine Ergebnisse und das einschlägige Wissen seiner Zeit in einem Lehrbuch unter dem Titel *Die Akustik* zusammen. Er legt damit den Grundstein für ein ganzes physikalisches Lehrgebäude – zu einer Zeit, als die Physik erst auf dem Weg zu einer eigenständigen Disziplin ist. Auch für Chladni ist die Physik noch kein Beruf. Ein paar Jahre lang hält er an seiner Heimatuniversität in Wittenberg Vorlesungen über mathematische Geographie, Mechanik und Musiktheorie. 1794 veröffentlicht er ein Buch über Meteoriten. Unter Musikwissenschaftlern ist Chladni bekannt als Erfinder des Euphons und Clavicylinders, neuartiger Musikinstrumente, für die er bei seinen vielen Reisen Käufer sucht. Die Vorführung von Klangfiguren dient ihm dabei als ein Mittel, um seinen Zuhörern auch etwas wissenschaftliche Unterhaltung zu bieten. „Nur muss man sich da etwas in acht nehmen", schreibt er nach einem Vortrag, „wenn ein oder zwei sehr hübsche Fräulein sich immer einem gerade gegenüber setzen und einen freundlich ansehen, ihnen nicht etwa gar zu scharf in die Augen sehen, um nicht etwa im Vortrag etwas konfus zu werden."

Hauptzweck seiner regen Reise- und Vortragsaktivität ist jedenfalls nicht die Akustik, sondern Werbung für seine Musikinstrumente. „Dr. Chladni war vor einiger Zeit hier", schreibt Goethe 1803 an Wilhelm von Humboldt. „Durch ein abermals neu erfundenes Instrument introduziert er sich bei der Welt und macht sich seine Reise bezahlt, denn bei seinen übrigen Verdiensten um die Akustik könnte er zu Hause sitzen, lange weilen und darben."

ME

Chladnis Klangfiguren zeigen die Eigenschwingungen einer Platte, die mit einem Geigenbogen an einer Kante angestrichen wird. →

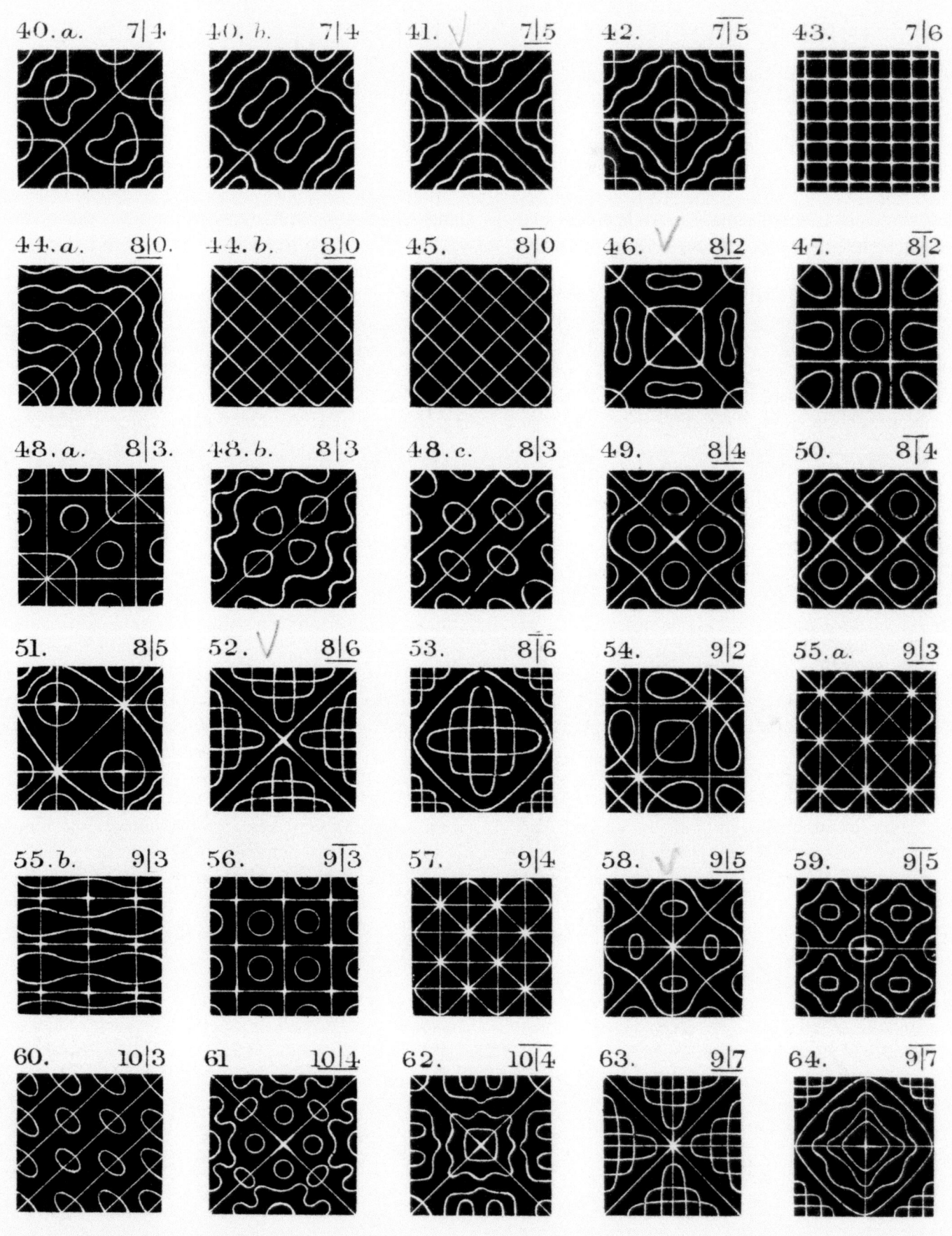

Doppelbrechung, Polarisation, Farben – Thomas Johann Seebeck

Der Arzt Thomas Johann Seebeck, in Jena kurz nach 1800 heimisch geworden, hängt schon bald seinen Beruf an den Nagel, als er dort mit den Größen der romantisch-klassischen Philosophie und Naturwissenschaft enger bekannt wird: mit Friedrich Wilhelm Schelling, Friedrich Hegel, Johann Wilhelm Ritter, Lorenz Oken und mit dem Dichter und Naturforscher Johann Wolfgang von Goethe. Ihn besucht er in Weimar öfter und ist von Goethes Farbtheorie so angetan, dass er 1806 mit eigenen optischen Experimenten beginnt. Er untersucht physikalische und chemische Wirkungen des Lichts und führt dem Herzog in Weimar und Goethe eigene Versuche vor. (Später berichtet er als Mitglied der Königlich Preußischen Akademie der Wissenschaften in Berlin regelmäßig über seine Forschung.) Goethe ist in diesen Jahren eifrig mit der Abfassung seiner Farbenlehre beschäftigt, die 1810 veröffentlicht wird. Seit den 1790er Jahren befasst er sich mit diesem Thema, das ihm immer wichtiger dünkt, bald sogar wichtiger als seine ganze Dichtung, wie er selbst äußert.

Seebeck berät Goethe zeitweilig, experimentiert aber auch unabhängig von dessen Vorstellungen. 1813/14 gelingt ihm eine eindrucksvolle Entdeckung, die Goethe sogar ein Nachkapitel in der Farbenlehre wert ist. Es sind die entoptischen Farben, wie Seebeck sie nennt. Auch er ist, wie Goethe, von polar gegensätzlichen Eigenschaften unterschiedlicher Farben überzeugt, etwa bei ihren Wärme- und chemischen Wirkungen.

Der französische Physiker Étienne Malus erklärt seine Entdeckung von 1808, dass Lichtstrahlen bei Spiegelung und Brechung verschwinden können, ebenfalls mit dem Begriff Polarität. Lichtteilchen können gegensätzliche Form haben und so „Polarisation" zeigen. Seebeck allerdings hält wie Goethe Licht für einfach. Alle solche Erscheinungen werden, wie die Farben, durch Wechselwirkung mit – laut Goethe – „trüben" Körpern, wie durch spiegelndes Glas, durch doppelbrechende Kristalle wie Kalkspat oder Glimmer erzeugt.

Seebeck untersucht 1813 verschiedene, bis zu mehr als 5 cm dicke Gläser, die er zwischen zwei Spiegel oder zwischen einen Spiegel und einen Kalkspatkristall bringt – zwischen Polarisator und Analysator würden wir sagen. Der erste Spiegel erzeugt durch Reflexion polarisiertes Licht. (So sagen wir heute noch, auch wenn nach dem Siegeszug der Wellentheorie des Lichts bald nach Seebeck klar ist, dass die Schwingungsrichtungen der Lichtwellen verändert werden). Der Analysator macht diese Änderung sichtbar. Seebeck erhält wunderbare, den Chladnischen Klangfiguren ähnliche Farbfiguren, wie er bemerkt. Er erkennt schließlich, dass nur Gläser, die vorher erhitzt wurden und schnell abkühlen, solche Figuren zeigen. Nach langsamer Abkühlung ist nichts sichtbar. Wahrscheinlich sei unterschiedliche Kristallisation dafür verantwortlich, vermutet er. Wir wissen heute: Erhitzt man Glas, entstehen darin nicht sichtbare Spannungen. An diesen Spannungsstellen wird polarisiertes weißes Licht in zwei senkrecht zueinander schwingende Wellenbereiche zerlegt, die zueinander verschoben durch das Glas laufen. Nach den Spannungsstellen vereinigen sie sich wieder, haben aber nun, je nach Wellenlängen, verschiedene Polarisationszustände. Betrachtet man sie wieder mit einem Spiegel oder einem doppelbrechenden Kristall, werden diese Wellenlängen unterschiedlich geschwächt. Es entstehen Farben. Langsame Abkühlung beseitigt die Spannungszustände im Glas wieder.

So eindrucksvoll diese neuen Farblandschaften der Physik Seebeck – und Goethe – erscheinen, so wichtig sie viel später für Materialuntersuchungen werden, berühmt bis heute ist Seebeck durch eine ganz andere Entdeckung aus dem Jahr 1821 geworden: die Thermoelektrizität, den Seebeckeffekt. Zwei verschiedene Metalle, die sich an zwei Kontaktstellen eines Stromkreises berühren, erzeugen einen elektrischen Strom, wenn diese Kontaktstellen unterschiedliche Temperatur haben.

JT

Thermisch induzierte Spannungspolarisation in Experimenten von Thomas Johann Seebeck. →

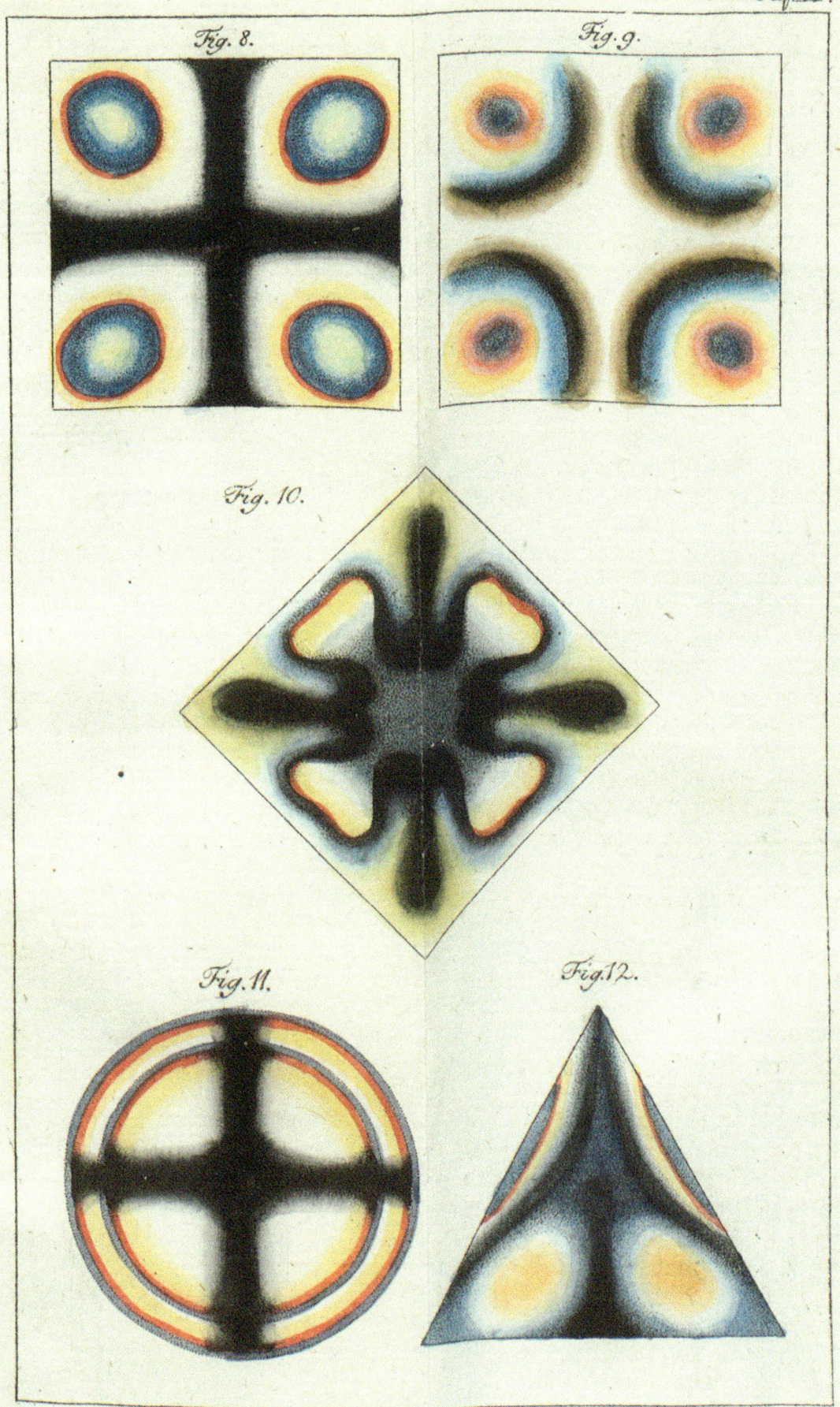

Fig. 8.

Fig. 9.

Fig. 10.

Fig. 11.

Fig. 12.

Das Rätsel der Fraunhoferlinien

Im Jahr 1817 veröffentlicht der bayerische „Opticus" (so nennt er sich selbst) Joseph Fraunhofer in Benediktbeuern bei München eine Entdeckung, die für die Konstruktion von Objektiven für Teleskope sofort sehr wichtig wird. Ihre wahre Tragweite in Physik, Astronomie, Chemie (modern noch viel weiter reichend), offenbart sich erst Jahrzehnte später. In Benediktbeuern wird nicht nur das beste optische Glas der Welt produziert, hier werden auch weltbeste Linsenteleskope zusammengebaut. Objektive von guten Refraktoren besitzen damals zwei Linsen aus unterschiedlichen Glassorten, um die Farbaufspaltung bei jeder Brechung in etwa zu kompensieren.

Fraunhofer entdeckt, wahrscheinlich schon 1813/14 (veröffentlicht 1817), dunkle Linien im Sonnenlicht, das durch ein Glasprisma wie bei Isaac Newton 150 Jahre zuvor in Farben zerlegt wird. Dieses Glasprisma ist wesentlich besser als die Prismen Newtons. Es ist völlig gleichmäßig transparent, ohne eingeschlossene Fehler wie Schlieren, besser auch als alle Glasprismen des damaligen Technologieführers England. Hier hat einige Jahre zuvor der Chemiker/Physiker William Hyde Wollaston ein paar dunkle Linien erkannt, sie aber als Grenzen der Farben fehlinterpretiert. Fraunhofer wählt nicht wie Newton ein kleines Loch als Blende für die Sonnenstrahlen, sondern einen Spalt, der noch schmäler als bei Wollaston ist. Er beobachtet das Sonnenspektrum durch ein spezielles kleines Fernrohr. Unzählige dunkle Linien gibt es, wie er feststellt. Er kalkuliert über 500, zeichnet und graviert etwa 250 in seinem Sonnenspektrum, von dem heute, neben den Schwarz/Weiß-Abbildungen, noch drei handkolorierte Exemplare vorhanden sind. Die schwarzen Linien sind von unterschiedlicher Stärke, von dick bis äußerst fein. Die stärksten kennzeichnet Fraunhofer mit den ersten Buchstaben des Alphabets und benutzt sie, das ist für ihn und bald für Europa die große Innovation, als Markierungen zur Messung des Brechungsindexes für jede Farbe. Je nach Glassorte ändert sich dieser Brechungsindex, die Farben werden verschieden stark auseinandergezogen, das heißt, die Dispersion ändert sich. Fraunhofer kann den Brechungsindex für jede Farbe und jede Glassorte tausendmal exakter als bisher messen.

Doch was bedeuten die dunklen Linien? Auf der Münchner Sternwarte stellt Fraunhofer fest, dass Fixsterne andere Linien zeigen als die Sonne – nur ein paar Linien kann er allerdings sehen. Auch findet er, dass es im Kerzenlicht genau an der Stelle seiner dunklen (Doppel-)D-Linie gerade umgekehrt einen besonders hellen (Doppel-)Streif gibt. Weiter kommt er nicht mehr in seinem kurzen Leben.

Über 40 Jahre lang beißen sich Chemiker und Physiker die Zähne an diesem Problem aus, das heißt die wenigen, die sich überhaupt dafür interessieren. Astronomen sind nicht dabei, bis auf Einen. Es ist der Direktor der Münchner Sternwarte, Johann Lamont. 1835 erhält er die Leitung und gleichzeitig das damals größte Linsenfernrohr der Welt mit einem Objektivdurchmesser von „sagenhaften" 28,4 cm. Geplant hat es noch Fraunhofer, der leider schon 1826 stirbt. Zehn Jahre nach seinem Tod spektroskopiert damit Johann Lamont 28 Fixsterne. Tausende hätten es mit diesem Fernrohr sein können, nicht nur die allerhellsten um die erste Größenklasse wie noch Fraunhofer. Lamont zeichnet auch die ersten Fixsternspektren der Geschichte, doch führt er diese Untersuchungen nicht weiter fort. Dabei hätte er mit diesem großartigen Fernrohr sogar entdecken können, dass kosmische Nebel gar keine dunklen Linien, sondern nur einige wenige helle Linien aussenden, ähnlich wie irdische Flammen.

JT

Fraunhofers Entdeckung der dunklen Linien im Sonnenspektrum. →

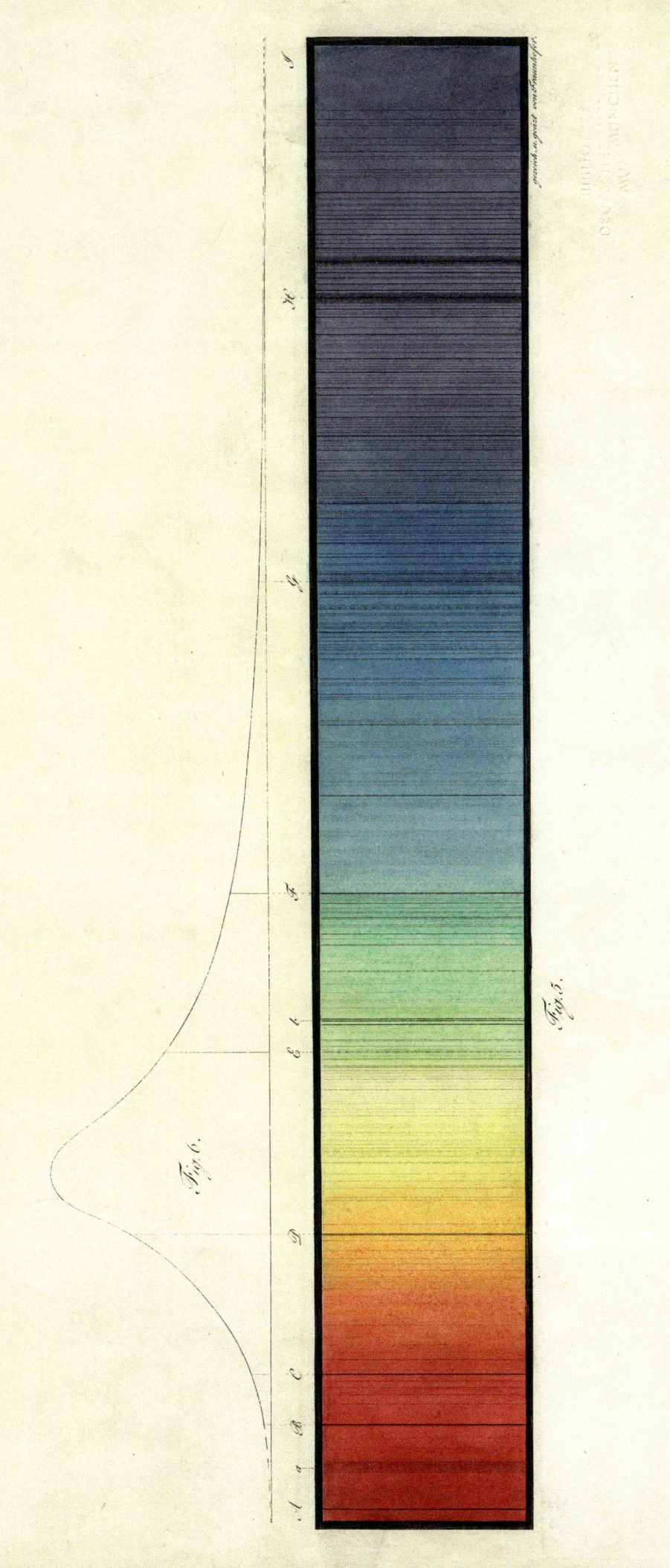

Strom und Magnetfeld –
Hans Christian Oersted

Schon seit langem ist Seefahrern bekannt: Schlägt ein Blitz in einen Schiffsmast ein, kann er den Magnetkompass umpolen. Dann weist die Nadel plötzlich nach Süden anstatt nach Norden. Die Wissenschaft kennt polare Gegensätze wie Nord und Süd auch bei der Elektrizität, seit der zweiten Hälfte des 18. Jahrhunderts mit Plus und Minus gekennzeichnet. Anziehung und Abstoßung scheinen ebenfalls bei beiden Naturphänomenen ähnlich zu wirken. Gibt es möglicherweise eine enge Beziehung zwischen ihnen? Einige Experimente versuchen das zu klären. Doch erst Forscher, die die romantische Naturphilosophie mit der Vorstellung der Einheit aller Naturkräfte vertreten, finden nach 1800 einen – letztlich doch überraschenden – Zusammenhang. Johann Wilhelm Ritter in Jena und dann in München, als wichtigster Vertreter der romantischen Physik und Chemie sucht noch vergeblich danach.

Der junge Däne Hans Christian Oersted studiert kurz vor 1800 in Kopenhagen Naturwissenschaften, Pharmazie und Philosophie. Er promoviert 1799 über Metaphysik der Natur, wesentlich beeinflusst von Immanuel Kants Naturphilosophie, die auch die Einheit aller Naturkräfte propagiert. Danach bereist er drei Jahre lang einen Teil Europas, darunter Deutschland und befreundet sich mit Ritter in Weimar/Jena. Seit 1798 ist der Philosoph Friedrich Wilhelm Schelling Professor in Jena. Aus der Wechselwirkung seiner spekulativen Ideen und Ritters praktisch-romantischer Naturwissenschaft entstehen Konzept und Praxis der romantischen Naturphilosophie, eines ganzheitlich-organisch-evolutionären Verständnisses der Natur. Sie beeindruckt Oersted tief und nachhaltig. Im Gegensatz zur Spekulation des Philosophen betont er jedoch wie Ritter die Erfahrung, das Experiment in Chemie und Physik. Er ist ein exzellenter Experimentator. Doch wird er in Kopenhagen in viele Tätigkeiten eingespannt und kann sich erst ab 1818 kontinuierlich um den Beweis bemühen, dass Magnetismus und Elektrizität miteinander verwandt sind. Im Winter 1819 hat er endlich Erfolg. Den beschreibt er 1820 in einem lateinisch aufgesetzten Rundschreiben, das an alle wichtigen Institutionen und Namen in Europa geht. Die wissenschaftliche Welt ist sofort begeistert, so wichtig ist dieser Erfolg und so einfach lassen sich Oersteds Experimente nachvollziehen.

Eine Magnetnadel, über den stromführenden Draht eines „galvanischen Apparats" gehalten, wird aus ihrer Nord-Süd-Richtung abgelenkt. Zunächst zeigt sich nur recht schwache Wirkung. Oersted wiederholt seine Experimente mit einer Batterie aus 20 Zink-Kupfer-Platten von rund 30 cm × 30 cm Größe. Nun ist der Effekt heftiger. Die Ablenkung der Magnetnadel hängt augenscheinlich stark von der Batterie-„Kraft" ab. Sie verringert sich wiederum mit größerem Abstand vom Draht. Sie hängt auch von der Richtung des elektrischen „Konflikts" aus positiver und negativer Elektrizität im Leiter ab. (Den Begriff Strom benutzt er nicht.) Die wichtigste Erkenntnis ist: Der elektrische Konflikt wirkt in Kreisen um den Draht herum. Er variiert seine Experimente weiter, stellt zum Beispiel fest, dass nicht magnetisierbare Materialien, etwa eine Nadel aus Messing, nicht abgelenkt werden und dass das Material des elektrischen Leiters unwesentlich ist.

Der Elektromagnetismus ist geboren und wird bald die Physik in Messtechnik und Theorie revolutionieren. Die moderne Elektrotechnik beginnt. Erste – noch spielerische – Elektromotoren etwa gibt es schon mehrere Jahre später und die magnetische Ablenkung zeigt ganz neue Möglichkeiten für die elektrische Telegrafie auf.

JT

Hans Christian Oersted und die Ablenkung der Magnetnadel durch einen darüber geleiteten elektrischen Strom. →

Das Ohm'sche Gesetz des elektrischen Stromes

Schon Alessandro Volta und Johann Wilhelm Ritter finden kurz nach 1800 den einfachen Zusammenhang zwischen dem „Effekt" eines Stromkreises – modern der Stromstärke – sowie der Spannung und dem Gesamtleitwert. Doch Georg Simon Ohm ist der erste, der dieses Gesetz 1826 aufgrund exakter Experimente formuliert.

Ohm wird als erster Sohn des Schlossermeisters Johann Wolfgang Ohm in Erlangen geboren. Der Vater fördert die mathematische und naturwissenschaftliche Begabung seiner beiden Söhne ungewöhnlich stark – auch der jüngere Sohn Martin wird später Universitätsprofessor (für Mathematik). Georg Simon wird nach seinem Studium zunächst Lehrer. 1817 kommt er an das Jesuitengymnasium in Köln. Die ausgezeichnete Ausstattung dieser Schule an physikalischen Apparaten trägt erheblich dazu bei, dass sich seine Interessen endgültig der Physik zuwenden. Ab 1825 vertieft er sich in die besonders aktuellen und rätselhaften Erscheinungen des galvanischen Stroms und sucht nach quantitativen Zusammenhängen zwischen den verschiedenen physikalischen Größen. Zunächst wird er durch den nicht konstanten Strom der damaligen chemischen Stromelemente getäuscht, dann erhält er den Tipp, das 1821 von Seebeck erfundene Thermoelement zu verwenden. Damit konstruiert er seine „Drehwaage" nach dem Vorbild des Coulomb'schen Messinstruments von 1785. Eine Magnetnadel ist an einem Goldfaden aufgehängt und wird durch Stromfluss unter ihr abgelenkt. Mit dem Drehknopf an der Aufhängung des Goldfadens kann sie zur Nullstellung zurückgedreht werden. Die Größe der Drehung ist ein Maß für die Stromstärke. Die Enden a, a` des Thermoelements werden in kochendes Wasser bzw. schmelzendes Eis getaucht. An die Quecksilbernäpfe m, m` können unterschiedliche Außenwiderstände angeschlossen werden. Aus seinen Messreihen sucht er sich die brauchbarsten Werte heraus und schließt:

„Obige Zahlen lassen sich sehr genügend durch die Gleichung $X = a/(b + x)$ darstellen, wobei X die Stärke der magnetischen Wirkung auf den Leiter, dessen Länge x ist, a und b konstante, von der erregenden Kraft und dem Leitungswiderstande der übrigen Teile der Kette abhängige Größen bezeichnen."

Modern übersetzt lautet sein Gesetz:
Stromstärke = Spannung/(Innenwiderstand + Außenwiderstand).

Es wird für die Entwicklung der elektrischen Messtechnik und der Starkstromtechnik bahnbrechend. Zum Erfolg führen Ohm seine starke mathematische Neigung, das ausgezeichnete physikalische Kabinett des Gymnasiums in Köln, seine experimentellen Fähigkeiten und sein Eintreten für die Metallkontakttheorie Voltas bei der Erklärung der galvanischen Stromerzeugung. Das heißt, auch er interessiert sich nicht für die chemischen Prozesse an Metallkontakten und flüssigem Leiter. Ohm wendet das Gesetz schon richtig auf verschiedene Probleme an. So erklärt er den Einfluss von Messinstrumenten im Stromkreis und stellt die Stromverzweigungsgesetze auf. 1827 bringt er eine ausführliche theoretische Schrift heraus, in der er, ausgehend von Fouriers Theorie der Wärmeleitung, eine Theorie der elektrischen Leitung, einschließlich seines neuen Gesetzes entwickelt. Die wissenschaftliche Anerkennung seiner Leistungen bleibt zunächst jedoch aus. Nur wenige Wissenschaftler erkennen die Bedeutung des neuen Gesetzes. Ohm wird 1833 lediglich Professor an der polytechnischen Schule in Nürnberg. Erst als sein Gesetz in Frankreich nachentdeckt wird, erinnert man sich an ihn. 1841 erhält er die Copley-Medaille der Royal Society von London, den Nobelpreis des 19. Jahrhunderts. Sie ist zuvor erst einmal an einen deutschen Wissenschaftler verliehen worden, an Carl Friedrich Gauß. Das bricht den Bann auch in Deutschland. Sein Lebenstraum, die Professur an einer Universität, erfüllt sich erst im Jahr 1850 in München, als seine wissenschaftliche Schaffenskraft schon fast gebrochen ist.

JT

Rekonstruktion und Originalzeichnung der Drehwaage von Georg Simon Ohm. →

Deutsches Museum
München Inv.-Nr.

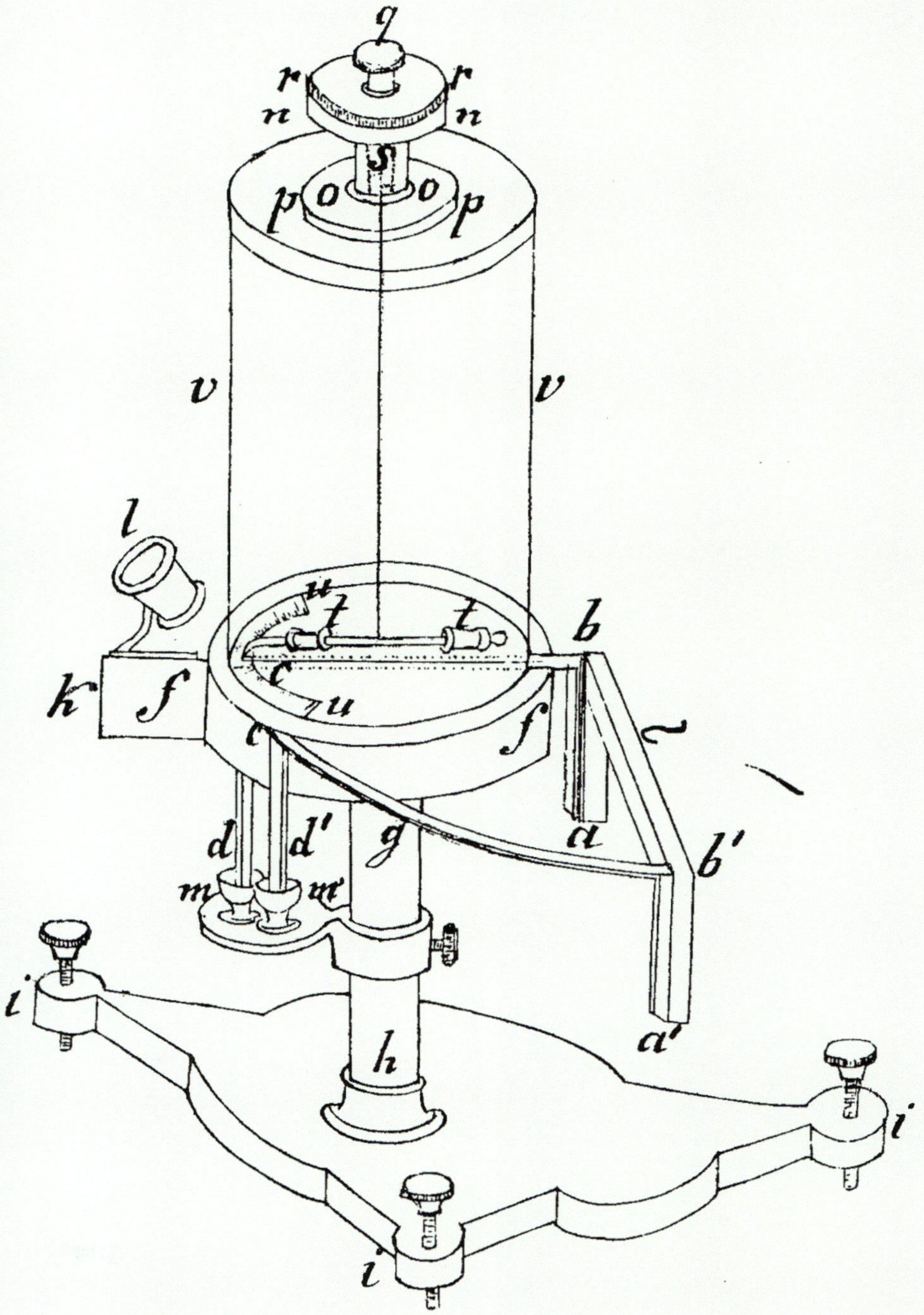
q
r r
n n
S
p o o p
v v
l
u
t t
b
k f
c
u
f
c
d d' g
a
b'
m m'
i
a'
h
i
i

Die elektromagnetische Induktion – Michael Faraday

Nach Oersteds Entdeckung eines konstanten magnetischen Feldes um einen elektrischen Strom ist für viele Forscher auch der umgekehrte Effekt wahrscheinlich: Ein Magnetfeld erzeugt einen konstanten Strom – auf irgendwelche Art. Die Erwartung „konstant" verzögert jedoch den Erfolg, etwa bei André Marie Ampère zwei Jahre später. Ampère hat inzwischen neue Experimente zu Oersteds Entdeckung gemacht und sie in erste wichtige mathematische Formulierungen gefasst. Seine These, dass Magnetismus mit Molekularströmen zu erklären ist, möchte er vertiefen. Sie sollten auch in nicht magnetisierbaren Materialien vorhanden sein. 1822 führt er ein eigentlich erfolgreiches Experiment durch: Ein Kupferring ist drehbar in einem festen Spulenring aufgehängt. In diese Spule wird Strom geleitet. Nähert er dem Kupferring einen Hufeisenmagneten, dreht sich der Ring – je nach Richtung des Spulenstroms. Ampere schließt: „Es

entsteht in einem beweglichen Leiter, der einen vollständig geschlossenen Kreis bildet, ein elektrischer Strom durch Einfluss eines anderen ...". Doch hat er die Idee der Molekularströme für Kupfer und ähnliche Materialien schon aufgegeben. Er erkennt nicht, dass es nur im Augenblick von Stromschluss oder -öffnung eine Drehwirkung gibt.

Aus Faradays Tagebüchern kennen wir erfolglose Versuche zur Induktion eines Stromes durch Magnetkräfte, auch er erwartet zunächst konstante Ströme.

Am 28. September 1831 jedoch gelingt ihm der Geniestreich: Um einen Ring aus Eisen wickelt er Draht zu einer Primärspule A und zu einer davon getrennten Sekundärspule B. Schickt er nun Strom einer Batterie in die Spule A, wird eine Magnetnadel in B kurzzeitig (!) abgelenkt. Bei Stromöffnung das gleiche Bild, mit umgekehrter Ablenkungsrichtung. Faraday variiert diese Versuche geschickt. So erhält er drei Wochen später auch elektrische Stromstöße durch einen Stabmagneten, den er in eine Spule hineinstößt und wieder herauszieht. Er beschreibt alles exakt und erklärt auch Phänomene, die man schon kennt. Eine Magnetnadel dicht über einer rotierenden Kupferscheibe wird abgelenkt oder sogar in Drehung versetzt. Faraday erläutert: Durch die Magnetnadel werden (modern: Wirbel-)Ströme im Kupfer erregt, die wiederum die Nadel beeinflussen. Er weist die Ströme direkt nach, indem er eine Kupferscheibe zwischen den Polen des stärksten Magneten der Royal Institution in London kreisen lässt und die entstehenden Ströme zwischen Achse und Scheibenrand mit einem empfindlichen „Galvanometer" misst. Das Instrument ist also eine Art allererster Generator.

Die Bilder, die Faraday mit Eisenfeilspänen von den Kraftwirkungen der Magnete und Elektromagnete erzeugt, sind für ihn ein Beweis, dass solche sichtbar gemachte Kraftlinien auch wirklich im Raum existieren.

JT

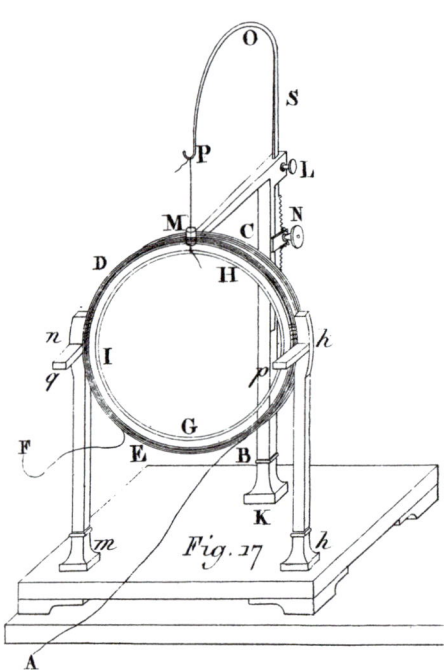

Ampères Fastentdeckung der Induktion 1822.

Magnetische Kraftlinien, von Faraday selbst erzeugt und fixiert. →

Von Faradays Hand

Geschenk von Justus v. Liebig

an

das physikalische Cabinet

der technischen Hochschule

München

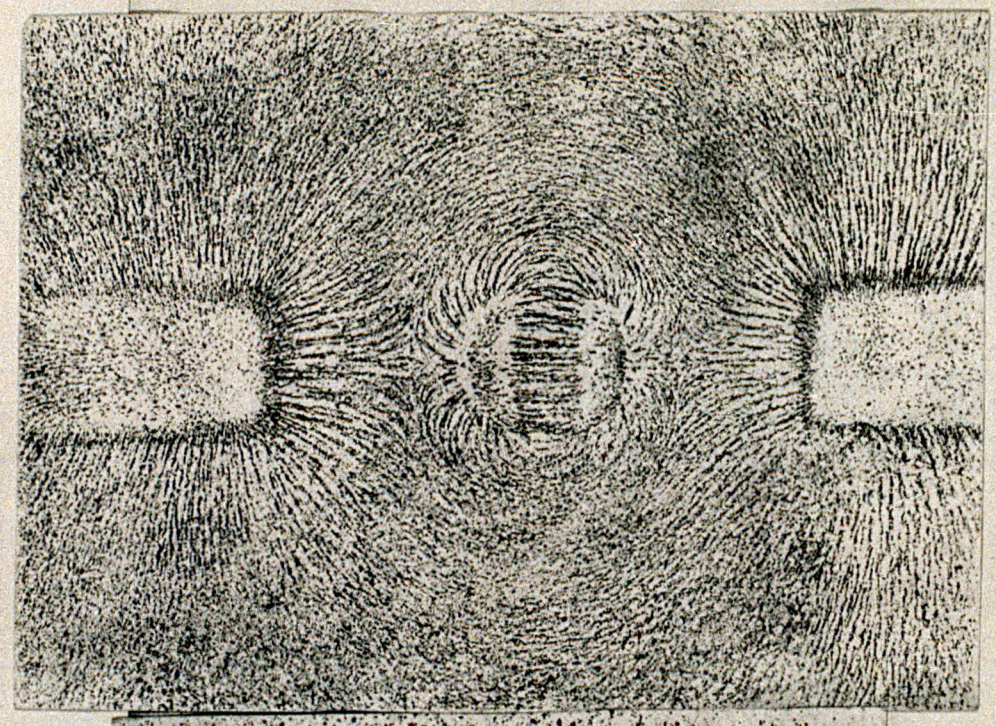

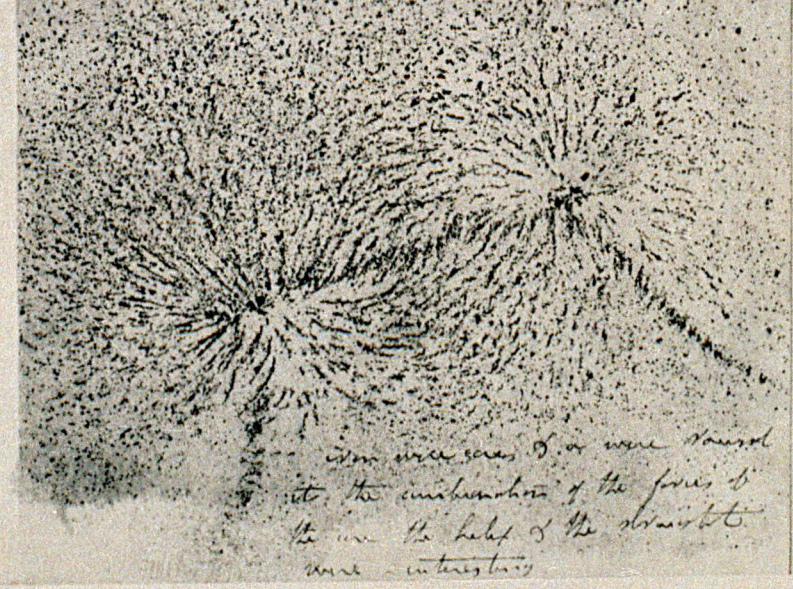

Thermodynamik: Von der Dampf-maschine zum Carnot-Prozess

„Nach der Uhr verkörpert die Dampfmaschine die höchste Entwicklung mechanischer Technik, und die Wissenschaft der Thermodynamik kann man als das Ergebnis des Studiums der Dampfmaschine bezeichnen." So charakterisiert Osborne Reynolds, der uns noch in anderem Zusammenhang begegnen wird, im Jahr 1883 die Entstehung der Thermodynamik als physikalische Teildisziplin. Ihre Geschichte beginnt mit Sadi Carnot, der im Jahr 1824 eine Abhandlung mit dem Titel *Réflexions sur la puissance motrice du feu et sur les machines propres à développer cette puissance* (*Betrachtungen über die bewegende Kraft des Feuers und die zur Entwicklung dieser Kraft geeigneten Maschinen*) veröffentlicht und darin von der Erfahrung ausgeht, dass bei Dampfmaschinen die Erzeugung von Bewegung immer mit einem Wärmeübergang von einer höheren zu einer tieferen Temperatur verknüpft ist. Carnot glaubt, dass dabei Wärmestoff von einem höheren zu einem niedrigeren Niveau transportiert wird und Arbeit verrichtet – wie Wasser, das von oben auf die Schaufeln eines Mühlrades fällt und mit seiner Bewegung nach unten das Mühlrad in Bewegung versetzt. Was die Physiker und Ingenieure später als „Carnot-Kreislauf" bezeichnen, wird in Carnots *Betrachtungen* mit der Hin- und Herbewegung eines Kolbens im Zylinder einer Dampfmaschine verdeutlicht.

Später verwirft Carnot die Idee eines Wärmestoffs. „Die Wärme ist nichts anderes als bewegende Kraft, oder vielmehr die Bewegung, die ihre Form geändert hat", schreibt er in einem unveröffentlichten Manuskript. Damit kommt er dem ersten Hauptsatz der Thermodynamik schon sehr nahe. Er beziffert auch die „Einheit bewegender Kraft" in „Wärmeeinheiten". Sein Ergebnis ist dem mechanischen Wärmeäquivalent sehr ähnlich, das James Prescott Joule im Jahr 1843 experimentell mit einem Fallversuch bestimmt: Beim Herabsinken eines Gewichts wird ein Rührwerk in Gang gesetzt, das seine Energie durch Reibung an Wasser abgibt. Die so erzeugte Reibungswärme ist gering, aber – mit dem von Joule in der Brauereitechnik erworbenen Know-how – nachweisbar. Mechanische Arbeit (ables-bar an der Fallstrecke des Gewichts) führt dem Wasser Wärme zu (ablesbar an der Temperaturerhöhung). Auch der Arzt Julius Robert Mayer zeigt in einem 1845 veröffentlichten Buch über *Die organische Bewegung im Zusammenhang mit dem Stoffwechsel* diesen Zusammenhang auf. Einige Jahre später konstruiert er einen Apparat, mit dem die mechanische Arbeitsleistung eines Motors über Bremsbacken in einem mit Wasser gefüllten Kasten vollständig in Reibungswärme umgewandelt wird und so eine noch genauere Bestimmung des mechanischen Wärmeäquivalents ermöglicht.

In der Äquivalenz von Wärme und mechanischer Arbeit kommt zum Ausdruck, dass mechanische Energie durch Reibung nicht verloren geht, sondern nur in eine andere Form umgewandelt wird. Wie sich im Nachhinein herausstellt, ist der Satz von der Energieerhaltung das Ergebnis von verschiedenen, voneinander unabhängigen, aus unterschiedlichen Motiven unternommenen und fast gleichzeitigen Entwicklungen. 1847 erklärt Hermann von Helmholtz die allgemeine Energieerhaltung zum Hauptsatz der Thermodynamik. Damit und auf Carnots Erkenntnisse aufbauend zeigt Rudolf Clausius – wieder mit direktem Bezug zur Dampfmaschine – in den 1850er Jahren, dass die zugeführte Wärme nicht vollständig in mechanische Arbeit umgewandelt werden kann. Das Verhältnis von mechanisch nutzbarer Energie und Wärmeenergie kennzeichnet den Wirkungsgrad einer Dampfmaschine. Es bildet gleichzeitig die Grundlage für das Konzept der Entropie, die nun neben der Energie zur entscheidenden Größe für die Theorie der Wärme wird. In der Entropie manifestiert sich jener Teil der Wärmeenergie, der nicht in mechanische Arbeit überführt werden kann und für die Irreversibilität von thermodynamischen Prozessen verantwortlich ist. Dies ist der Inhalt des zweiten Hauptsatzes der Thermodynamik.

ME

Apparat von Julius Robert Mayer zur Bestimmung des mechanischen Wärmeäquivalents. →

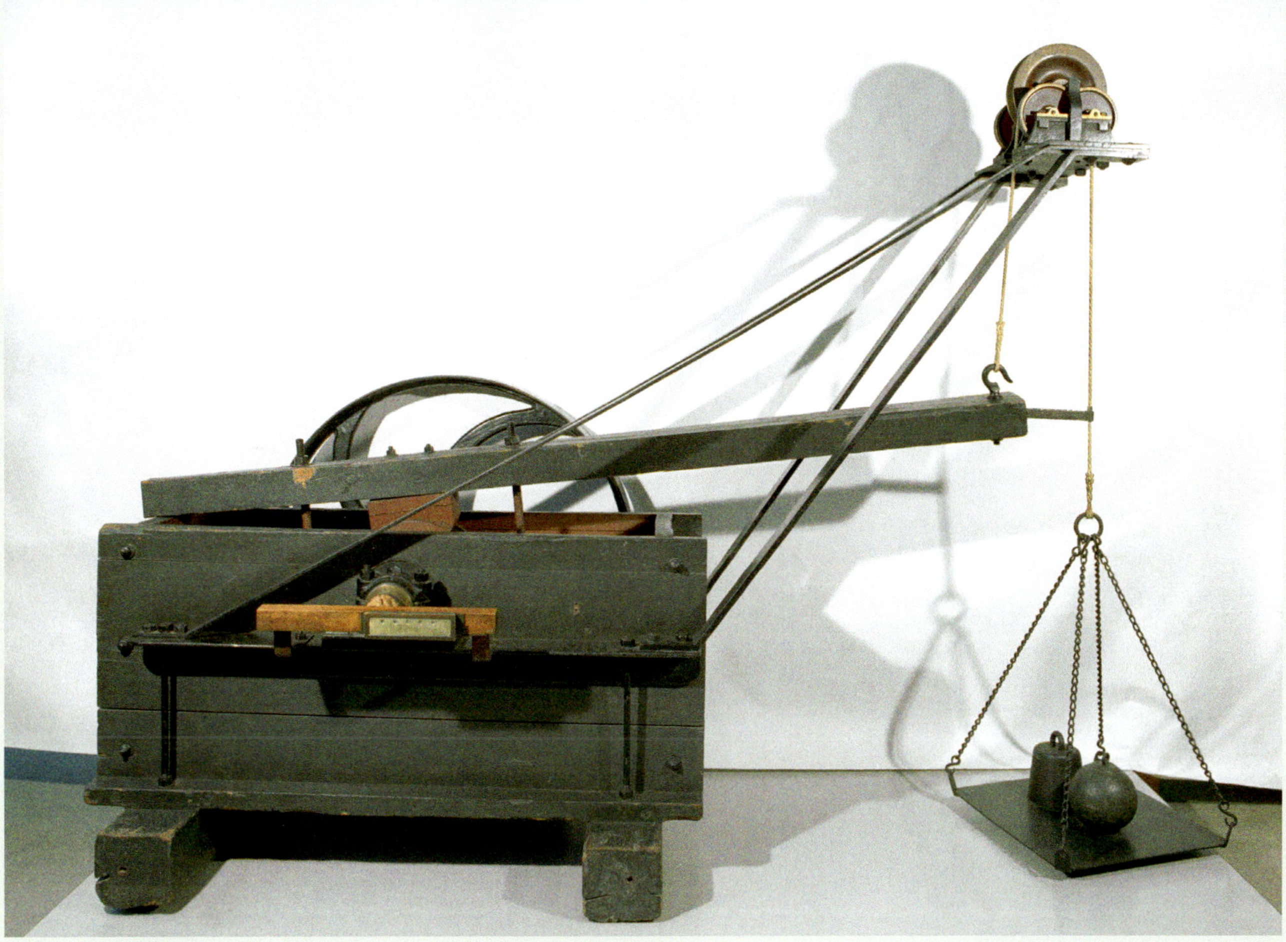

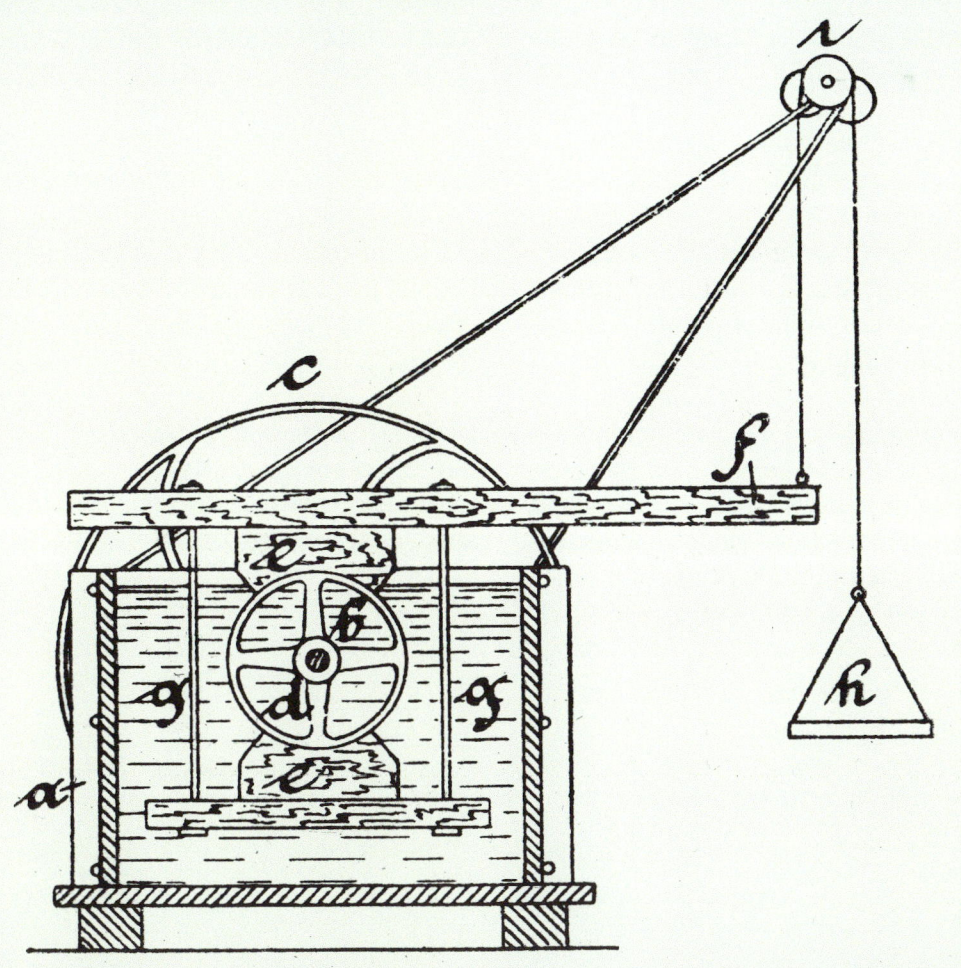

Die Lichtgeschwindigkeit –
Hippolyte Fizeau und Léon Foucault

Wie schnell ist das Licht? Die Frage beschäftigt Philosophen und Wissenschaftler seit der griechischen Antike. Meist glaubt man an eine unendlich große Geschwindigkeit. Wird irgendwo ein Licht angezündet, ist es augenblicklich zu sehen. Noch René Descartes im 17. Jahrhundert ist im Wesentlichen davon überzeugt.

1676 findet der dänische Astronom Ole Römer durch Beobachtung des Jupitermondes Io, seines Verschwindens und Auftauchens aus dem Schatten des Jupiters über viele Umlaufperioden, dass die Lichtgeschwindigkeit in der Tat sehr groß, aber doch endlich ist. Je nach Entfernung des Jupiters von der Erde erhält Römer unterschiedliche Zeiten von Ios Verschwinden und Auftauchen. Er berechnet daraus eine Zeit von 22 Minuten, die das Licht zum Durchlaufen des Erdbahndurchmessers braucht. Im 18. Jahrhundert gibt es weitere astronomische Beobachtungen, etwa die Aberration von Sternenlicht, eine kleine Veränderung von Sternpositionen im Rhythmus der jährlichen Erdbewegung, die das Ergebnis Römers bestärken und verbessern. Ende des Jahrhunderts zweifelt kein ernsthafter Physiker oder Astronom mehr daran, dass die Lichtgeschwindigkeit um die 300 000 km/s betragen muss. Doch fehlt jede direkte physikalische Bestätigung.

Zwei Meistern französischer Experimentierkunst, Hippolyte Fizeau und Léon Foucault gelingt es schließlich, die Lichtgeschwindigkeit im irdischen Experiment zu messen. Fizeau lässt 1849 vom besten Instrumentenbauer in Paris einen einfallsreichen mechanischen Apparat konstruieren, den er mit präzise justierter Optik ergänzt. Ein Zahnrad von 15,4 cm Durchmesser wird mittels einer Getriebeübersetzung durch einen Gewichtsräderantrieb in schnelle Drehung versetzt. Seine Zähne laufen dabei dicht an einer Fernrohroptik vorbei. Fizeau schickt nun den Lichtstrahl einer starken Lampe durch eine Zahnradlücke, weiter durch das Fernrohr und auf einen 8333 m langen Weg von seinem Haus in Suresnes (westlich des damaligen Paris) zu einer Empfangsstation auf dem Montmartre. Dort wird der Strahl reflektiert und gelangt zurück zur Zahnradlücke, die er vor rund 1 Zwanzigtausendstelsekunde verlassen hat. Fizeau sieht also den Lichtschein vom Montmartre. Setzt sein Motor jedoch, den er mit einer Art Bremse regulieren kann, das Zahnrad in eine Geschwindigkeit von 12,6 Umdrehungen/s, verschwindet der Lichtschein. Er trifft auf den nächsten Zahn. Bei doppelter Drehzahl ist er wieder zu sehen, bei dreifacher blockiert ihn der übernächste Zahn. Aus mehreren Versuchen mittelt Fizeau daraus seinen Wert der Lichtgeschwindigkeit zu 315 320 km/s.

Dieses Ergebnis ist mehr ein Zeichen für die Entwicklung der Präzisionsmesstechnik im 19. Jahrhundert als von hohem grundsätzlichen Wert. Ein Jahr später erhalten Fizeau und Foucault, getrennt voneinander, ein viel wichtigeres Ergebnis. In Anlehnung an die Versuche Aragos experimentieren sie mit einem rotierenden Spiegel statt eines Zahnrads und diesmal mit einer erheblich kürzeren Versuchsstrecke: Ein Lichtstrahl wird von einem weiteren festen Spiegel auf den rotierenden Spiegel reflektiert und fällt dabei nicht mehr genau in das Beobachtungsfernrohr zurück, da er durch die Spiegelrotation abgelenkt wird. Fizeau und Foucault setzen in den Lichtweg ein mit Wasser gefülltes Gefäß und finden, dass die Lichtgeschwindigkeit nur noch Dreiviertel so groß wie in Luft ist. Die Korpuskulartheorie erwartete einen höheren Wert als in Luft. Damit ist die Wellentheorie endgültig bestätigt.

Auf Grundlage des 1974 mithilfe von Laserstrahlen bestimmten Wertes hat man 1983 die Lichtgeschwindigkeit als Naturkonstante auf 299 792,458 km/s festgelegt.

JT

Fizeaus Zahnradexperiment zur Bestimmung der Lichtgeschwindigkeit. →

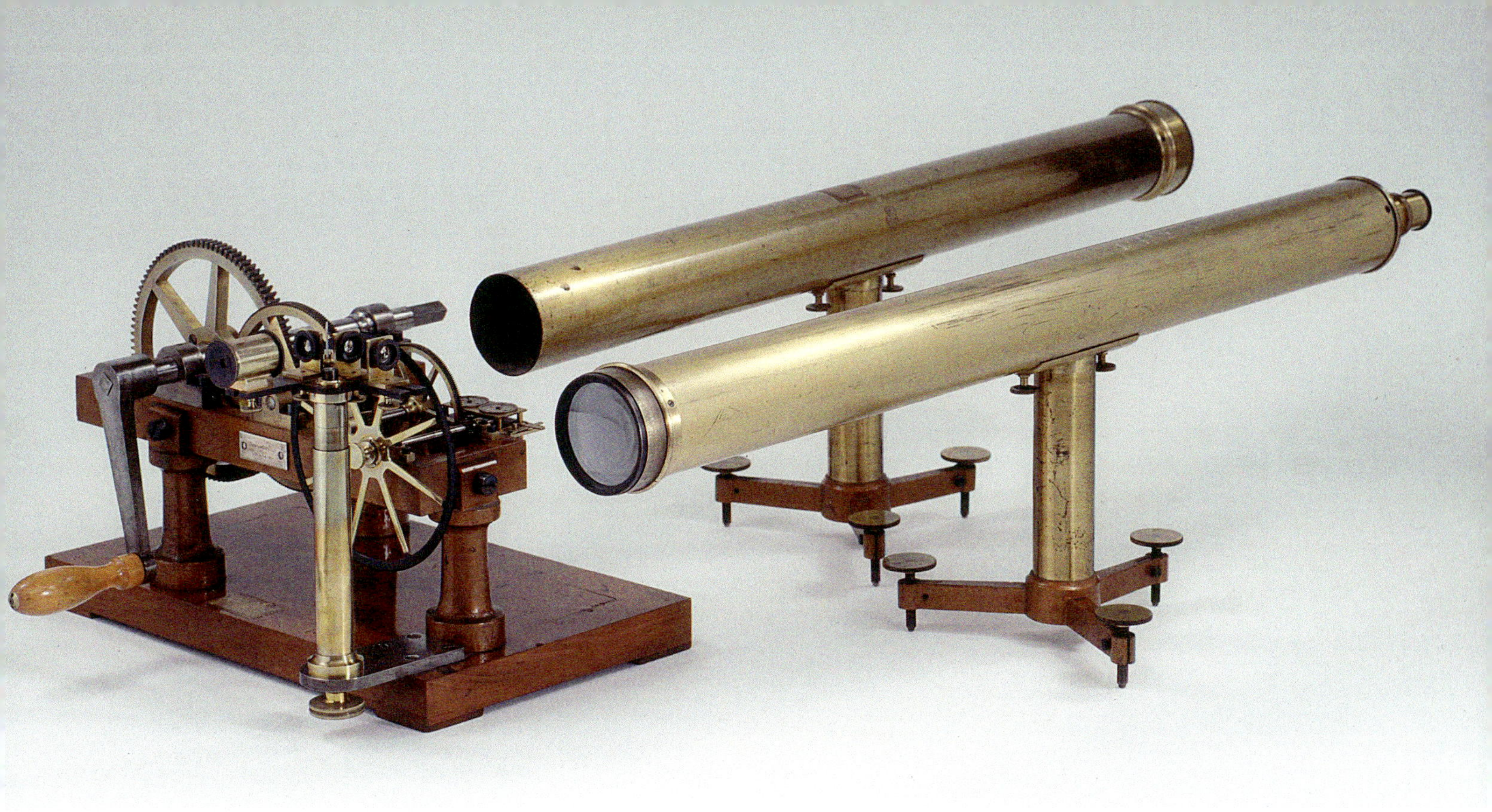

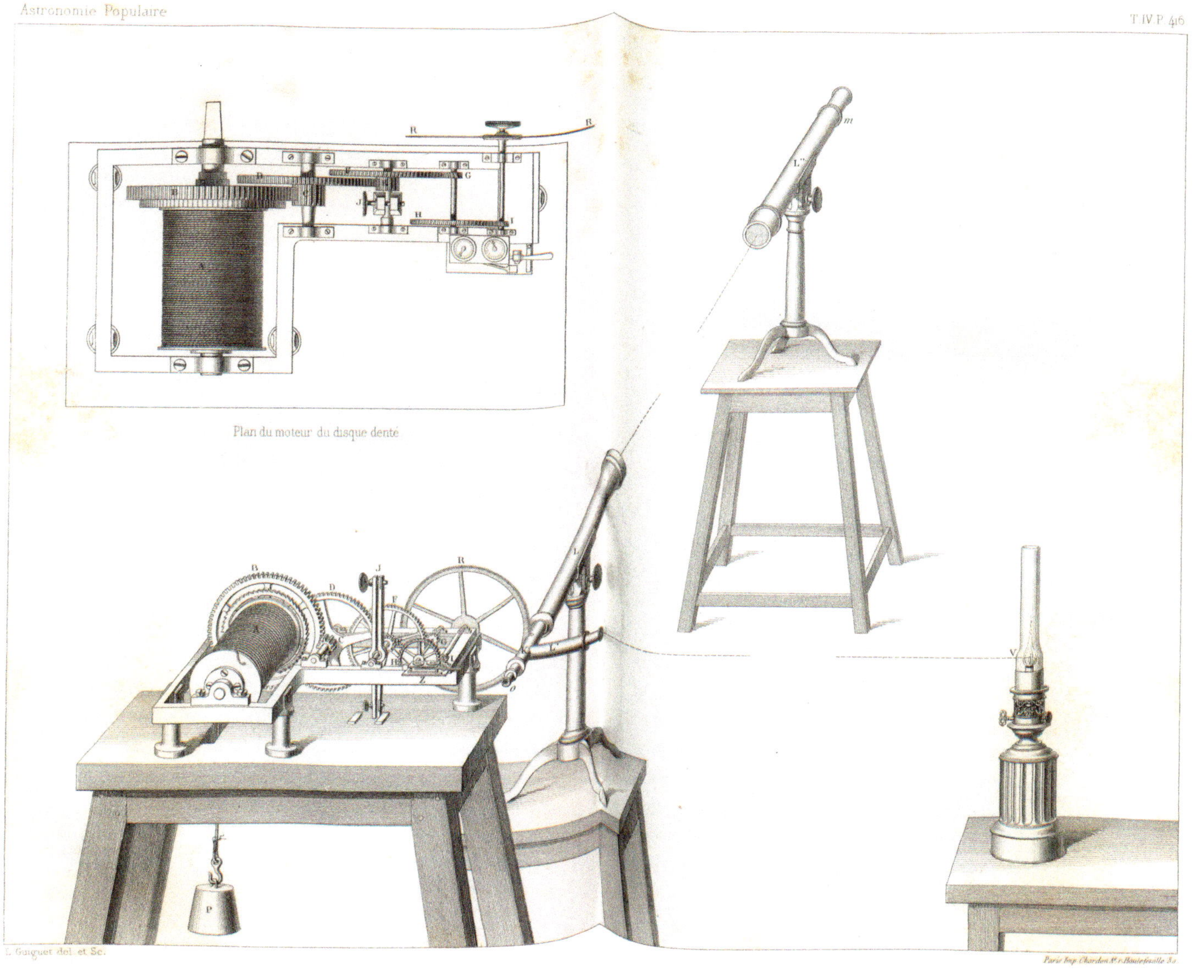
Astronomie Populaire
T. IV P. 416
Plan du moteur du disque denté
L. Guiguet del. et Sc.
Paris Imp. Chardon Ne r. Hautefeuille 30

Beweise für die Bewegung der Erde – das Foucault'sche Pendel

Bewegt sich die Erde oder nicht? Im 19. Jahrhundert ist das kein kosmologisches Problem mehr, aber noch ein physikalisch-experimentelles, jedenfalls was die tägliche Rotation der Erde betrifft. Den „Beweis" für die jährliche Bewegung um die Sonne liefern astronomische Beobachtungen, wie die Lichtaberration entdeckt im Jahr 1728, die Fixsternparallaxe 1838, die Dopplerverschiebung in Sternspektren ab Ende des 19. Jahrhunderts. Die Sonne als Zentrum unseres Planetensystems setzt sich allerdings im Wesentlichen nicht über diese Nachweise durch, sondern über die Himmelsmechanik Isaac Newtons. Sie schreibt der Sonne als der größten Masse im All die größte Gravitationswirkung zu. Ab dem 18. Jahrhundert wird damit auch die Rotation der Erde unzweifelhaft. Hier gibt es bereits physikalische Bestätigungen, die erste schon 1672, noch vor Newtons Hauptwerk über die Himmelsmechanik von 1687.

Auch die beständigen Passatwinde zwischen den Wendekreisen sind eine Folge der Erdrotation. George Hadley erklärt sie 1735 als Erster mit einem Zurückbleiben von Nord / Süd- bzw. Süd / Nord-Winden hinter der größeren Erdgeschwindigkeit der Äquatorgegenden. Im 19. Jahrhundert werden solche (Schein-)Kräfte in einem rotierenden Bezugssystem Coriolis-Kräfte genannt. Dazu gehört auch die so genannte Ostabweichung eines frei fallenden Körpers auf der sich drehenden Erde. Newton postuliert sie schon 1679: Der aus größerer Höhe herabfallende Körper bringt die dort größere Umfangsgeschwindigkeit der Erde auf die Erdoberfläche herunter, so dass er diese etwas überholen muss. Experimente dazu von Thomas Hooke noch zu Lebzeiten Newtons misslingen. Die Fallhöhe von einigen Metern ist viel zu gering. Spätere Versuche 1791/92 in Italien und 1802/4 in Deutschland sind nicht sehr aussagekräftig. Erst 1831 gelingt Ferdinand Reich in einem 158 m tiefen Bergwerkschacht der – zumindest – qualitative Nachweis dieser Abweichung mit etwa 3 cm. 1912 werden dazu recht exakte Experimente als Demonstration der mechanischen Präzision des *fin de siècle* durchgeführt.

Den berühmtesten Versuch zum Beweis der täglichen Erdrotation führt Léon Foucault mit einem Pendel von 2 m Länge und 5 kg Masse Anfang 1851 zum ersten Mal erfolgreich durch. Besonderes Aufsehen erregt seine Vorführung im März des gleichen Jahres im Panthéon in Paris, vor den Sarkophagen Voltaires, Lagranges und anderer großer französischer Persönlichkeiten – auf ausdrücklichen Wunsch des Präsidenten der Republik, Louis Napoleon. Ein 67 m langes Pendel wird zunächst maximal ausgelenkt und schwingt nach Abbrennen eines Haltefadens in genau einer Ebene durch. Die Schwingungsrichtung wandert, verblüffend für alle Laien, innerhalb von 10 Minuten um etwa 2° weiter. Am 6 m-Bodenkreis ergibt dabei jede Schwingung eine Abweichung von 2,3 mm zur vorigen. Schwer verständlich für Viele (bis heute) ist die Erklärung: Nicht die Schwingungsebene des Pendels wandert, sondern die Erde dreht sich unter dem konstant in eine Richtung schwingenden Pendel hindurch.

Dieses Experiment wird bald überall in der Welt kopiert – so auch ein Jahr später im Kölner Dom. Es ist wohl bis heute das berühmteste Demonstrationsexperiment der Physik geblieben. Ein wichtiges technisches Gerät übrigens, der Kreiselkompass, hat sich daraus entwickelt.

Im 20. Jahrhundert gelingt es schließlich mit Quarz- und Atomuhren solche Messungen wesentlich zu verfeinern und kleinste Unregelmäßigkeiten der Erdrotation zu bestimmen, etwa die konstante Abnahme der Rotationsgeschwindigkeit der Erde durch die Gezeitenreibung, ihre Jahreszeitlichen Schwankungen, wie sie etwa der Laubfall in der nördlichen Hälfte verursacht, oder die unregelmäßigen Schwankungen durch Verlagerung von Massen innerhalb des Erdkörpers.

JT

Foucaults Versuch als direkter Beweis
der Achsendrehung der Erde im Panthéon Paris. →

Von der Orgelpfeife zum Wirbelatom: Helmholtz und Fluiddynamik

Wie wird die Luftsäule in einer Orgelpfeife zum Schwingen gebracht? Die in den Pfeifenfuß eingeblasene Luft wird durch einen Spalt in eine lippenförmige Öffnung gepresst, wo der Luftstrom auf eine scharfe Kante (Oberlippe) trifft. Dabei wird eine Schwingung angeregt, die sich im Innern des Pfeifenkörpers zu einer stehenden Welle aufschaukelt. Die Wellenlänge, und damit die Tonhöhe, hängen von der Länge des Pfeifenkörpers ab. Aber was bringt den stetig gegen die Kante geblasenen Luftstrom zur periodischen Hin- und Herbewegung, mit der die Luftsäule im Pfeifenkörper zum Schwingen gebracht wird?

„In meiner Abhandlung über diskontinuierliche Flüssigkeitsbewegungen habe ich die mechanischen Eigentümlichkeiten solcher Bewegungen beschrieben und aus der Theorie abgeleitet", so verweist Hermann von Helmholtz in seinem Akustiklehrbuch *Lehre von den Tonempfindungen* auf jene im Jahr 1868 veröffentlichte Arbeit, in der er das Konzept der „Trennungsflächen diskontinuierlich bewegter Luftmassen" theoretisch begründet. Er nennt sie auch „Wirbelflächen", weil sie sich bei der geringsten Ausbiegung in einzelne Wirbel auflösen. „Diese Auflösung in Wirbel findet an dem Luftblatt der Pfeifenmündungen da statt, wo es gegen die Lippe der Pfeife schlägt. Von dieser Stelle ab löst es sich in Wirbel auf, wobei es sich mit der umgebenden oszillierenden Luft der Pfeife mischt."

Wirbelbewegungen gehören in das Fachgebiet der Hydrodynamik. Für Wirbel in reibungslosen („idealen") Flüssigkeiten gelten – das zeigt Helmholtz aus den von Euler für ideale Flüssigkeiten aufgestellten Grundgleichungen – besondere Gesetze. Sie sind unzerstörbar! Zwar können sie ihre Form verändern, aber ohne Eingriff von außen kann ihre Zahl nicht vermehrt oder vermindert werden. Reale Flüssigkeiten besitzen immer eine innere Reibung, aber wenn diese wie bei Wasser oder Luft gering ist, gelten die Helmholtz'schen Wirbelsätze zumindest annähernd. Das zeigen zum Beispiel ringförmige Wirbel, die sich wie die Wirbel an einer Orgellippe am Lochrand einer rauchgefüllten Kammer bilden und über weite Strecken erhalten bleiben. Peter Guthrie Tait und William Thomson alias Lord Kelvin gründen darauf die Vorstellung, dass Atome und Moleküle aus ringförmigen Ätherwirbeln bestehen. In der Mathematik ergeben sich daraus Anstöße für die Topologie und die Knotentheorie.

Das Wirbelatom stellt in der Geschichte der Physik nur eine kurze Episode dar, aber die Wirbelsätze und das Konzept der Wirbelschichten markieren einen wichtigen Einschnitt in der Entwicklung der Hydrodynamik. Im 20. Jahrhundert werden aus den diskontinuierlichen Wirbelflächen idealer Flüssigkeiten die „Grenzschichten" realer Strömungen bei geringer Reibung. Mit diesem Konzept verbinden sich die theoretische Hydrodynamik und die praktische Hydraulik zur modernen Fluiddynamik.

ME

Orgel aus dem Jahr 1693 von Franziskus Lamprecht. Die Tonerzeugung in Orgelpfeifen regt Helmholtz zum Studium von Wirbelströmungen an. →

Maxwell und die Elektrodynamik

Die Elektrodynamik steht im Zentrum der Physik, seit Faraday die Kraftfelder um die Pole von Magneten und um stromdurchflossene Drähte sichtbar gemacht hat. „Über Faradays Kraftlinien", so betitelt James Clerk Maxwell im Jahr 1855 eine Abhandlung, mit der er die Vorstellungen von elektrischen und magnetischen Feldern in eine mathematische Form kleiden will. Dann legt er mit der Studie „Über physikalische Kraftlinien" die Grundlage für eine Theorie, die „die Phänomene der magnetischen Anziehung mit denen des Elektromagnetismus und der Induktionsströme in Verbindung bringen" soll, und 1865, zehn Jahre nach seiner ersten Auseinandersetzung mit den Faraday'schen Kraftlinien, präsentiert er in der Royal Society eine Theorie des elektromagnetischen Feldes mit jenen Gleichungen, die heute seinen Namen tragen. Sie bilden das theoretische Fundament der gesamten Elektrodynamik.

Dennoch ist Maxwells Behandlung der elektrodynamischen Vorgänge von unserem modernen Verständnis weit entfernt. Die Maxwell'schen Gleichungen werden erst später durch Heinrich Hertz und Oliver Heaviside so formuliert und interpretiert, wie sie in den Lehrbüchern der Elektrodynamik im 20. Jahrhundert erscheinen. Der Grund für diese verzögerte Aufnahme liegt nicht zuletzt in den schwer nachvollziehbaren mechanischen Bildern, mit denen Maxwell seine Theorie begründet und veranschaulicht. Elektromagnetische Felder sind für Maxwell an ein Medium gebunden, den Äther. „Die magnet-elektrischen Phänomene werden durch ein Medium erzeugt, welches an jeder Stelle des magnetischen Feldes einen gewissen Bewegungs- oder Spannungszustand hat, nicht aber durch direkte Fernwirkung zwischen Magneten oder elektrischen Strömen." So lautet ein zentraler Satz in Maxwells Abhandlung „Über physikalische Kraftlinien".

Die Mechanik von Festkörpern und Flüssigkeiten liefert dazu das Anschauungsmaterial. Die von Helmholtz untersuchten Wirbel sind für Maxwell das Beispiel, mit dem er immer wieder argumentiert. Die Gegenläufigkeit von Induktionsströmen macht er zum Beispiel an einer wabenförmigen Anordnung von Ätherwirbeln plausibel. Dabei soll Strom durch die Ätherwaben fließen. Er ist von Ätherwirbeln umgeben. Dazwischen sind „Friktionsrollen" („idle wheels") angebracht, die wie bei einem Kugellager eine gegensinnige Rotation von Ätherwirbeln ermöglichen sollen. Diese Friktionsrollen stellen den Stromtransport dar. Im Zusammenspiel von Friktionsrollen und Ätherwirbeln ergeben sich dann immer wieder gegensinnige Rotationen, die Induktionswirkungen entsprechen.

Maxwell veranschaulicht die gegenläufige Bewegung von Induktionsströmen auch mit einem mechanischen Modell, bei dem an die Stelle der Friktionsrollen ein Differenzialgetriebe tritt. Wird auf der einen Seite in die eine Richtung gedreht, rotiert die Scheibe auf der anderen Seite in die entgegengesetzte Richtung. Bei gleichförmiger Drehung hört die Rotation auf der Gegenseite auf, um sich dann beim Abbremsen der ersten Drehung gegenläufig wieder in Gang zu setzen.

Maxwell empfindet seine Ätherwabenanordnung selbst „etwas heikel" („somewhat awkward"), aber die Analogie zu Vorstellungen in der Kontinuumsmechanik bringt ihn auf den Weg zu einer mathematisch formulierbaren Theorie. Seine „Methode der physikalischen Analogie" ist auch aus der Perspektive der Wissenschaftsphilosophie bahnbrechend.

ME

Querschnitt durch einen von Ludwig Boltzmann konzipierten Apparat, der einem Differentialgetriebe ähnelt und zur Veranschaulichung der elektromagnetischen Induktion dient. →

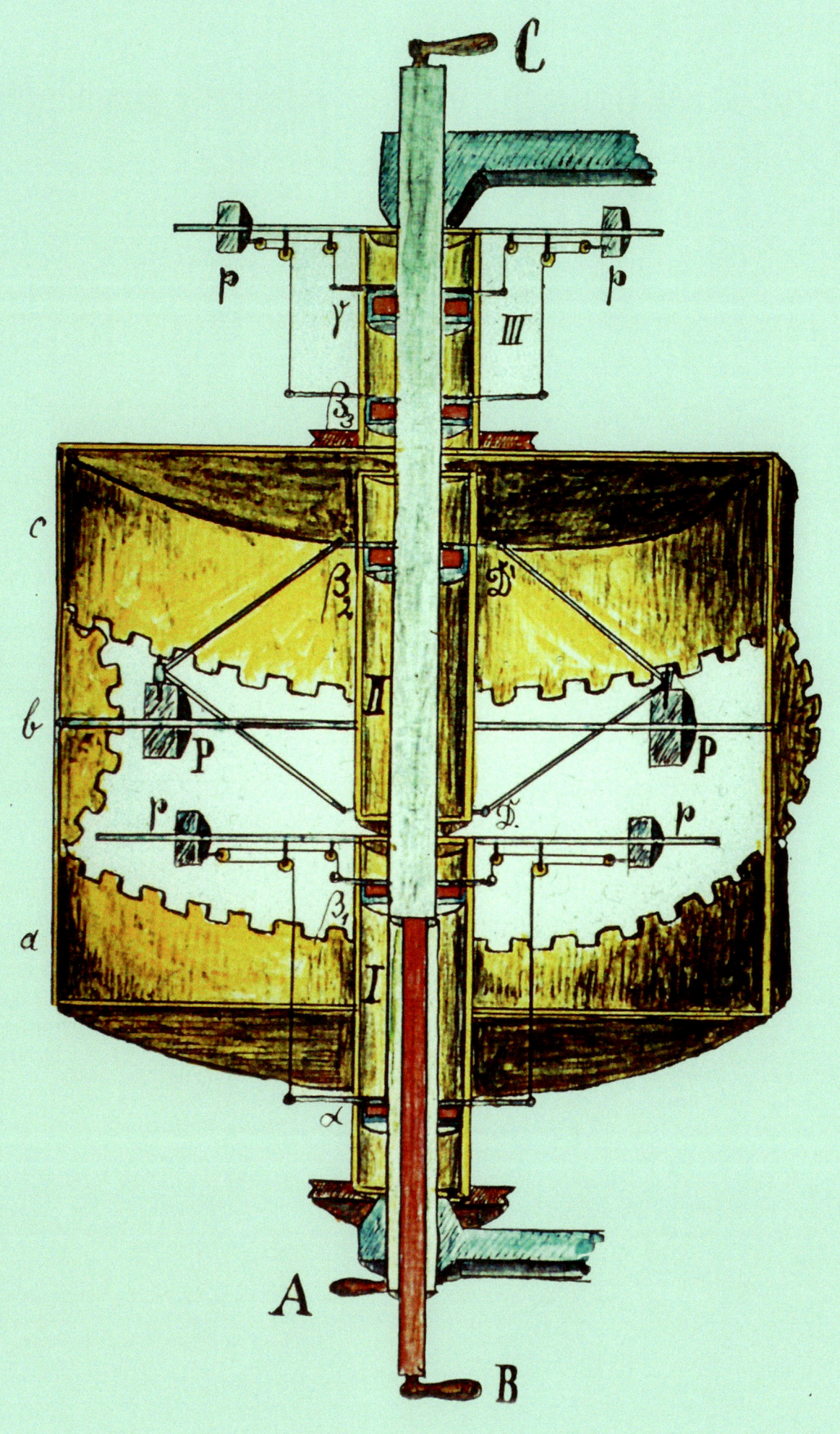

Die Spektralanalyse – Physik und Chemie wachsen zusammen

Erst 1859 lösen ein Physiker und ein Chemiker das Rätsel der Fraunhoferlinien, Gustav Robert Kirchhoff und Robert Wilhelm Bunsen: Die dunklen Linien sind eine Art Morsealphabet der chemischen Elemente in den Atmosphären der Fixsterne. Die hellen Linien leuchtender Gase im Labor beweisen es. Die Doppellinie D zum Beispiel entspricht dem Natrium. Mit dieser Spektroskopie kann man äußerst geringe Spuren von chemischen Elementen feststellen – fast ein Zaubermittel für Wissenschaft (und Technik).

Angeregt wird diese Erkenntnis durch Robert Bunsen. Er experimentiert schon länger zur Photometrie und möchte leuchtende Gase anhand ihrer Farben unterscheiden. Das ist nicht neu. Sein Freund Kirchhoff, mit dem er in Heidelberg jahrelang kooperiert, weist ihm den Weg zur Farbzerlegung mit klaren Prismen. Auch das ist nicht neu, viele Forscher haben schon versucht, die hellen Linien von Flammenlicht, die das Prisma liefert, zur Analyse heranzuziehen. Da Bunsen und Kirchhoff zunächst kein gutes kompaktes Glasprisma besitzen, benutzen sie ein Hohlprisma, das mit Schwefelkohlenstoff gefüllt ist. Die hellen Linien scheinen genau so chaotisch vielfältig angeordnet, wie die dunklen Linien im Sonnenspektrum. Doch einzelne Flammen, etwa von Kochsalz, zeigen nur wenige Linien. Kochsalz bzw. das darin enthaltene Natrium zeigt nur eine doppelte gelbe Linie, entsprechend der dunklen D-Linie in Fraunhofers Sonnenspektrum. Diese helle D-Linie findet man jedoch in fast allen Flammen. Kann sie wirklich von einem bestimmten Element stammen? Ja, sie kann. Eine Verunreinigung mit millionstel Milligramm Natrium reicht dafür aus. So geringe Mengen konnte man mit der chemischen Analyse bis dahin nicht nachweisen. Doch wie entstehen die dunklen Linien im Sonnenspektrum? Kirchhoff nimmt an, dass bestimmte Wellenlängen des gleißenden Lichts aus den unteren Schichten der Photosphäre der Sonne in den nicht so heißen oberen Schichten absorbiert werden, genau die Wellenlängen, die den vorhandenen chemischen Elementen in diesen nicht so heißen Atmosphärenschichten entsprechen. Kirchhoff simuliert die Sonne im Experiment: Er schickt Licht eines sehr heißen Strahlers durch normal leuchtende Flammengase etwa durch Natrium mit seiner gelb leuchtenden doppelten D-Linie und erhält plötzlich genau an dieser Stelle das dunkle Schwesterpaar. Natrium also gibt es auf der Sonne, auch Eisen weist er nach. Bisher hatte man geglaubt, Himmelskörper könnten nie physikalisch untersucht werden. Sein Freund Bunsen ist mehr an irdischer Chemie interessiert. Er entdeckt zwei neue Elemente Rubidium und Caesium anhand ihrer Spektren. Inzwischen benutzen beide schon ein professionelles Spektroskop mit kompaktem Glasprisma. Das Sonnenspektrum, das Kirchhoff 1861 veröffentlicht, wird schließlich durch 4 Prismen erzeugt und ist mit 2,5 m etwa sechsmal so lang und entsprechend linienreich wie das Fraunhofers von 1817.

Bis 1900 werden noch mehr neue Elemente durch ihre Spektren entdeckt, eines wird sogar zuerst auf der Sonne gefunden: 1868 entdeckt man im Spektrum der roten Protuberanzen, den Gaseruptionen der Sonne, Linien, die keinem irdischen Element zuzuordnen sind. Man schließt, dass es sich um ein eigenes Element handeln muss und nennt es Helium, Sonnenstoff. Erst 30 Jahre später findet man das Gas auf der Erde. Spektrallinien sind andererseits bald der Auftakt für die Atomphysik des 20. Jahrhunderts. Sie geben Auskunft über die Bewegung der Elektronen im Atom. Forschungen an und mit Spektrallinien sind bis heute von wesentlicher Bedeutung in Physik, Chemie und Technik. Die Auflösung einzelner Spektrallinien ist dabei so hoch, dass das Sonnenspektrum, könnte, man es mit dieser Auflösung noch ganz darstellen, mehrere Tausend Mal um den Äquator reichen würde.

JT

Die Entdeckung von Rubidium und Caesium durch Bunsen anhand ihres Spektrums, darunter der Spektralapparat Kirchhoffs zur Untersuchung des Sonnenspektrums. →

Ka.

Rb.

Cs.

Kirchhoff, Sonnenspectrum. Phys. Kl. 1861.　　　　　　　　　　*Taf. III.*

Fig. 2.

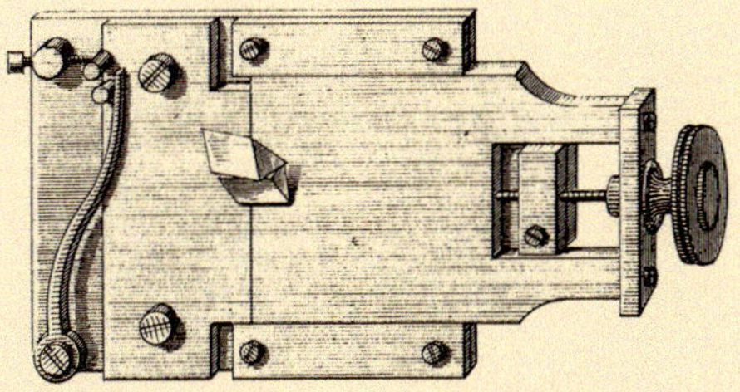

Fig. 1.

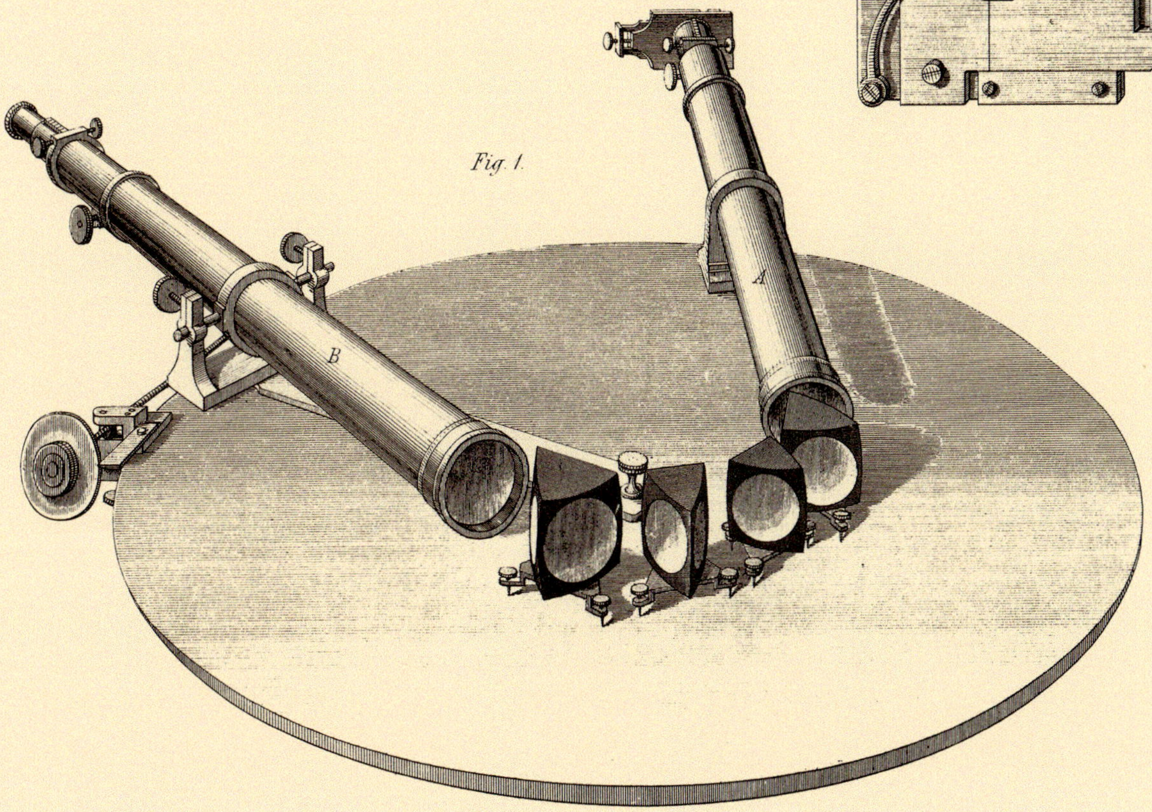

Elektrotechnik und Physik

Telegrafie, Telefon, Elektromotoren und Dynamos, elektrische Beleuchtung und andere Erfindungen sind Kinder oder Enkelkinder der Volta'schen bis Faraday'schen Entdeckungen.

Schon bald nach 1830 gibt es brauchbare Versuche und Geräte zur elektrischen Telegrafie. Doch erst der amerikanische Maler Samuel Morse, der sich zum Erfinder wandelt, bringt der elektrischen Telegrafie ab 1844 mit einer 60 km langen Teststrecke von Baltimore bis Washington den kommerziellen Durchbruch. Die Nadeltelegrafen der europäischen, physikalisch geschulten Konkurrenten haben das Nachsehen. Aber auch Morse holt sich Rat bei Wissenschaftlern: Bald wird das Strich/Punktesystem der ausgedruckten Morse-Nachrichten zum international akzeptierten Morse-Alphabet vereinheitlicht.

Schon 1821, ein Jahr nach Oersteds Entdeckung des Elektromagnetismus, zeigt Faraday, dass elektrischer Strom Drehbewegung erzeugen kann. Daraus entstehen um 1830 erste noch spielerische „elektromagnetische Maschinen". Der Königsberger Physiker Moritz Hermann Jacobi entwickelt 1834 einen stärkeren, praktisch brauchbaren elektrischen Motor, den er weiter verbessert und 1838 auf Anregung des russischen Zaren in Petersburg in ein Boot einbaut. Dennoch bleibt er eine Zukunftsvision, denn die Batterien sind teuer und verbrauchen sich schnell. Techniker in vielen Ländern Europas und den USA versuchen sich in dieser Zeit an elektromagnetischen Maschinen und auch an der Umkehrung davon, an „magnetelektrischen" Geräten, also Dynamos. Der Amerikaner Charles Page, eigentlich Arzt, entwickelt ab 1838 verschiedene Elektromotoren, die in seinem Heimatland bald per Katalog verkauft werden. Diese Goldgräberzeit der Elektrotechnik geht langsam zu Ende, als der Erfinder und Unternehmer Werner Siemens bald nach 1850 mit der Konstruktion von Elektrodynamos für die Telegrafie beginnt. 1866 entdeckt Siemens (wie andere auch um diese Zeit), dass für einen Dynamo kein anregender Batteriestrom nötig ist: Der vorhandene, äußerst geringe Restmagnetismus im Weicheisenkern erzeugt anfänglich einen geringen Strom im gedrehten Rotor, der wiederum den Weicheisenmagnetismus verstärkt usw. Das „Dynamoelektrische Prinzip" ist entdeckt. Mit der Fernübertragung von elektrischem Strom beginnt schließlich ab Ende der 1880er Jahre langsam die erste breitere Nutzung elektrotechnischer Geräte.

Am populärsten wird die elektrische Beleuchtung. Im Jahr 1879 erfindet Thomas Alva Edison die gebrauchsfähige elektrische Glühlampe, die länger als ein paar Stunden leuchten kann. Ein sorgfältig verkohlter Baumwollfaden in einem evakuierten Glaskolben hält im Jahr 1880 schon 1200 Stunden. Doch eine damals störende Entdeckung Edisons schließt den Kreis zur Physik: der Edison-Effekt. Vom negativen Pol des Glühfadens werden Kohlepartikel weggeschleudert, schwärzen den Glaskolben und laden ihn elektrisch auf. Aus dieser Erkenntnis entwickelt sich die Elektronenröhre.

JT

Der Elektromotor von Moritz Hermann Jacobi nach 1830.

Erste elektrische Bahnhofsbeleuchtung München 1879. →

Äther-Experimente

Im luftleeren Raum breiten sich Schallwellen nicht aus. Auch Licht braucht für seine Ausbreitung ein Medium, davon sind die Physiker im 19. Jahrhundert überzeugt. Sie nennen es den Lichtäther. In England, wo Thomas Young die Lichtwellentheorie gegen die ältere Newton'sche Auffassung gestellt hat, heißt er „luminiferous ether" („lichttragender Äther"). Seit Maxwell nimmt man auch an, dass der Lichtäther Trägermedium für die Ausbreitung aller elektromagnetischen Wirkungen ist. „So schwierig es auch ist, sich eine konsistente Vorstellung von der Zusammensetzung des Äthers zu bilden, so kann es doch keinen Zweifel daran geben, dass der interplanetare und interstellare Raum nicht leer, sondern von einer materiellen Substanz erfüllt ist, einem Körper, der sicherlich der größte und wahrscheinlich auch gleichförmigste ist, von dem wir überhaupt etwas wissen." So schließt Maxwell seinem Beitrag über den „Ether" im Jahr 1878 in der *Encyclopedia Britannica*.

„Angenommen, dass der Äther ruhend ist und die Erde sich durch ihn bewegt, dann würde die Zeit, die das Licht benötigt, um von einem Punkt zu einem anderen auf der Erdoberfläche zu gelangen, abhängig sein von der Richtung, in der es sich bewegt." Von dieser Überlegung ausgehend entwirft Albert A. Michelson ein optisches Experiment, bei dem er einen Lichtstrahl auf zwei im rechten Winkel zueinander stehenden Wegen zwischen Spiegeln hin- und her reflektieren lässt. Die wieder zusammengeführten Strahlen erzeugen ein Interferenzmuster. Wenn dieses Muster von der Richtung abhängt, mit der dieser Apparat gegen die Erdbewegung orientiert ist, äußert sich darin die Existenz des Äthers, so jedenfalls der prinzipielle Gedanke hinter diesem Experiment.

Tatsächlich erweist sich das Experiment aber als viel schwieriger als erwartet. 1887 wiederholt Michelson das Experiment zusammen mit Edward W. Morley in den USA; dabei variieren sie die Versuchsanordnung so, dass eine noch größere Präzision erreicht wird. Aber auch das „Michelson-Morley-Experiment" zeigt keinen Einfluss des Äthers auf die Lichtausbreitung.

Wo es um den Nachweis kleiner Wirkungen geht, ist Präzision gefragt – und so kommt es immer wieder aufs Neue zu einer Wiederholung des im Prinzip so einfachen, aber in der Realität so schwierigen Experiments. Auch im 20. Jahrhundert fehlt es nicht an Versuchen, den „Ätherwind" mit Experimenten nach dem Muster von Michelson und Morley nachzuweisen. Spielt der Standort eine Rolle? Oder die Temperatur? Ein Mitarbeiter Morleys baut das Experiment auf dem Mount Wilson auf, wo der Ätherwind ungestört strömen sollte – und glaubt, ihn nachgewiesen zu haben. Daraufhin konstruiert Georg Joos in Zusammenarbeit mit der für optische Präzisionsgeräte renommierten Firma Zeiss eine Versuchsapparatur, die alle bisherigen an Größe und Genauigkeit weit übertrifft, und kommt nach fünfjähriger Vorbereitung im Jahr 1930 zu dem Ergebnis, dass der Ätherwind höchstens mit einer Geschwindigkeit von 1,5 km/s wehen kann, was im Vergleich zur Relativgeschwindigkeit der Erde durch den interstellaren Raum von mehreren Hundert km/s verschwindend gering ist und die Existenz eines Lichtäthers praktisch ausschließt.

ME

Versuchsaufbau des Michelson-Morley-Experiments, hier als Modell für die Physikausstellung im Deutschen Museum.

Die Joos-Apparatur im Keller der Firma Zeiss in Jena im Jahr 1930. →

Osborne Reynolds und die Turbulenz

Die Arbeiten von Helmholtz über Wirbel, die in Großbritannien die Phantasie der Naturphilosophen mit Äthervorstellungen und der Idee von Wirbelatomen beflügeln, beeindrucken auch mehr praktisch ausgerichtete Physiker wie Osborne Reynolds. „Es scheint noch niemand bemerkt zu haben", so führt er 1877 in einem Aufsatz über die Wirbelbewegung aus, „dass darin auch eine allgemeine Form der Flüssigkeitsbewegung zum Ausdruck kommt, oder dass die Art und Weise, wie diese sich äußert, andere Formen der Bewegung verrät." Worauf Reynolds anspielt, unterstreicht er zwei Jahre später, als er einer unter Seeleuten verbreiteten Meinung nachgeht, „that rain soon knocks down the sea." Er zeigt mit einem Demonstrationsexperiment, dass der Aufprall von Regentropfen auf einer Wasseroberfläche Wirbelringe erzeugt, die zu einem vertikalen Massenaustausch führen. Weniger das Aufprallen auf die Oberfläche, als vielmehr der von den Wirbelringen in die Tiefe wirkende Massentransport beruhige das Meer bei Regen. Reynolds macht den Effekt sichtbar, indem er auf die Wasseroberfläche eine dünne gefärbte Flüssigkeitsschicht bringt, sodass die beim Aufprall in die Tiefe gesandten Wirbelringe als Farbringe sichtbar werden. Auf ähnliche Weise macht er auch die Wirbel sichtbar, die sich hinter einem durch Wasser bewegten Gegenstand bilden.

In solchen Experimenten entwickelt Reynolds ein Verständnis für die fundamentale Rolle der Wirbelbewegung in der Hydrodynamik. 1883 veröffentlicht er eine experimentelle Untersuchung über die Strömung in Rohren. Mit einem Siphon führt er gefärbte Flüssigkeit als dünnen Strahl in ein Glasrohr, durch das Wasser mit regulierbarer Geschwindigkeit aus einem mit Glaswänden versehenen rechteckigen Wassertank abgeleitet wird. Bei kleiner Strömungsgeschwindigkeit wird die gefärbte Flüssigkeit als ein gerader Faden mit der Wasserströmung im Rohr mitgeführt, bei größerer Strömungsgeschwindigkeit wird der Faden verwirbelt. Der Übergang von der glatten (laminaren) zur wirbeligen (turbulenten) Strömungsart erfolgt bei einer bestimmten (kritischen) Geschwindigkeit. Dabei spielen außer der Geschwindigkeit auch der Rohrdurchmesser, die Dichte und die Zähigkeit der Flüssigkeit eine Rolle. Reynolds zeigt, dass diese Größen zu einer dimensionslosen Zahl kombiniert werden können, die für den Wechsel zwischen den beiden Strömungsarten ausschlaggebend ist, die später „Reynoldszahl" genannt wird. Sie bezeichnet das Verhältnis von Trägheits- zu Reibungskraft. Der Übergang von der laminaren zur turbulenten Strömung setzt erst bei sehr großer Reynoldszahl ein, wenn die Trägheit wesentlich größer als die Reibung ist.

Die praktische Bedeutung der Reynold'schen Untersuchung ist offensichtlich, denn die Rohrreibung ist das zentrale Problem der Hydraulik. Aber, so betont Reynolds, der mit seiner Untersuchung aufgezeigte Ähnlichkeitsaspekt gilt nicht nur für die Rohrströmung. Dies wird für die gesamte Strömungsforschung im 20. Jahrhundert grundlegend. Die Reynoldszahl ist zum Beispiel für den Bau von Windkanälen eine maßgebliche Größe, denn nur wenn die Strömung um ein Flugzeug in freier Luft dieselbe Reynoldszahl aufweist wie die um ein geometrisch ähnlich geformtes kleineres Flugzeugmodell im Windkanal, kann man aus den Windkanalmessungen auf die Kräfte im freien Flug schließen.

Mindestens ebenso bedeutsam ist die mit Reynolds' Untersuchung einsetzende Erforschung der Turbulenz. Der Übergang vom laminaren in den turbulenten Strömungszustand gehört auch im 21. Jahrhundert noch zu den großen Herausforderungen der Physik.

ME

Skizze der Reynoldschen Versuchsanordnung zur Beobachtung des Turbulenzumschlags. →

Fig. 11.

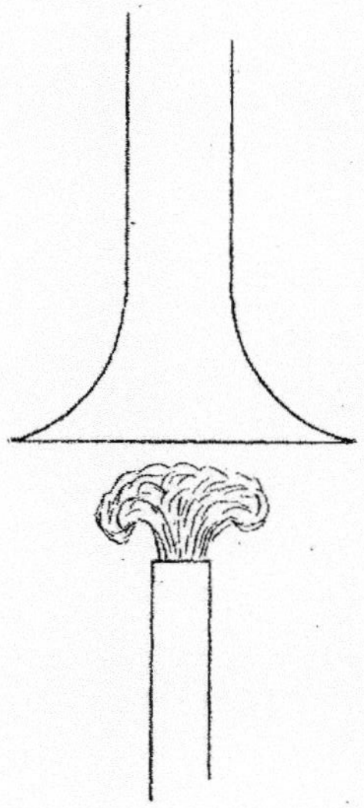

Fig. 13.

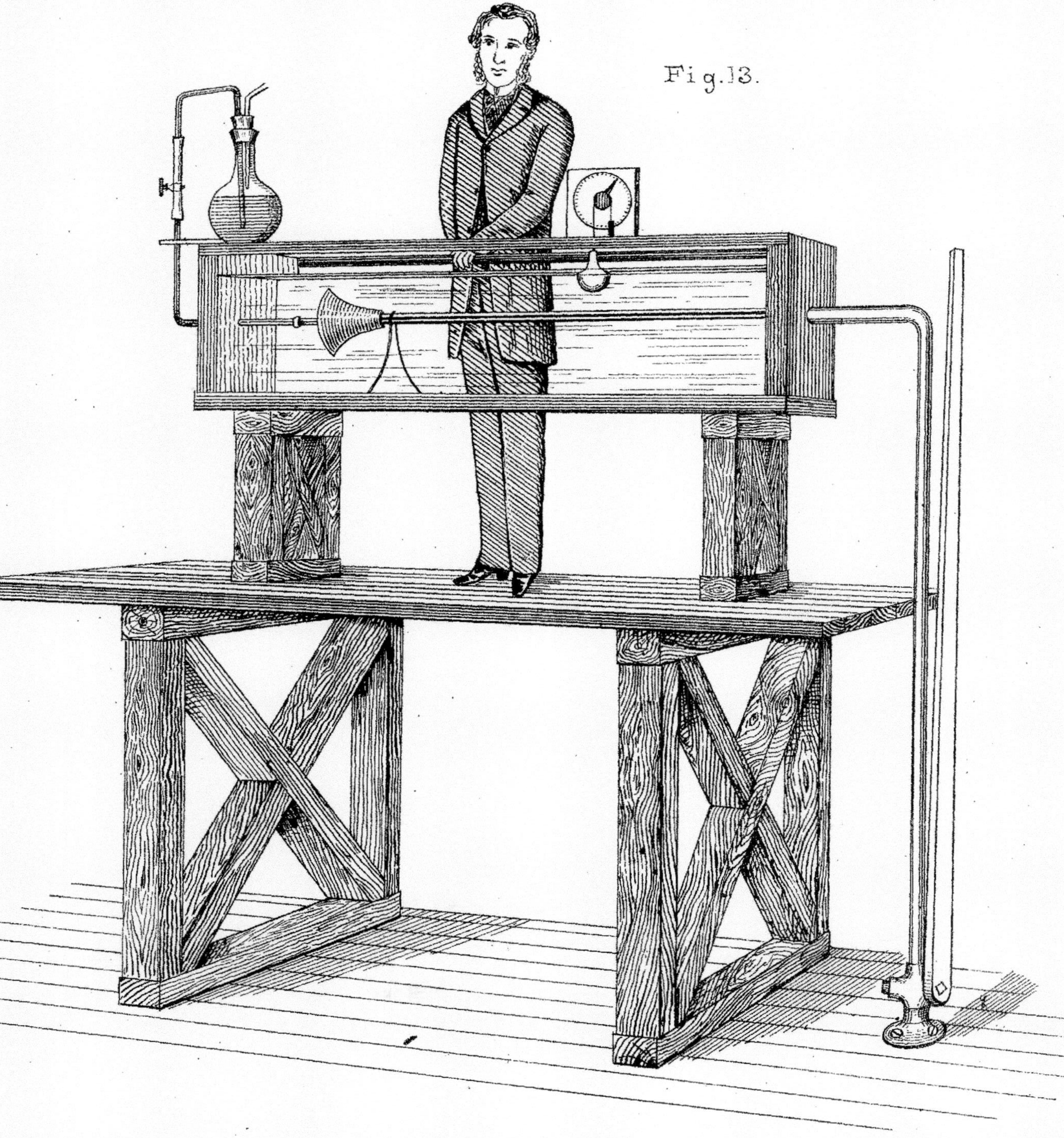

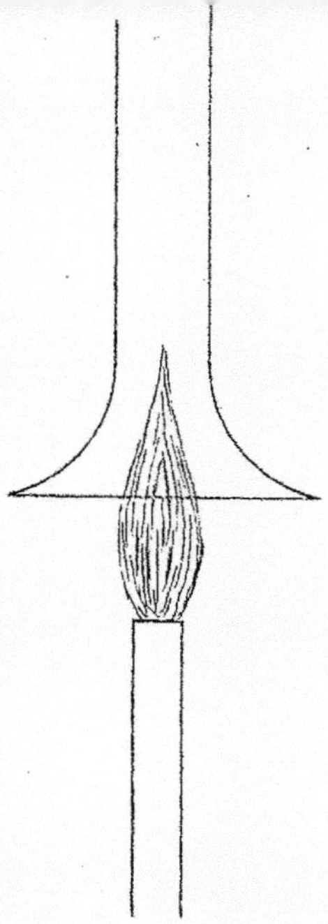

West, Newman & Cº lith.

Hertz'sche Wellen

Die von Maxwell aufgestellten Gleichungen beschreiben, wie sich elektrische und magnetische Felder im Raum verteilen. Heinrich Hertz, der in den 1880er Jahren gerade am Beginn seiner glänzenden Physikerkarriere steht, ist wie die britischen Anhänger Maxwells davon überzeugt, dass die Maxwell'schen Gleichungen alles enthalten, was man über die Vorgänge im elektrodynamischen Äther weiß. Zunächst beschäftigt er sich damit theoretisch. „Die magnetischen und elektrischen Kräfte sind jetzt miteinander vertauschbar", so stellt er nach einer mathematischen Umformung der Maxwell'schen Gleichungen fest. 1886 beginnt er, die Ausbreitung elektrodynamischer Erscheinungen experimentell zu erforschen. Er ist gerade Physikprofessor am Polytechnikum in Karlsruhe geworden und nutzt die dort vorhandenen Apparate, um sich auch als Experimentalphysiker einen Namen zu machen.

Mit einem so genannten „Ruhmkorff" – das ist im Wesentlichen eine Induktionsspule zur Erzeugung von Impulsen hoher elektrischer Spannung – erzeugt er in einem 3 m langen, in der Mitte unterbrochenen Kupferdraht Funken. Die äußeren Drahtenden versieht Hertz mit großen Messingkugeln, die inneren mit kleinen. Zwischen den inneren Messingkugeln springen Funken über, wenn der „Ruhmkorff" angeschlossen ist. Mit einem zweiten, ebenfalls in der Mitte unterbrochenen Draht untersucht Hertz die Induktionswirkungen, die von den Funken des ersten Drahtes ausgehen und sich auch darin als Funken zwischen den inneren Messingkugeln zeigen. Damit verfügt Hertz über einen Sender und einen Empfänger von elektromagnetischen Induktionswirkungen. Er habe „noch in einer Entfernung von 2 m seitlich von der induzierenden Bahn Funken erhalten", schreibt er an seinen ehemaligen Doktorvater Helmholtz. „Es ist mir auch, wie ich glaube, gelungen, in einem einfachen Drahtsystem stehende Schwingungen mit zwei Schwingungsknoten zu erregen."

Im Nachhinein hat es den Anschein, als ob Hertz mit diesen Versuchen elektromagnetische Wellen nachweisen will. Aber er spricht vorerst nur von „Wirkungen", die von den Funken im Sender auf den Empfänger ausgehen. Bei den anschließenden Experimenten schreitet Hertz mit einem auf einen Holzrahmen gespannten Empfänger die durch das ganze Laboratorium gespannten Drähte ab, um anhand der Funken im Empfänger die Orte maximaler elektrischer Erregung aufzufinden. Aus dem Abstand dieser Schwingungsbäuche erhält er die Wellenlänge, und kann daraus die Geschwindigkeit berechnen, mit der sich die Erregungen im Draht ausbreiteten. Da sich diese auch in der Umgebung des Drahtes ausbreiten, kommt es an verschiedenen Stellen im Laboratorium zu Schwingungsbäuchen und -knoten, so dass Hertz auch die Ausbreitungsgeschwindigkeit im Luftraum ermitteln kann. „Versuche, Interferenzen zwischen den direkten und den durch Drähte fortgeleiteten Wirkungen herzustellen, gelingen", notiert er am 10. November 1887 in seinem Tagebuch.

Am 19. März 1888 kündigt Hertz in einem Brief an Helmholtz eine weitere Versuchsreihe an. Jetzt spricht er von „elektrodynamischen Wellen", und was er in den folgenden Monaten dabei feststellt, bestätigt die theoretisch in den Maxwell'schen Gleichungen zum Ausdruck kommende Ähnlichkeit dieser Wellen mit Licht. Hertz kann seine unsichtbaren Strahlen an einem metallenen Hohlspiegel reflektieren und bündeln. Für Brechungsversuche benutzt er ein Prisma aus Pech. Mit seiner abschließenden Abhandlung „Über Strahlen elektrischer Kraft" geht er als Entdecker der elektromagnetischen Wellen in die Geschichte ein.

ME

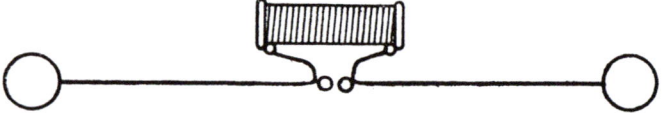

Der Hertzsche Sender besteht aus einer Spule zur Funkenerzeugung und einem in der Mitte unterbrochenen Draht als Antenne.

Hertz verwendet ein parabolisch gebogenes Blech als Hohlspiegel für elektromagnetische Wellen. →

AUFBRUCH INS INNERE
DER MATERIE

AUFBRUCH INS INNERE DER MATERIE

Mit der Entdeckung der Röntgenstrahlen und der Radioaktivität beginnt für die Physik ein neues Zeitalter. Die neuen Strahlen kommen aus dem noch gänzlich unerforschten Innersten der Materie. Auch die Kathodenstrahlen werden als mikroskopische Korpuskel identifiziert, die man bald Elektronen nennt. Die Existenz von Atomen gilt im ausgehenden 19. Jahrhundert noch als eine zwar höchst plausible, aber unbewiesene Hypothese. Einsteins Theorie der Brown'schen Bewegung, die Beugung von Röntgenstrahlen an Kristallen und andere Entdeckungen sorgen aber bald für Klarheit. Rutherfords Streuversuche zeigen zudem, dass es im Atominneren einen Kern gibt, der noch einmal mehrere tausendmal winziger ist als die ihn umschließende Atomhülle.

Gleichzeitig gelangen die theoretischen Physiker zu der Erkenntnis, dass in der Welt der kleinsten Teilchen neue Naturgesetze gelten. Das Bohr'sche Atommodell ordnet den Elektronen in der Atomhülle Quantenzustände zu: Anders als Planeten können sie nicht in beliebigem Abstand um ihr Zentrum kreisen, die Elektronenbahnen sind durch Quantenregeln auf bestimmte Abstände vom Atomkern fixiert. Spektrallinien werden als Übergänge zwischen solchen Bahnen erkannt. Die Spektren der Atome erweisen sich als Schlüssel für den Aufbau der Atomhülle. In den 1920er Jahren führt die Quantenmechanik zu einem neuen Verständnis vom Mikrokosmos der Atome. Es führt zu Paradoxien, wenn man es mit der Alltagserfahrung unserer makroskopischen Welt vergleicht, erklärt aber neue Phänomene wie die Elektronenbeugung und andere sonst unverständliche Erscheinungen von der Chemie bis zur Kernphysik.

Auch in das Innere des Atomkerns dringen die Physiker vor. Das Werkzeug dafür sind geladene Teilchen, die auf eine Zielsubstanz geschossen werden und in den Atomkernen Reaktionen auslösen. Dazu werden Beschleuniger entwickelt, die den Teilchen die für das Eindringen in den Atomkern nötige Energie verleihen. In England beschießen 1930 John Cockcroft und Ernest Walton mit der nach ihnen benannten Hochspannungsapparatur Lithium mit Protonen – und erhalten als Reaktionsprodukte Helium, was sich nicht anders erklären lässt als mit der Spaltung des Lithiumkerns in zwei Heliumkerne. Danach werden in vielen Ländern Anlagen zur „Atomzertrümmerung" geplant und gebaut. Das amerikanische Magazin *Popular Science* zeigt in seiner Oktoberausgabe des Jahres 1937 auf dem Titelblatt eine künstlerische Darstellung des größten „atom smasher" der Welt, der in Deutschland am Kaiser-Wilhelm-Institut für Physik in einem 20 Meter hohen Rundbau gerade in Betrieb geht. „Zwei Türme von riesenhaften Elektroden, die mehr als 50 Fuß in die Höhe ragen, bilden die Lücke, über die gigantische menschengemachte Blitzschläge von mehr als 3 Millionen Volt Elektrizität freigesetzt werden", so bringt das Magazin seinen Lesern diese Apparatur nahe. In der Sprache der Physiker handelt es sich um einen Cockcroft-Walton-Beschleuniger für die Erforschung von Kernumwandlungen.

Solche Beschleuniger-Apparaturen nehmen immer größere Ausmaße an und machen die Kernphysik schon vor dem Zweiten Weltkrieg zur „Big Science". Aber es bedarf nicht immer eines monströsen Zyklotrons oder einer turmhohen Hochspannungsanlage, um den Atomkern zu erforschen. Die kosmische Strahlung aus dem All liefert Teilchengeschosse von extrem hoher Energie frei Haus. Sie lassen sich allerdings nur in großer Höhe für kernphysikalische Experimente nutzen, da sie in der Lufthülle absorbiert werden. Das macht hohe Berge wie das Jungfraujoch in den Schweizer Alpen und den Pic du Midi in den französischen Pyrenäen zu attraktiven Standorten für Kern- und Elementarteilchenphysiker. Der Aufbruch ins Innere der Materie verläuft auf sehr unterschiedlichen Wegen.

ME

← Das „Atomium" in Brüssel – Mikrostruktur eines Eisenkristalls. Es wurde als Symbol des Atomzeitalters 1958 für die Brüsseler Weltausstellung errichtet.

Mit solchen Hochspannungsanlagen werden Elektronen und Ionen beschleunigt, um sie auf Atome zu schießen und dort Kernreaktionen auszulösen. →

Die Entdeckung der Röntgenstrahlen

Die Entdeckung der Röntgenstrahlen sorgt wie kaum ein anderes Ereignis in der Physik des 19. Jahrhunderts für Furore. „Eine sensationelle Entdeckung", betitelt die Frankfurter Zeitung am 7. Januar 1896 einen Artikel über die unsichtbaren Strahlen, die Wilhelm Conrad Röntgen in seinem Physiklabor an der Universität Würzburg einige Wochen zuvor gefunden hatte. Im Unterschied zu gewöhnlichem Licht können diese Strahlen „Holzstoffe, organische Stoffe und dergleichen undurchsichtige Körper" durchdringen und darin verborgene Gegenstände sichtbar machen. Die Strahlen gehen auch durch die „Weichteile des menschlichen Körpers", so kündigt die Zeitung die Bedeutung dieser Entdeckung für die Medizin an. Röntgen habe mit seinen Strahlen die „Abbildung einer menschlichen Hand" erzeugt, „um deren Finger die Ringe frei zu schweben scheinen."

Röntgen verwendet für seine Entdeckung zwei Utensilien, mit denen man in den 1890er Jahren in physikalischen Instituten gerne experimentiert: Einen so genannten „Ruhmkorff", das ist ein Transformator zum Erzeugen hoher elektrischer Spannungen; und eine Gasentladungsröhre. Einen Ruhmkorff-Apparat benutzt im Jahr 1888 auch Heinrich Hertz, als er mit den damit erzeugten Entladungsfunken „Strahlen elektrischer Kraft" entdeckt. Gasentladungsröhren wurden seit Mitte des 19. Jahrhunderts in vielen Varianten hergestellt und nach ihren Erfindern (William Crookes, Johann Wilhelm Hittorf, etc.) benannt. Schon 1858 wurden in solchen Röhren leuchtende Strahlen entdeckt, die man Kathodenstrahlen nannte. Hertz' Assistent Philipp Lenard hatte 1892 eine Röhre entwickelt, bei der die Kathodenstrahlen durch eine dünne Metallfolie aus der Entladungsröhre ins Freie gelangten („Lenard-Fenster"), wo man leichter damit experimentieren konnte. Als Röntgen mit solchen Röhren im Herbst 1895 erste Versuche durchführt und in seinem abgedunkelten Labor den Fluoreszenzschirm an einer Stelle aufleuchten sieht, obwohl er auch die Röhre lichtdicht abgedeckt hat, wird ihm klar, dass „von der Wand des Entladungsapparates" ein unsichtbares „Agens", so Röntgen in seiner ersten Veröffentlichung, ausgehen muss.

„Läßt man durch eine Hittorf'sche Vacuumröhre, oder einen genügend evacuierten Lenard'schen, Crookes'schen oder ähnlichen Apparat die Entladungen eines grösseren Ruhmkorff's gehen", leitet Röntgen am 28. Dezember 1895 die Veröffentlichung seiner Entdeckung ein, „so sieht man in dem vollständig verdunkelten Zimmer einen in die Nähe des Apparates gebrachten, mit Bariumplatincyanür angestrichenen Papierschirm bei jeder Entladung hell aufleuchten".

In Deutschland nennt man diesen unsichtbaren Stoff „Röntgenstrahlen" – entgegen Röntgens eigenen Vorschlag, der lieber von X-Strahlen spricht (im Englischen heißen seine Strahlen bis heute X-rays). Ihre physikalische Natur bleibt nach der Entdeckung noch viele Jahre lang rätselhaft. Erst 1912 zeigen Beugungserscheinungen an Kristallen, dass es sich bei den Röntgenstrahlen um elektromagnetische Wellen handelt – eine Art Licht, aber mit einer tausendmal kürzeren Wellenlänge.

ME

Schema einer Röntgenaufnahme: Die Spule (links) erzeugt eine hohe Spannung für den Betrieb der Röntgenröhre (oben), deren Strahlung den Schatten der Handknochen auf einer darunter angebrachten Fotoplatte sichtbar macht.

In dieser Röntgenaufnahme einer Hand aus dem Jahr 1896 wird außer dem Ring am Ringfinger auch die abgebrochene Spitze einer in den Zeigefinger eingedrungenen Nadel sichtbar. →

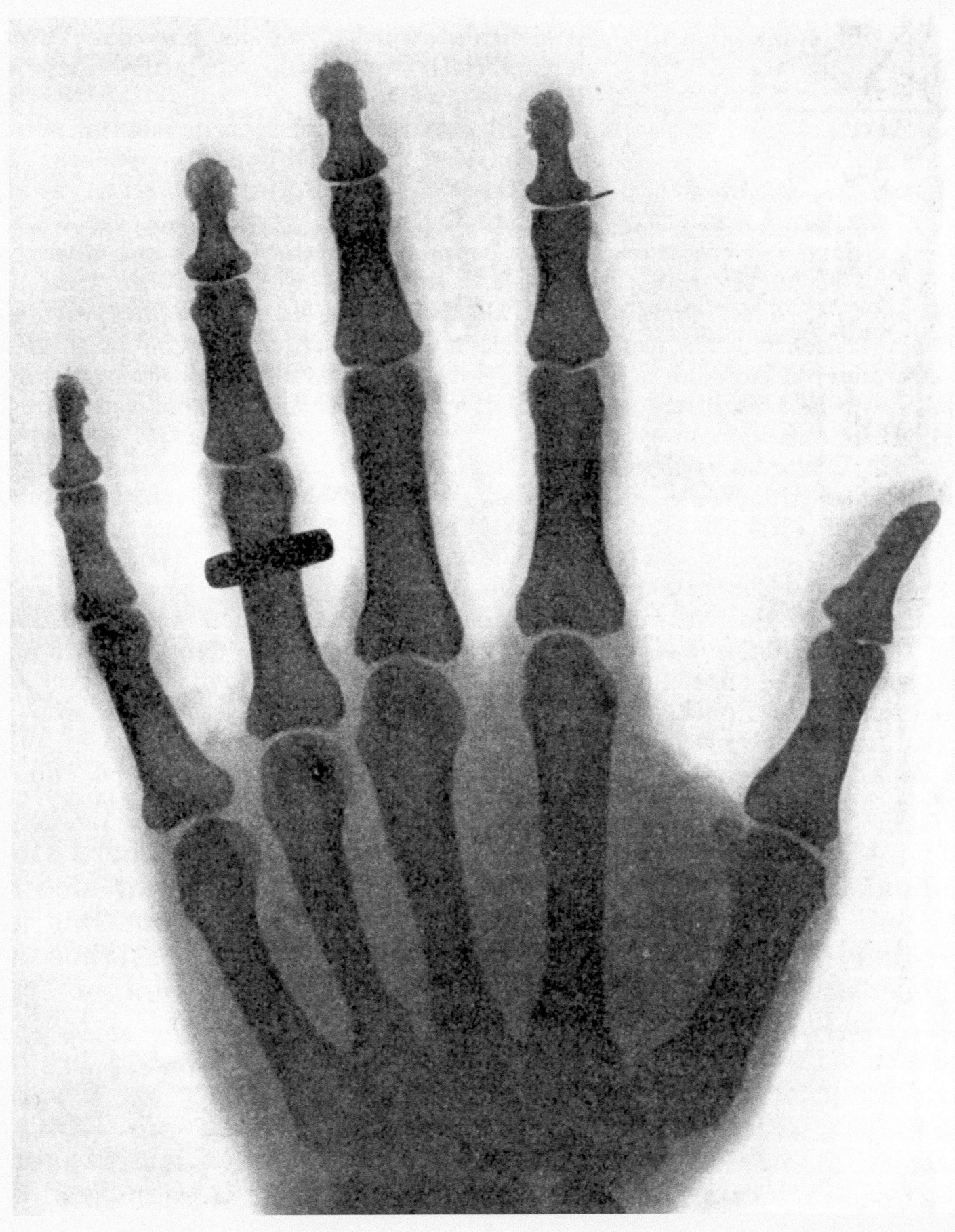

Radioaktivität – Strahlung aus Atomkernen

Schon im Januar 1896 berichtet der Mathematiker und Physiker Henri Poincaré auf einer Sitzung der Pariser Akademie der Wissenschaft von der Entdeckung der Röntgenstrahlen und zeigt einige Aufnahmen, die er von Röntgen erhalten hat. Poincaré und der Physiker Antoine-Henri Becquerel überlegen, ob Röntgens X-Strahlen vielleicht von der grünen Fluoreszenzstelle des Glases der Geißlerröhre ausgehen. Becquerel untersucht sofort, ob auch seine – nach Sonnenlichtbestrahlung – fluoreszierenden Uransalze Fotoplatten schwärzen können. In der Tat, das tun sie. Am 1. März 1896 allerdings entwickelt er Fotoschichten, die zusammen mit einer Uransalzplatte lichtgeschützt in einer Schublade lagen. Auch sie sind geschwärzt. Sonnenlicht kann also nicht die Ursache dieser unbekannten Strahlen sein. Man nennt sie zunächst Uran- oder Becquerelstrahlen. Becquerel untersucht sie eingehend und stellt fest, dass sie alle Körper – nicht nur Papier – durchdringen, dass sie elektrisierte Körper entladen usw. Doch dann lässt er das Problem liegen.

Im Herbst 1897 greift die polnische, nun in Frankreich lebende Forscherin Marie Sklodowska, verheiratet mit Pierre Curie, das Thema für ihre Dissertation auf. Sie sucht nach weiteren Substanzen, die solche Strahlen aussenden. Und in der Tat, sie findet das Element Thorium (fast gleichzeitig mit dem Deutschen Gerhard Carl Schmidt). Das Uranmineral Pechblende aus Böhmen strahlt sogar stärker als es sein Urangehalt eigentlich zulassen sollte. Marie und Pierre extrahieren daraus Polonium, wie sie es nennen. Es ist rund hundertmal stärker „radioaktiv" als Uran. Bald darauf entdecken sie Radium. Inzwischen erkennen andere Forscher, dass die radioaktive Strahlung aus verschiedenen Komponenten besteht: aus α-, β- und γ-Strahlung. Die Strahlen können Materie unterschiedlich stark durchdringen und werden auch unterschiedlich stark bis gar nicht magnetisch abgelenkt. Bald darauf werden die β-Strahlen als Elektronen identifiziert, die α-Strahlen als positiv geladene Heliumionen. Im Labor von Joseph John Thomson in Cambridge klärt dessen Schüler Ernest Rutherford das neue Gebiet weiter auf. Die Abnahme der Intensität der Radioaktivität mit der Zeit wird untersucht (den Begriff der Halbwertszeit prägt Pierre Curie 1903). Es müssen atomare Umwandlungen stattfinden, d. h. neue Elemente entstehen. 1911 sind bereits 30 Radioelemente entdeckt, die in 3 verschiedene Zerfallsreihen passen.

Den dritten Nobelpreis für Physik überhaupt teilen sich im Jahr 1903 Becquerel und das Ehepaar Curie. Für weitere Forschungen erhalten 1908 Ernest Rutherford und 1911 Marie Curie – ein ganz ungewöhnlicher Schritt – Nobelpreise für Chemie.

JT

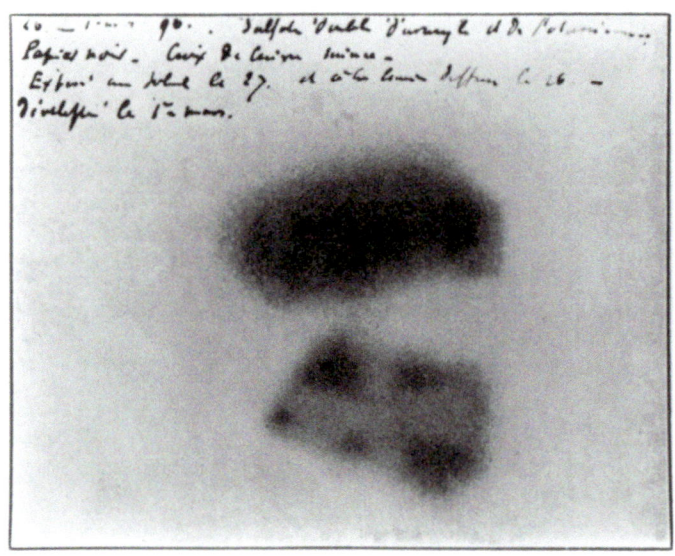

Antoine-Henri Becquerel 1896, Uranstrahlen schwärzen eine Fotoplatte.

Apparat (1907) zur Messung der Radioaktivität nach Curie. Rechts: Piezoelektrischer Apparat, in dem eine elektrische Spannung durch mechanische Belastung eines Quarzkristalls erzeugt wird. Mitte: Plattenkondensator, in dessen Luftzwischenraum radioaktive Proben eingebracht wurden. Links: Elektrometer zur Messung der Veränderung der Ladung auf den Kondensatorplatten. →

Die Entdeckung des Elektrons

Im Jahr 1855 berichtet der Mechaniker Heinrich Geißler über seine neuartige Luftpumpe. Geißler ersetzt den Metallkolben mit Lederdichtung, der seit Otto von Guerickes Versuchen nur eine bescheidene Luftverdünnung erlaubte, durch Quecksilber, das in einer Glasröhren-Kombination auf und ab geschoben wird.

Die Physiker, die sich auf diese Erfindung stürzen, wie Geißlers Mentor und wissenschaftlicher Kollege Julius Plücker, machen bald überraschende Entdeckungen. Glasröhren, die damit luftverdünnt gepumpt werden, zeigen bunte Leuchterscheinungen im Inneren, sofern an den Metallzuführungen darin eine hohe elektrische Spannung von Tausenden von Volt angelegt wird. Teile dieser Leuchterscheinungen lassen sich sogar mit einem Magneten zur Glaswand abbiegen. Pumpt man stärker aus, verschwinden die meisten Leuchterscheinungen, dafür wird ein dünner bläulicher Leuchtstrahl sichtbar, der sich von der negativen Metallzuführung, der Kathode, zur positiven Anode erstreckt. Bald nennt man diese Erscheinung Kathodenstrahlen. In weiteren Jahren bis 1880 erkennt man: Unabhängig vom Material der Kathode gehen die Strahlen im Allgemeinen senkrecht und geradlinig von der Kathode aus, lassen Glas fluoreszieren und erwärmen es stark. Sie lassen sich in Magnetfeldern wie ein dünner Stromfaden beeinflussen und sie zeigen auch chemische Wirkungen

Zunächst jedoch findet man keine Ablenkung durch elektrische Felder, etwa durch Kondensatoren, die man außen an die Glasröhren anlegt. Englische Forscher glauben dennoch an Teilchen – von atomarer Größe. William Crookes kann sogar kleine Rädchen in seinen Glasröhren durch Kathodenstrahlen zum Laufen bringen. Der deutsche Forscher Philipp Lenard findet um 1892, dass solche Kathodenstrahlen aus der Glasröhre durch ein sehr dünnes Metallfensterchen (von weniger als 3/1000 mm Dicke) herausschießen können. Er sieht sie bis zu einigen Zentimetern in sein dunkles Labor hineinleuchten. Wie können atomare Teilchen die immer noch vielen Schichten einer festen Metallfolie durchdringen? Für Lenard können es nur Wellen sein. Zwar hat schon Eugen Goldstein, ein weiterer deutscher Physiker1880 entdeckt, dass diese Strahlen durch elektrische Felder im Inneren der Röhre abgelenkt werden (er bleibt aber Wellenverfechter), doch erst der Brite Joseph John Thomson beweist 1897 durch eindrucksvolle Experimente und theoretische Konzepte, dass diese Strahlen wirklich aus – negativ geladenen – Teilchen bestehen müssen, allerdings etwa 800–1000-mal kleiner als das kleinste Atom, das Wasserstoffatom. Bald bürgert sich der Name Elektronen ein.

Thomsons Erfolg basiert auf geschickter Kombination von elektrostatischer und magnetischer Ablenkung der Strahlen (daraus entwickeln sich Oszillograf und Fernsehröhre). Doch den genauesten Wert Masse/Ladung des Teilchens liefert kurz vor ihm der deutscher Physiker Emil Wiechert mit einer besonders eleganten Messung der Geschwindigkeit: Er vergleicht sie mit der Frequenz eines elektromagnetischen Schwingkreises. Thomsons Atomtheorie jedoch hilft dem Briten zum größten Nachruhm: Seine Elektronen rotieren in Kugelschalen im positiven Atomraum – ähnlich Rosinen in einem Rosinenkuchen. Dazu experimentiert er mit mit vielen kleinen schwimmenden Magneten als Modellelektronen, die sich um ein Magnetfeld regelmäßig anordnen.

Der Amerikaner Robert Andrews Millikan bestimmt 1910 die Ladung eines Elektrons endgültig getrennt von seiner Masse, und bestätigt sie als kleinstmögliche Elementarladung: In seinen Experimenten tragen die Öltröpfchen immer nur ganzzahlige Vielfache dieser Ladung.

JT

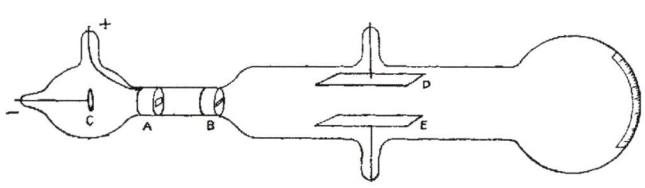

Die elektrostatische Ablenkung (D, E) in der Elektronenröhre J.J.Thomsons.

Die bunte Welt der Geißler'schen Entladungsröhren. →

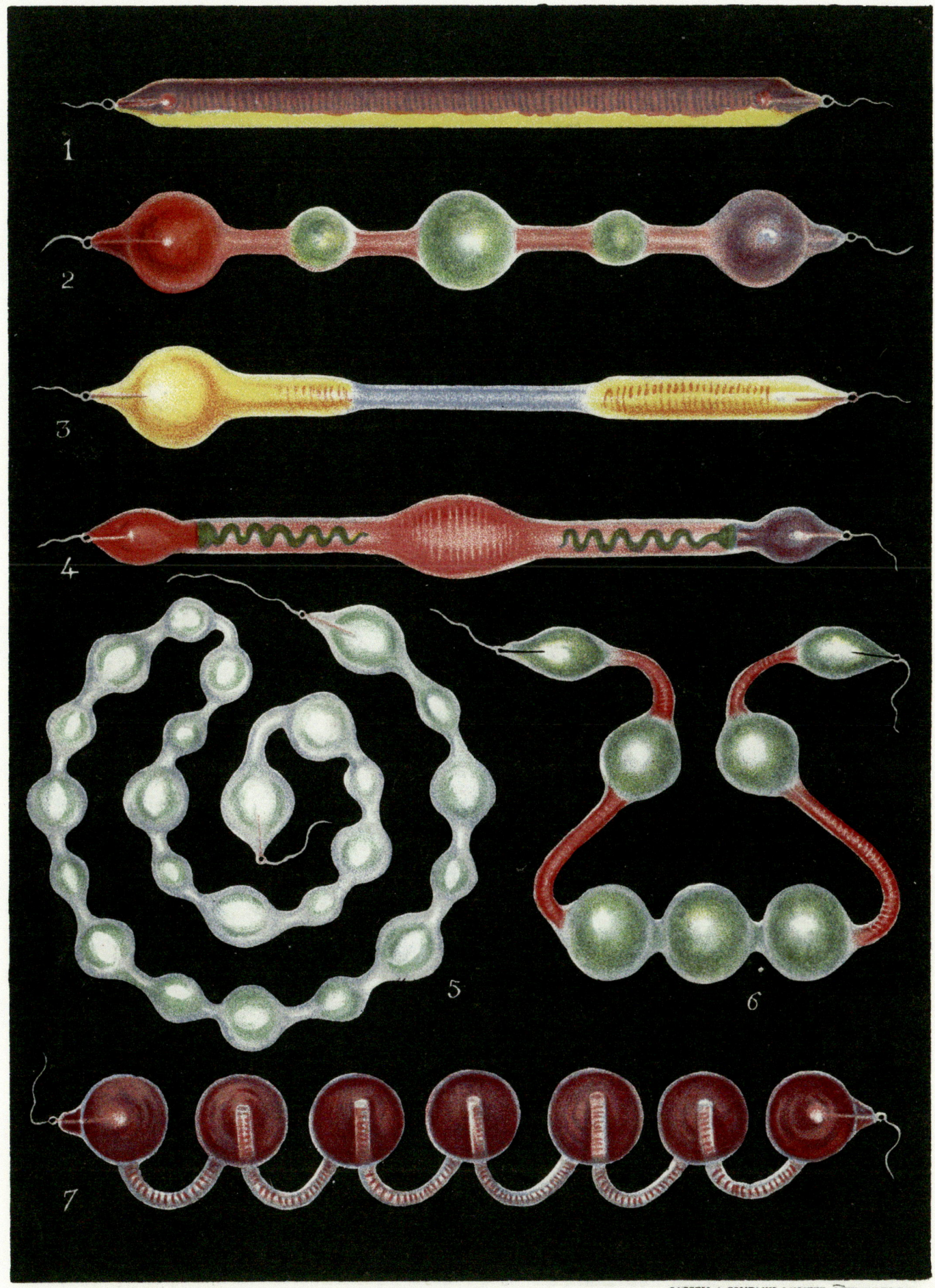

ELECTRIC DISCHARGES IN RAREFIED GASES.

1, Vacuum Tube showing Fluorescence of Sulphuret of Calcium ; 4, Vacuum Tube showing Nitrogen Vacuum (Spirals of Uranium Glass) ; 7, Vacuum Tube showing Hydrogen ; 2, 3, 5, 6, Vacuum Tube showing Geissler Tubes.

CASSELL & COMPANY, LIMITED, LITH, LONDON.

Das Planck'sche Strahlungsgesetz und der Beginn der Quantenphysik

Die Quantenphysik hat zwei Geburtsstätten: Max Plancks Arbeitszimmer und das Laboratorium für Optik in der Physikalisch-Technischen Reichsanstalt in Berlin-Charlottenburg. Als Geburtstag gilt der 14. Dezember 1900. An diesem Tag präsentiert Max Planck der Physikalischen Gesellschaft in Berlin das Ergebnis seiner Jahrelangen Bemühungen um die Theorie der Wärmestrahlung: eine Formel für die Strahlungsenergie in Abhängigkeit von der Wellenlänge und der Temperatur der von einem heißen Gegenstand ausgehenden Wärmestrahlung. In diesem Strahlungsgesetz taucht eine Naturkonstante auf, die man später als „Planck'sches Wirkungsquantum" bezeichnet.

Die Gründung der Quantentheorie durch einen theoretischen Physiker erscheint nicht ungewöhnlich. Aber was macht die Physikalisch-Technische Reichsanstalt (PTR) zu einer Geburtsstätte der Quantenphysik? An der Schwelle zum 20. Jahrhundert werden neue Leuchtmittel entwickelt. Die PTR ist auf der Suche nach einem Standard, um für verschiedene Glühfäden die Lichtausbeute vergleichen zu können. Dafür benutzt man ein 1896 von Wilhelm Wien aufgestelltes Strahlungsgesetz, das für die meisten glühenden Körper die Verteilung der Strahlungsenergie auf die verschiedenen Wellenlängen gut wiedergibt. Doch man ist sich über den Gültigkeitsbereich des Wien'schen Gesetzes nicht sicher. Zur genaueren Prüfung entwickeln die PTR-Physiker einen so genannten Schwarzen Strahler, einen Körper, der die auf seine Oberfläche fallende Strahlung vollständig absorbiert. Die von einem solchen Körper ausgehende Wärmestrahlung ist unabhängig vom Material und nur von der Temperatur abhängig. Die Strahlung aus einem Loch in einem Ofen kommt diesem Ideal sehr nahe. Man nennt diese Strahlung deshalb auch Hohlraumstrahlung.

Das Gesetz der Hohlraumstrahlung liefert den Maßstab für den Vergleich verschiedener Strahlungsquellen. Im Jahr 1900 erreicht die Strahlungsforschung in der PTR einen Höhepunkt, als es mit einem neu konstruierten Ofen und Präzisionsapparaten für die Strahlungsmessung gelingt, Hohlraumstrahlung bei immer höheren Temperaturen zu erzeugen und ihre Verteilung auf die verschiedenen Wellenlängen des elektromagnetischen Strahlungsspektrums zu messen. Jetzt zeigen sich bei großen Wellenlängen Abweichungen vom Wien'schen Strahlungsgesetz.

Am 7. Oktober 1900 erfährt Planck von den neuen Messergebnissen. Er hatte es sich in den Jahren zuvor zur Aufgabe gemacht, das Wien'sche Strahlungsgesetz auf eine solide theoretische Grundlage zu stellen, so dass man für einige Zeit auch vom Wien-Planck'schen Strahlungsgesetz sprach. Angesichts der experimentell festgestellten Abweichungen verliert die Wien'sche Formel nun für Planck aber ihre Rolle als Richtschnur für seine theoretischen Überlegungen. Er stellt eine neue Formel auf, die ihm besser zu den Daten zu passen scheint – und bekommt aus der PTR die Bestätigung, dass sein Strahlungsgesetz mit den gemessenen Werten ausgezeichnet übereinstimmt. Bei der Ableitung seiner Formel muss Planck allerdings von Annahmen Gebrauch machen, die erst im Nachhinein als das erste Auftreten von quantenhaften, also in Sprüngen und nicht in kontinuierlich ablaufenden Vorgängen interpretiert werden. Bis heute streiten sich die Physikhistoriker darüber, ob Planck die Quantennatur als physikalische Realität betrachtet hat, oder ob sie ihm nur als Rechenschema diente. Unabhängig davon markiert das in seiner Strahlungsformel erstmals auftauchende Planck'sche Wirkungsquantum den Beginn eines neuen Zeitalters in der Physik.

ME

Zur experimentellen Bestimmung des Strahlungsgesetzes im optischen Laboratorium der PTR werden besondere Öfen als Quelle für die Wärmestrahlung (A), sogenannte Bolometer (B) als Messgeräte zur Helligkeitsbestimmung, und andere Präzisionsapparaturen eingesetzt. →

Einstein und die spezielle Relativitätstheorie

Es ist wohl die berühmteste Gleichung der Welt: $E = m \times c^2$. Sie illustriert Albert Einsteins Genie und gilt als der mächtigste Ausdruck dafür, dass sich hinter theoretischer Naturerkenntnis mehr verbirgt als bloßes Manipulieren von Formeln. Die Bedeutung von $E = m \times c^2$ wird auch mit Bildern von Atombombenexplosionen veranschaulicht, weil diese Gleichung besagt, dass Masse (m) einer unvorstellbar großen Energie (E) entspricht (c bedeutet die Lichtgeschwindigkeit). Ein Zahlenbeispiel: Die Masse eines Kleinwagens von 800 kg entspricht einer Energie von $800 \times 300{,}000{,}000 \times 300{,}000{,}000$ kg m²/s² $= 7{,}2 \times 10^{20}$ Joule. Diese Energie würde ausreichen, um das Wasser in allen Weltmeeren zu verdampfen.

Wie ist Einstein auf eine so absurd anmutende Gleichung gekommen? Um 1900 wird die Massenveränderlichkeit bei Bewegung bei den kleinsten Teilchen, den Elektronen, in theoretischen Modellen studiert. Wenn ein Elektron beschleunigt wird, strahlt es elektromagnetische Wellen ab. Das Elektron erfährt durch elektromagnetische Felder Kräfte, die seiner Bewegung einen Widerstand entgegen setzen. Das nährt die Vorstellung, dass auch die Elektronenmasse, die nach Newtons Gesetz „Kraft = Masse mal Beschleunigung" als Trägheit in Erscheinung tritt, letztendlich elektromagnetischer Natur ist. Kommt dem Elektron nur eine scheinbare Masse zu, die von seinem Bewegungszustand abhängt? Es ist kein Zufall, dass wenige Jahre nach der Entdeckung des Elektrons das Zusammenspiel von Elektron und elektromagnetischem Feld zu einem Paradethema an der Forschungsfront der theoretischen Physik wird. Einige Physiker weiten die Elektronentheorien zu einem elektrodynamischen Weltbild aus. Dabei wird auch klar, dass der Lichtgeschwindigkeit eine besondere Rolle zukommt. Hendrik Antoon Lorentz leitet zum Beispiel Formeln ab, wonach sich für ein schnell bewegtes Elektron nicht nur die Masse, sondern auch die Maßstäbe für die Länge und die Zeit verändern.

Auch für Einstein ist die Elektrodynamik zunächst der Ausgangspunkt seiner Überlegungen. Die Arbeit, in der er 1905 die Spezielle Relativitätstheorie begründet, trägt den Titel „Zur Elektrodynamik bewegter Körper". Aber sie greift viel weiter als die Elektronentheorien seiner Kollegen. Einsteins Formeln beziehen sich nicht nur auf Elektronen. Sie stimmen aber zum Teil mit denen aus der Elektronentheorie überein, so dass man auch heute noch zum Beispiel von „Lorentz-Kontraktion" spricht, wenn man die in der Relativitätstheorie begründete Maßstabsverkürzung bei Annäherung an die Lichtgeschwindigkeit betrachtet. Aber Einstein deutet noch im gleichen Jahr 1905 als eine weitere Konsequenz seiner Theorie die allgemeine Masse-Energie-Äquivalenz an. Einstein schreibt: „Gibt ein Körper die Energie E in Form von Strahlung ab, so verkleinert sich seine Masse um E/c^2. Der „Körper" muss kein Elektron sein. Einsteins Theorie besagt, dass zum Beispiel ein strahlendes Radiumsalz Masse verliert. Der „Satz von der Konstanz der Masse", so Einstein ein Jahr später, sei ein „Spezialfall des Energieprinzips". 1907 nennt er in einem zusammenfassenden Artikel seiner Theorie die Energie-Masse-Äquivalenz ein „Resultat von außerordentlicher theoretischer Wichtigkeit".

Es dauert nicht lange, bis zumindest die maßgeblichen Autoritäten der theoretischen Physik von der „Relativtheorie" – wie manche sie jetzt nennen – überzeugt sind. Die von Einstein (und Lorentz) vorhergesagte Abhängigkeit der Masse von der Geschwindigkeit gilt spätestens 1908 als gesichert. Die überzeugendsten experimentellen Beweise finden sich aber erst später in der Kernphysik, wo man ohne die Formel $E = m \times c^2$ den bei Kernumwandlungen beobachteten „Massendefekt" nicht verstehen würde, und in den kosmischen Strahlen, die in der Erdatmosphäre extrem kurzlebige Teilchenschauer erzeugen, die ohne die relativistische Zeitdehnung gar nicht die Nachweisinstrumente auf der Erdoberfläche erreichen könnten.

ME

Einsteins Theorie der Brown'schen Bewegung – Nachweis für Atome

Wie kann man aus der Zitterbewegung kleiner Teilchen in einem Wassertropfen unter dem Mikroskop die Existenz von Atomen herauslesen? Als der Botaniker Robert Brown 1828 diese zuckende Bewegung an Pollen feststellt, hält er sie zuerst für eine Eigenbewegung der Pollen, ähnlich der von Spermien. Aber er findet dieses Zittern auch bei zermahlenem Glasstaub und Rauchteilchen. Eine biologische Ursache kommt nicht in Frage. Die kinetische Gastheorie beschreibt die Wärmebewegung der Gasmoleküle – sollte diese Theorie nicht auch in der Lage sein, die Brown'sche Bewegung zu beschreiben? Die Molekülstöße, mit denen die Physiker in der kinetischen Gastheorie rechnen, sind aber Stöße unter gleich großen Teilchen. Die bei der Brown'schen Bewegung beobachteten hin- und her zitternden Teilchen sind Millionen Mal größer als Moleküle. Bei einem elastischen Zusammenprall mit einem Molekül, so kann man aus dem Massenverhältnis schließen, ändert sich die Geschwindigkeit des im Mikroskop sichtbaren Teilchens nur um wenige Tausendstel Millimeter pro Sekunde.

Berechnungen einzelner Stöße führen aber nicht weiter. Die Theorie der Brown'schen Bewegung erfordert über die kinetische Wärmetheorie hinaus noch Annahmen über die Vorgänge in Flüssigkeiten und Gasen. Einstein kombiniert Kenntnisse aus der physikalischen Chemie mit der statistischen Mechanik und gelangt zu einem Ausdruck für die mittlere Wegstrecke, die ein Teilchen in einem Zeitintervall durch Diffusion, das heißt nach sehr vielen Zusammenstößen mit Molekülen, zurücklegt. Die bei einem einzelnen Molekülstoß stattfindende momentane Geschwindigkeitsänderung ist nicht Gegenstand der Theorie, sondern nur die *mittlere* Wegstrecke, die das Teilchen bei der Brown'schen Bewegung in einem gegebenen Zeitintervall zurücklegt. Einsteins Vorhersage lautet: Diese Wegstrecke ist proportional zur Wurzel aus der Zeitdauer.

Die experimentelle Überprüfung der Theorie läuft also darauf hinaus, die Position individueller Teilchen in regelmäßigen Zeitabständen zu markieren und aus vielen Wegstrecken den Mittelwert zu bilden. Dies ist angesichts der Zitterbewegung vieler Teilchen im Gesichtsfeld eines Betrachters im Mikroskop keine einfache Aufgabe. 1909 gelingt dem französischen Physiker Jean Perrin und einem seiner Studenten dieses Kunststück mit einer sorgfältig zubereiteten Emulsion, in der nur Teilchen gleicher Größe durch das Gesichtsfeld zittern. Das Ergebnis, wie Perrin es in seinem Notizbuch festhält, zeigt den jeweiligen Aufenthaltsort eines individuellen Teilchens in der Emulsion zu den vorab festgesetzten Zeitpunkten. Perrins Diagramme, die er danach in seiner Veröffentlichung zeigt, bestätigen Einsteins Theorie der Brown'schen Bewegung – und somit auch die darin enthaltenen Annahmen über die molekulare bzw. atomare Natur dieses Prozesses. Perrins Diagramme stehen, um es mit den Worten des Atomtheoretikers Max Born auszudrücken, „für die Realität von Atomen und Molekülen, für die Realität der kinetischen Wärmetheorie und für den fundamentalen Anteil, den die Wahrscheinlichkeit in den Naturgesetzen hat." Würde man kleinere Zeitintervalle wählen, so würden die geraden Strecken zwischen den Punkten zu Zick-Zack-Linien zwischen weiteren Punkten. Noch kürzere Zeitintervalle würden immer neue Zick-Zack-Linien ergeben. Perrin vergleicht diesen Kurvenverlauf mit der Küste der Bretagne. Heute nennen wir solche Kurven Fraktale. In ihnen spiegelt sich wieder, dass die atomaren Prozesse nur mit Wahrscheinlichkeiten zu fassen sind.

ME

Skizze der Brownschen Bewegung aus Perrins Notizbuch. →

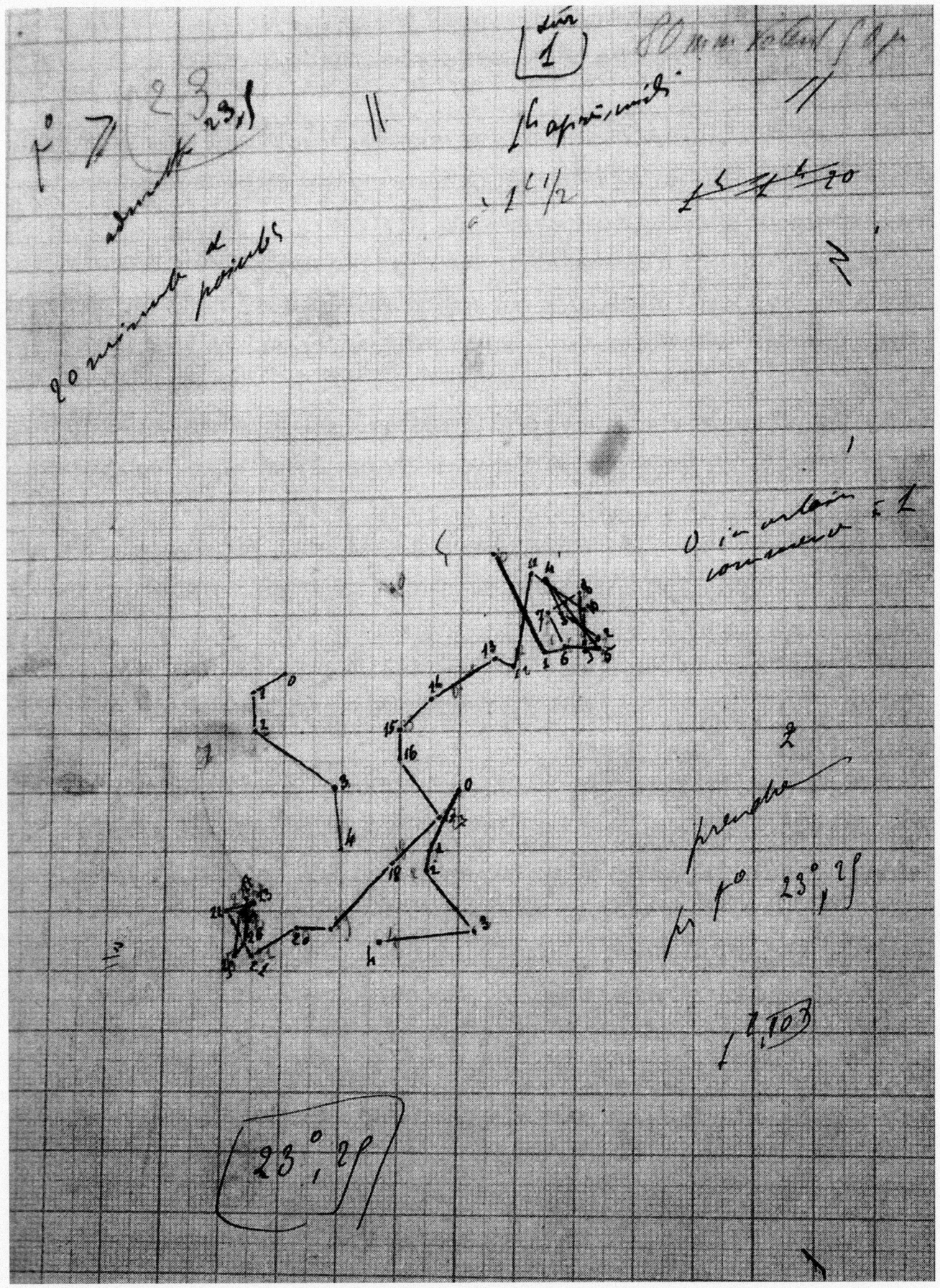

Die Nebelkammer – ein Fenster zum Mikrokosmos von Teilchen und Strahlen

In der Nebelkammer werden die Bahnen von Elementarteilchen wie die Kondensstreifen eines Düsenflugzeugs sichtbar, weil sie die Moleküle in einem übersättigten Dampf ionisieren und diese dadurch zu Kondensationskeimen machen, an denen sich Nebeltröpfchen bilden. Charles Thomson Rees Wilson, der 1911 damit erstmals ionisierende Strahlung sichtbar macht, ist aber kein Kern- oder Teilchenphysiker. Sein erstes Interesse gilt atmosphärischen Vorgängen. 1895 baut er eine Nebelkammer, um die Bildung von Wolken im Labor zu erforschen. Das Prinzip seiner Nebelkammer ist einfach: Bei Volumenausdehnung kühlt sich der darin enthaltene Dampf ab. Wilson reinigt den Dampf von Staub (der ebenfalls zu Kondensation führen kann) und bestimmt die Ausdehnungsverhältnisse, bei denen zuerst kleine Tröpfchen und schließlich dichter Nebel entstehen. Auch weiß er, dass Röntgenstrahlen die Tröpfchenbildung anregen. Aber in den 1890er Jahren ist seine Nebelkammer noch nicht dazu gedacht, diesen Vorgang zu fotografieren.

Immer wieder rätselt Wilson über die Frage, wie aus winzigen Tröpfchen in einer Gewitterwolke schließlich große Regentropfen entstehen. „Können die Tröpfchen miteinander verschmelzen? Einfluss elektrischer Felder?", notiert er 1909 in sein Notizbuch. Er will mit einer vertikalen Röhre den Prozess der Tropfenbildung und des Tropfenwachstums sichtbar machen. Die Kurzzeitaufnahmen platzender Wassertropfen in dem 1908 veröffentlichten Buch von Arthur Mason Worthington *A Study of Splashes* lenken sein Interesse auf die Fotografie. Im Mai 1909 macht sich Wilson in seinem Notizbuch Aufzeichnungen „Über Methoden zum Zählen von Tropfen". Zuerst will er die Nebelkammer so umbauen, dass er die Tropfen beim Durchgang durch eine beleuchtete horizontale Schicht zählen kann, dann erscheint ihm aber die direkte Kurzzeitfotografie besser dafür geeignet. Für die kurze Belichtungszeit sorgen Funkenentladungen. Er konstruiert für diesen Zweck eine neue Nebelkammer. Da bemerkt er, wie er sich 1927 in seiner Nobelpreisrede erinnert, dass bei der Anregung der Tröpfchenbildung mit Röntgenstrahlen „kleine strich- und fadenförmige Wolken" entstehen, „die Spuren der Elektronen, die durch die Röntgenstrahlen herausgeschleudert werden".

Zuerst sind sich die Physiker noch nicht darüber einig, was die Spuren in der Nebelkammer zu bedeuten haben. Mit jeder Aufnahme klären sich jedoch die physikalischen Vorstellungen über die ionisierenden Strahlen. Schon 1913 gehört die Nebelkammer bei der Cambridge Scientific Instrument Company zu den kommerziell erhältlichen Versuchsapparaturen – und die in zahlreichen Laboratorien fotografierten Nebelspuren führen bald zu einer Klassifizierung der unterschiedlichen Strahlenarten. α-Strahlen hinterlassen dicke Nebelspuren, oft mit einem abgeknickten Ende, das auf einen Teilchenstoß bei langsamer Geschwindigkeit schließen lässt. β-Strahlen äußern sich mit dünneren Spuren von uneinheitlicher Länge. Röntgen- und γ-Strahlen erzeugen keine direkten Nebelspuren, hinterlassen auf ihrem Weg aber viele aus Dampfmolekülen herausgeschlagene Elektronen, die quer zur Strahlrichtung für kurze Nebelspuren sorgen. So wird die Nebelkammer binnen weniger Jahre zum unverzichtbaren Experimentiergerät der Kern- und Elementarteilchenphysik.

ME

Wilsons Nebelkammer →

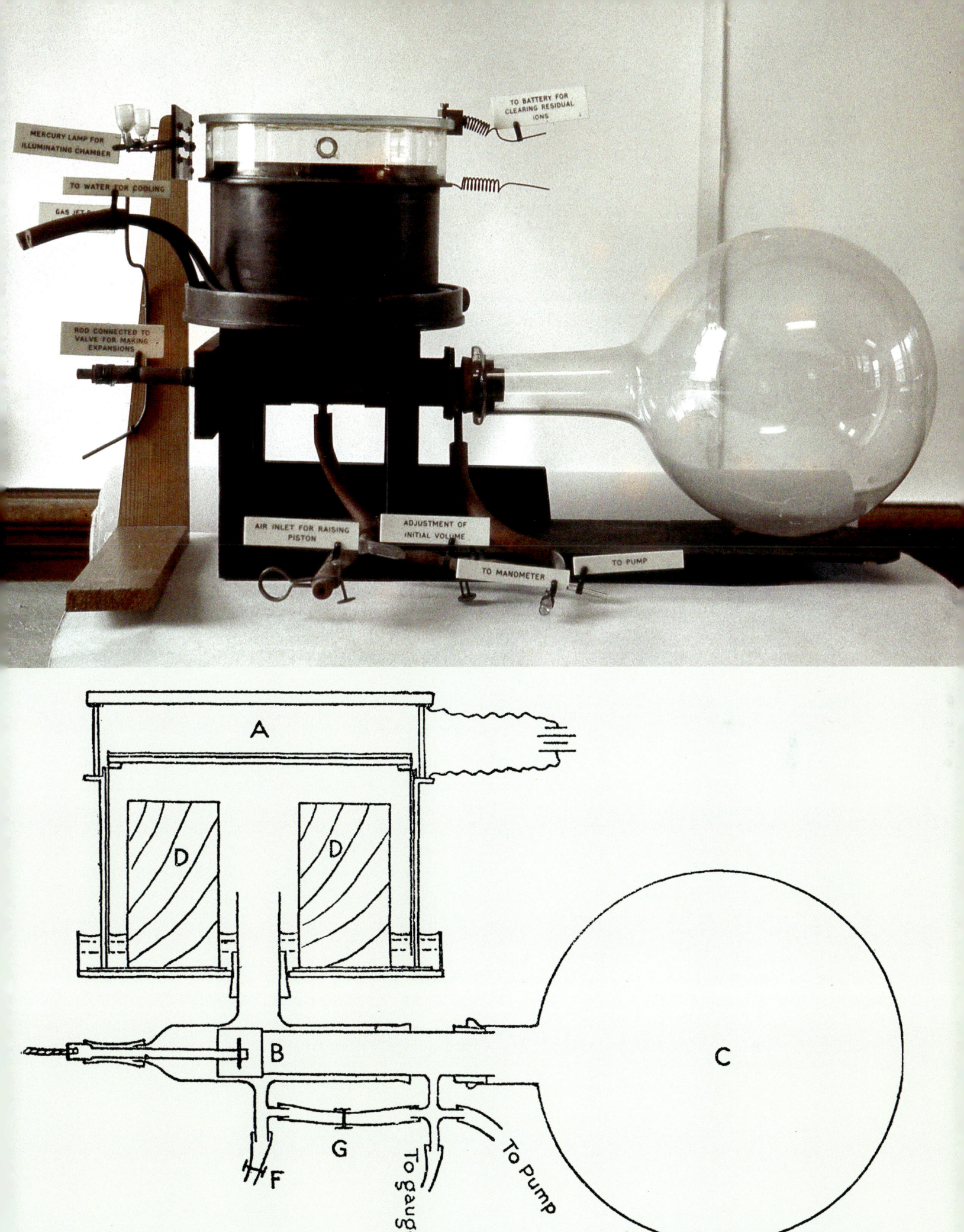

MERCURY LAMP FOR ILLUMINATING CHAMBER

TO BATTERY FOR CLEARING RESIDUAL IONS

TO WATER FOR COOLING

GAS JET

ROD CONNECTED TO VALVE FOR MAKING EXPANSIONS

AIR INLET FOR RAISING PISTON

ADJUSTMENT OF INITIAL VOLUME

TO MANOMETER

TO PUMP

A

D

D

B

G

F

To gauge

To Pump

C

Die Entdeckung der Supraleitung

Im April 1911 stehen im Kältelaboratorium des Physikers Heike Kamerlingh Onnes an der Universität Leiden Messungen des elektrischen Widerstands bei tiefen Temperaturen auf dem Programm. Das Edelgas Helium wird bei etwa -269 Grad Celsius flüssig, das sind rund 4 Grad über dem absoluten Nullpunkt, und seit 1908, als Kamerlingh Onnes erstmals das Kunststück der Heliumverflüssigung gelang, ist sein Kältelaboratorium der Ort mit den niedrigsten Temperaturen auf der Welt.

Lord Kelvin, nach dem die absolute Temperaturskala benannt ist, vertritt die Ansicht, dass die Elektronen in einem Metall durch die Wärmebewegung von ihren Atomen weggerissen werden und beim Abkühlen an den Atomrümpfen festfrieren. Die mit der Temperatur abnehmende Kurve des elektrischen Widerstands müsste demnach bei sehr tiefen Temperaturen wieder ansteigen und am absoluten Nullpunkt unendlich werden. Aber in allen Messungen zeigt sich immer nur eine Abnahme des elektrischen Widerstandes, wenn man die Temperatur erniedrigt, nie ein Wiederanstieg. Kamerlingh Onnes stellt sich vor, dass die Wärmeschwingungen der Atome ein ähnliches Verhalten zeigen wie die „Oszillatoren" in der Planck'schen Theorie der Wärmestrahlung. Einstein hat nach diesem Muster 1907 die Abnahme der spezifischen Wärme von Festkörpern bei Temperaturerniedrigung erklärt. Vielleicht, so sagt sich Kamerlingh Onnes, taugt die Formel von Planck und Einstein auch für den abnehmenden Widerstand, den die Metallelektronen erfahren, wenn sie bei immer kleineren Wärmeschwingungen nicht mehr so häufig mit den Atomen zusammenstoßen? Um es mit seinen eigenen Worten auszudrücken: „Es ist eine naheliegende Annahme, dass die freie Weglänge der Elektronen, die die Leitfähigkeit ausmachen, durch die Auslenkung der Einstein'schen Oszillatoren bestimmt ist". Nicht die Elektronen frieren an den Atomen fest, wie Kelvin vermutet, sondern die Atomschwingungen gehen nach der Planck'schen Formel gegen Null.

Nach der Wärmestrahlung und der spezifischen Wärme von Festkörpern erscheint damit auch die Temperaturabhängigkeit der elektrischen Leitfähigkeit als ein Quantenproblem. Im April 1911 will Kamerlingh Onnes seine Hypothese experimentell überprüfen. Als Testsubstanz wählt er Quecksilber, weil es durch wiederholtes Destillieren im Vakuum von allen Verunreinigungen befreit werden kann. Das so gereinigte Quecksilberdestillat geht unterhalb von 39 Grad Celsius in den festen Zustand über. Zu einem Draht geformt kann es – umgeben von flüssigen Helium – bis zu den tiefsten Temperaturen abgekühlt und dabei seine elektrische Leitfähigkeit untersucht werden. Aber entgegen der Erwartung von Kamerlingh Onnes folgt der elektrische Widerstand nicht der Planck'schen Formel, sondern verschwindet plötzlich, als die Abkühlung 4,2 Grad über dem absoluten Nullpunkt erreicht. Bei noch tieferen Temperaturen lässt sich gar kein elektrischer Widerstand mehr feststellen. Die Differenz der elektrischen Leitfähigkeit oberhalb und unterhalb der kritischen Temperatur ist so groß wie der Unterschied zwischen einem Isolator und einem Metall.

Zuerst glauben Kamerlingh Onnes und seine Assistenten an einen Kurzschluss in ihrer Messapparatur. Ein schlagartiges Verschwinden des elektrischen Widerstandes hat niemand erwartet. Anders als die Verflüssigung des Heliums, die drei Jahre zuvor nach einem jahrelangen und gezielten Experimentieren in einer Anlage von industriellen Ausmaßen die theoretischen Erwartungen bestätigte, kommt die Entdeckung der Supraleitung unerwartet. Das neue Phänomen bleibt unverstanden, bis sich in der zweiten Hälfte des 20. Jahrhunderts mit neuen theoretischen Ansätzen eine Erklärung anbahnt. Die Suche nach supraleitenden Stoffen führt schließlich zur Entdeckung keramischer Hochtemperatur-Supraleiter (Nobelpreis 1983), deren Sprungtemperatur wesentlich höher liegt als bei metallischen Supraleitern.

ME

Kamerling Onnes (rechts) und ein Mitarbeiter im Leidener Kältelaboratorium vor der Anlage zur Verflüssigung von Helium. →

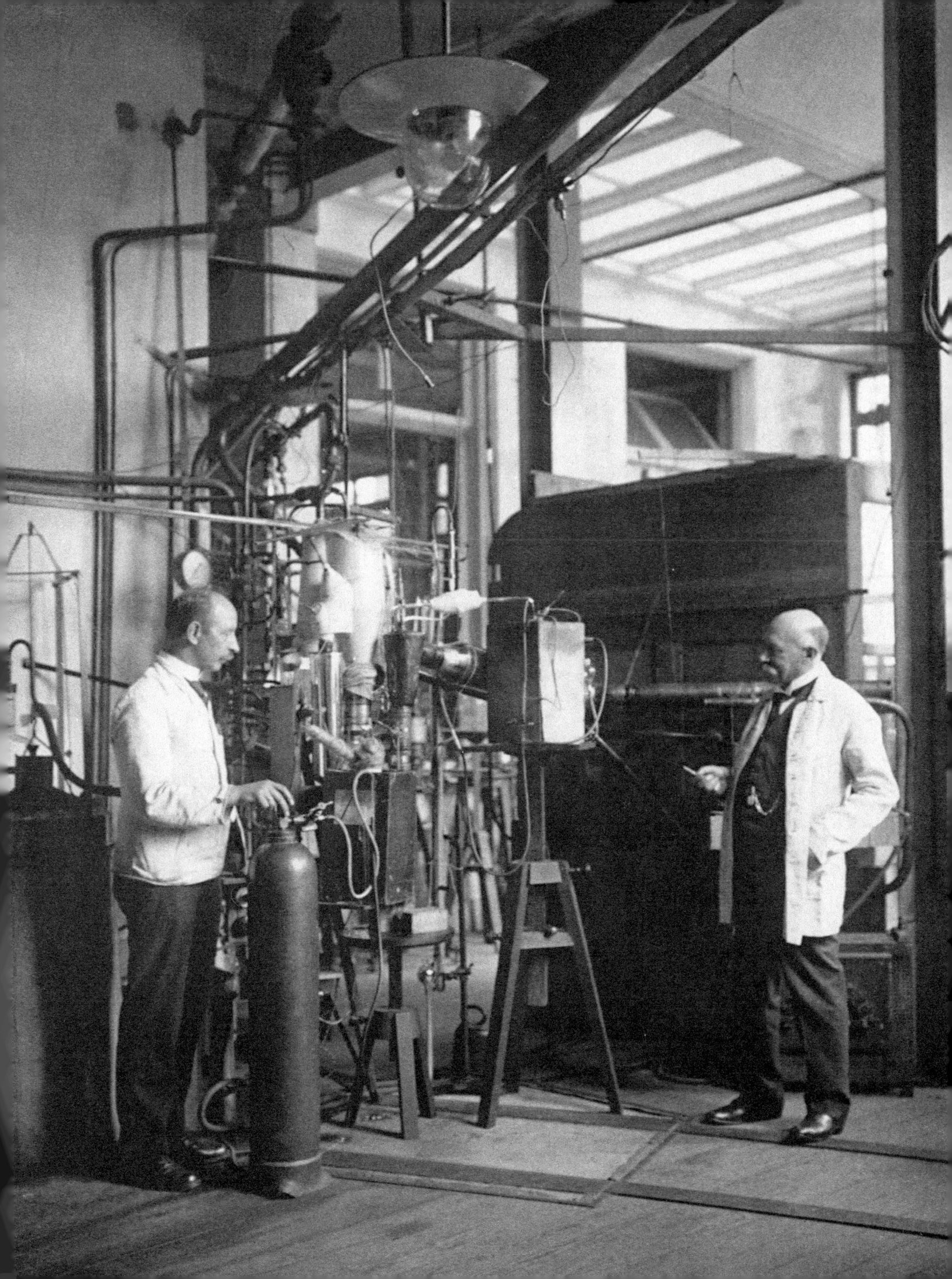

Rutherford und die Entdeckung des Atomkerns

Ernest Rutherford erhält im Jahr 1908 den Chemie-Nobelpreis „für seine Untersuchungen über den Zerfall der Elemente und die Chemie der radioaktiven Stoffe". Aber es sind nicht die chemischen, sondern die physikalischen Eigenschaften der Radioaktivität, denen Rutherfords Interesse gilt. Als er 1907 Physikprofessor in Manchester wird, will er die immer noch rätselhaften α-Strahlen mit einfachen physikalischen Experimenten untersuchen. Den Anfang macht er mit seinem deutschen Assistenten Hans Geiger. „An Electrical Method of Counting the Number of a-Particles from Radio-active Substances" („Eine elektrische Methode zum Zählen der a-Teilchen von radioaktiven Substanzen"), so lautet 1908 der Titel der Veröffentlichung, mit der sie das Grundprinzip des später nach Geiger benannten Zählrohrs darstellen. Im Wesentlichen handelt es sich dabei um einen luftleer gepumpten zylindrischen Kondensator, dessen Zylinderwand die eine Elektrode und ein Draht in der Zylinderachse die andere Elektrode bildet. Die α-Teilchen, die das Rohr durchlaufen, ionisieren die Restatome der Luft und lassen sich durch eine Spannungsänderung zwischen Wand und Draht nachweisen. Geiger kombiniert diese elektrische Zählmethode auch mit einer optischen, indem er die durch einen Schlitz passierenden α-Teilchen auf einen phosphoreszierenden Schirm fallen lässt und die davon ausgelösten Lichtblitze zählt. Es dauert noch lange, bis aus diesen Anfängen das „Geiger-Müller-Zählrohr" hervorgeht, mit dem heute die Radioaktivität gemessen wird. Aber schon 1908 können Rutherford und Geiger aus ihren Versuchen einigermaßen zweifelsfrei den Schluss ziehen, dass α-Teilchen die doppelte elektrische Ladung von Elektronen und das Gewicht von Heliumatomen haben.

1909 veröffentlichen Geiger und Ernest Marsden, der als 19-jähriger Student im Rutherford'schen Laboratorium seine ersten Erfahrungen als Experimentalphysiker sammelt, die Ergebnisse eines weiteren Experiments, bei dem sie die Reflexion von α-Teilchen an verschiedenen Metallfolien nachweisen. Das ist für Rutherford, wie er sich noch viele Jahre später erinnert, „beinahe so unglaublich, als wenn man mit einer 15-Zoll-Granate auf ein Stück Seidenpapier schießt und die Granate zurückkommt und einen selbst trifft."

Dass diese Rückstreuung so unglaublich erscheint, liegt an dem vorherrschenden Atommodell jener Jahre. Danach sollten sich die positive elektrische Ladung und die Masse des Atoms über das ganze Atomvolumen gleichmäßig verteilen; die negativ geladenen Elektronen mit ihrer mehrere Tausend Mal kleineren Masse sollten darin wie die Rosinen in einem Kuchenteig eingebettet sein („Thomson'sches Rosinenkuchenmodell"). Ein α-Teilchen, das durch einen solchen Atomteig fliegt, würde von den viel zu leichten Elektronen kaum abgelenkt und nach dem Durchgang durch sehr viele Atome stecken bleiben. Nur wenn die ganze Ladung und Masse des Atoms in einem winzigen Kern zusammengeballt ist und sich nicht über das ganze Atomvolumen verteilt, ist eine solche Rückstreuung theoretisch vorstellbar. Rutherford leitet eine entsprechende Streuformel ab und lässt sie von Geiger und Marsden in einem weiteren Experiment mit hauchdünnen Metallfolien verschiedener Dicke durchführen, bei dem jeweils die Ablenkwinkel gemessen werden sollen.

Danach gibt es keinen Zweifel mehr. Im Jahr 1913 präsentieren Geiger und Marsden ihre Ergebnisse. Sie bestätigen die Rutherford'sche Vorstellung, wonach ein streuendes Metallatom in der Folie aus einem kugelförmigen Kern mit einem Radius von „weniger als 3×10^{-12} cm" bestehen sollte. Bei einem Atomradius von „etwa 10^{-8} cm" bedeutet dies, dass praktisch das gesamte Atomvolumen leer ist. Würde man das Atom billionenfach vergrößern, dann würden die Elektronen in etwa hundert Meter Abstand um einen Zentimetergroßen Kern im Zentrum kreisen.

ME

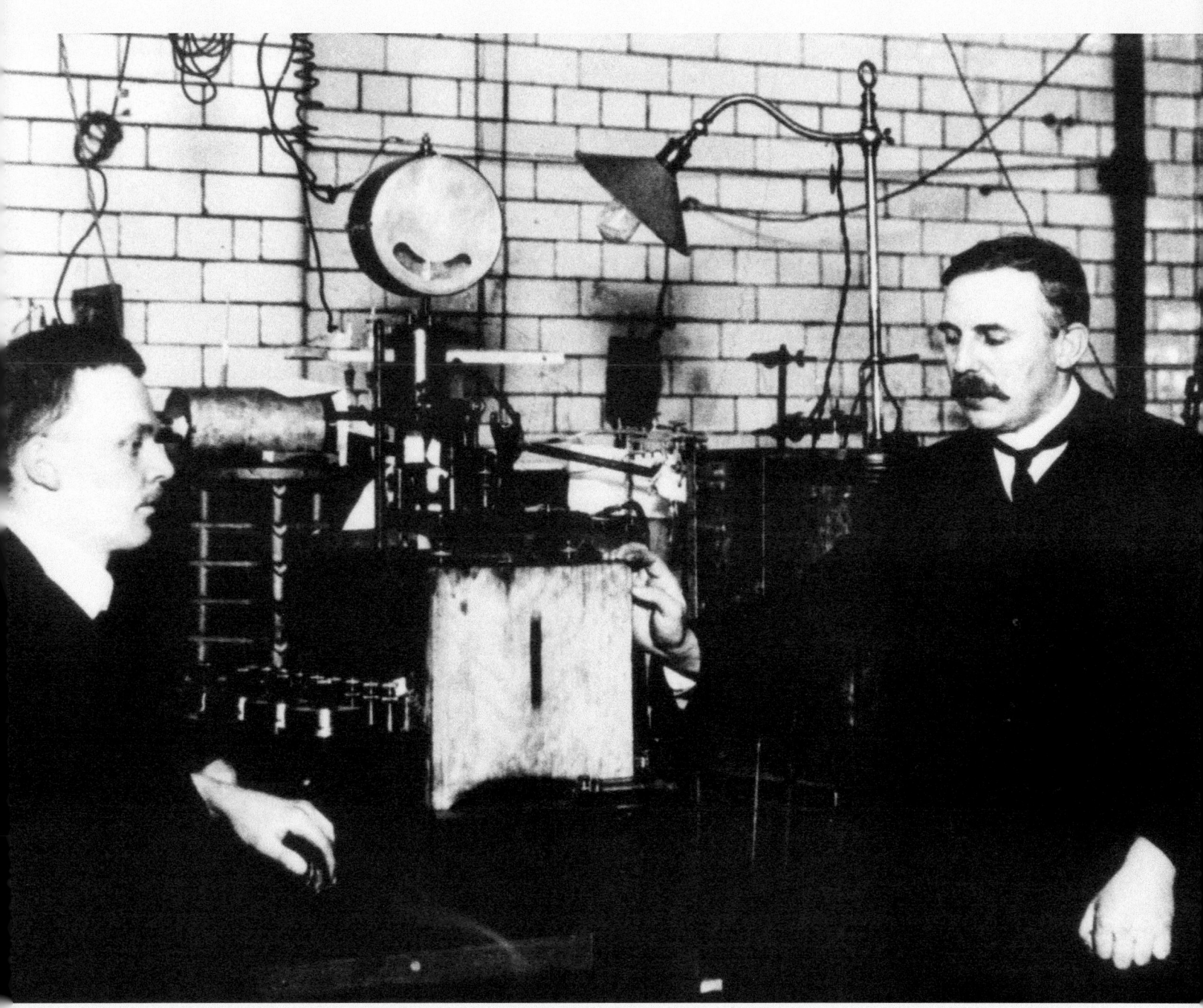

Rutherford (rechts) und Geiger im physikalischen Laboratorium der Universität Manchester.

Röntgenbeugung an Kristallen

Wellen können sich überlagern und dabei gegenseitig verstärken oder auslöschen. Bei Licht sieht man deshalb hinter einem Spalt, der etwa so breit ist wie eine Wellenlänge, helle und dunkle Streifen. Solche Interferenzerscheinungen hatte man auch bei den Röntgenstrahlen gesucht, aber lange nicht gefunden. Vielleicht sind die Wellenlängen von Röntgenstrahlen aber so kurz, dass auch der engste Spalt noch zu breit ist, um die Überlagerung der Wellen zu zeigen? Was, wenn ihre Wellenlänge tausendmal kürzer ist als die von Licht? Im Frühjahr 1912 stellt sich der Privatdozent Max Laue im Institut für theoretische Physik an der Universität München solche Fragen, als er mit einem Studenten über Probleme bei dessen Doktorarbeit zur Theorie der Kristalloptik diskutiert. Wenn ein optisches Beugungsgitter aus regelmäßig angeordneten Spalten ein Streifenmuster erzeugt, sollte dann nicht auch das Gitter der Kristallatome wie ein dreidimensionales Beugungsgitter für „Licht" mit so einer kleinen Wellenlänge wirken? Die Interferenzerscheinungen würden dann, so überlegt er weiter, keine Streifen sein, sondern durch die Schnittlinien von Kegeln im Raum entstehen. Das würde hinter einem Kristall ein regelmäßiges Muster von Punkten hervorrufen.

Dabei ist 1912 noch gar nicht klar, dass ein Kristall aus einem Gitter von Atomen besteht. Auch die Wellennatur von Röntgenstrahlen ist umstritten. Kathodenstrahlen, soviel weiß man seit mehr als zehn Jahren, sind schnell fliegende Elektronen. Die radioaktiven α-Strahlen sind positiv geladene Heliumatome. Können nicht auch die Röntgenstrahlen aus Teilchen bestehen? Dann würde das Raumgitter der Kristallatome sie in alle Richtungen ablenken und kein Interferenzmuster erzeugen. Die Antwort, sagt sich Laue, kann nur ein Experiment liefern.

Röntgen hat selbst schon Kristalle durchstrahlt und nichts gefunden. Außerdem gilt Röntgen als unnahbar. Also wendet sich der Theoretiker Laue mit seinem Plan an Walter Friedrich, einen Schüler Röntgens, der gerade im Institut für theoretische Physik als Assistent für Arnold Sommerfeld mit anderen Experimenten beschäftigt ist. Sommerfeld will Friedrich aber nicht von diesen Experimenten abziehen, denn er hält nichts von Laues' Idee. Und er hat recht, denn die ersten Versuche zeigen keinerlei Interferenzerscheinungen. Laue glaubt, dass der Kristall mit einem starken Primärstrahl zum Aussenden eigener Röntgenstrahlen gebracht werden muss. Diese von allen Kristallatomen mit derselben charakteristischen Wellenlänge ausgestrahlte Eigenstrahlung soll nach Laues' Vorstellung das Interferenzmuster hervorrufen. Deshalb werden die Fotoplatten zum Registrieren des Interferenzmusters zuerst links und rechts vom Kristall platziert. Der gerade durch den Kristall gehende Primärstrahl soll nicht darauf erscheinen.

Erst als eine Fotoplatte hinter den Kristall gestellt wird, zeigen sich um den Primärstrahl herum regelmäßig angeordnete Flecken. Entgegen Laues' Ansicht wird die Interferenz nicht durch die Eigenstrahlung der Kristallatome hervorgerufen. Vielmehr sortiert der Kristall wie ein Filter aus dem Primärstrahl die Wellen aus, die passend zum Abstand der Kristallatome für unterschiedliche Richtungen die Interferenzbedingung erfüllen. Dies wird durch die britischen Physiker William Henry und William Lawrence Bragg (Vater und Sohn) aufgeklärt. Laue erhält den Nobelpreis im Jahr 1914, die beiden Braggs ein Jahr später. Heute gilt das „Laue-Experiment" sowohl als Nachweis für die Wellennatur der Röntgenstrahlung, als auch für den Aufbau von Kristallen aus räumlichen Atomgittern.

ME

Die „Laue-Apparatur" zur Erzeugung der Röntgeninterferenz an Kristallen. →

Das Bohr'sche Atommodell

Atommodelle mit umlaufenden Elektronen sind 1912, als der dänische Physiker Niels Bohr nach seiner Promotion zu einem Forschungsaufenthalt bei Ernest Rutherford nach Manchester reist, nichts Neues. Der japanische Physiker Hantaro Nagaoka hatte schon 1904 – als Gegenmodell zu Thomsons Rosinenkuchenmodell – die Elektronen in ringförmigen Anordnungen um einen Kern kreisen lassen. Rutherfords Streuversuche mit alpha-Strahlen bestärken Bohr in der Vorstellung, dass im Zentrum des Atoms ein positiv geladener Kern sitzt, der praktisch die ganze Atommasse in sich vereinigt und von Elektronen umkreist wird. Wie Bohr zu seinem Modell findet, lässt sich anhand der erhaltenen Briefe und Manuskripte nicht in allen Einzelheiten aufklären. Klar ist, dass ein nach dem Muster des Planetensystems konzipiertes Atommodell zu Widersprüchen führt: Schon ein einziges Elektron müsste, wenn es sich auf einer Kreisbahn bewegt, nach den Gesetzen der klassischen Physik elektromagnetische Wellen abstrahlen und somit unter andauerndem Energieverlust in den Kern stürzen. Warum gilt dies nicht für ein Elektron im Atom? Bei mehreren Elektronen stellt sich außerdem die Frage, wie sich die um den Kern kreisenden Elektronen so anordnen lassen, dass sie nicht bei der geringsten Störung (etwa durch ein vorbeifliegendes Atom) aus dem Gleichgewicht geraten und nach allen Richtungen auseinanderfliegen?

An solchen Fragen beißt sich Niels Bohr fest. Schon für die Berechnung der Kreisbahn eines einzelnen Elektrons um den Atomkern benötigt er eine zusätzliche Annahme, sonst wäre wie im Planetensystem jeder beliebige Radius möglich. In einem Manuskript fordert Bohr im Juli 1912 deshalb mit einer „Spezialhypothese", dass die kinetische Energie E des Elektrons proportional zu seiner Umlauffrequenz ν ist. Für die Proportionalitätskonstante hat er vermutlich das Planck'sche Wirkungsquantum h aus der Formel $E = h \times \nu$ im Sinn, doch erst als der britische Mathe-matiker John William Nicholson diese Quantenglei-chung benutzt, um damit rätselhafte Spektrallinien in Sternspektren zu erklären, macht auch Bohr davon Gebrauch.

Die bis dahin nur empirisch aufgestellten Spektral-gesetze, vor allem das so genannte Balmer'sche Gesetz für eine Serie von Spektrallinien bei Wasserstoff, die-nen Bohr nun als Testfall. Wasserstoff ist das einfachste aller Atome mit nur einem Elektron. Als Bohr dessen Umlaufbahn berechnet, erhält er eine diskrete Anzahl von möglichen Bahnradien, die durch das Planck'sche h gequantelt sind – und deren Energieunterschiede ge-nau den Balmer-Frequenzen entsprechen! Im Juli 1913 veröffentlicht er sein Modell im *Philosophical Magazine* unter dem Titel „On the Constitution of Atoms and Mo-lecules". Das Modell bringt Ordnung in die Vielfalt der Spektrallinien, die nun durch „Elektronensprünge" zwischen verschiedenen Umlaufbahnen erklärt wer-den. Nicht zufällig betitelt Arnold Sommerfeld, der das Modell wie kein anderer weiter entwickelt, sein 1919 publiziertes Lehrbuch *Atombau und Spektrallinien*. Es wird zur Bibel der modernen Atomphysik. Sommerfeld macht das Bohr'sche Atommodell auch für Laien mit einem für das Deutsche Museum konzipierten Draht-modell fassbar. Es veranschaulicht den Elektronenum-lauf im Wasserstoffatom; Drahtpfeile illustrieren die elektrische Anziehungskraft zwischen der positiven Kernladung und der negativen Ladung des Elektrons.

Das Bohr'sche Atommodell wirft zwar Fragen auf, die im Rahmen der klassischen Physik nicht zu be-antworten sind („Es scheint mir, dass Sie annehmen müssen, das Elektron wisse im Voraus, wo es anhal-ten muss", so konfrontiert Rutherford zum Beispiel in seiner ersten Reaktion Bohr mit der Problematik der Kausalität bei den Elektronensprüngen), aber ohne Berücksichtigung der Quantennatur bleiben atomphy-sikalische Phänomene unverständlich.

ME

Sommerfelds Darstellung der Bohrsche Atomtheorie für das Deutsche Museum. →

Das Wasserstoff-Atom besteht aus einem Kern von der Ladung $+e$ und der Masse m_H und einem Elektron von der Ladung $-e$ und der Masse m.

e = Elektronenladung = 6,77 elektrostat. Einheiten

m_H = ... $^{-24}$ ... m ... = 1 ...

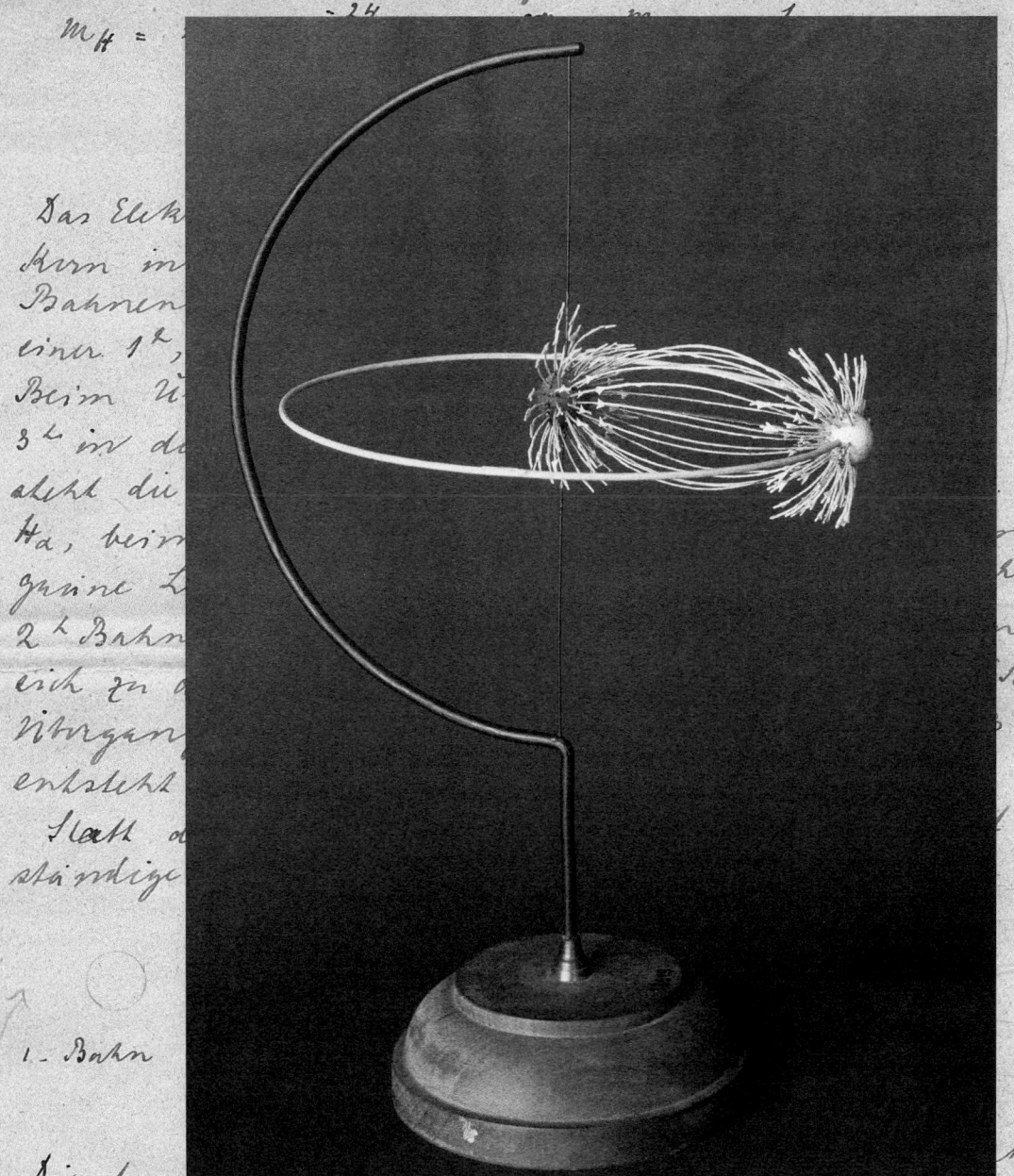

Das Elek...
Kern in...
Bahnen...
einer 1...
Beim Ü...
3 in d...
steht die...
H_α, beim...
grüne L...
2 Bahn...
sich zu...
übergan...
entsteht...

Statt...
ständige...

1. Bahn

Die dopp...
bewirkt, dass jede Wasserstofflinie ein schmales Dublett bildet von der Schwingungsdifferenz $\Delta\nu = 0,36$. Wegen der vielfachen Natur der Anfangsbahn besteht jede der beiden Dublett-Linien noch aus mehreren Componenten (vgl. Tafel 3).

Vgl. auch Fig. bei Siegbahn pg. 25.

Die Allgemeine Relativitätstheorie

Im Unterschied zur Speziellen Relativitätstheorie, die Einstein wie aus dem Nichts in seinem „Wunderjahr" 1905 in die Welt gesetzt hat, ist die 1915 publizierte Allgemeine Relativitätstheorie das Ergebnis einer Jahrelangen Arbeit. Anders als im Jahr 1905 begegnet uns Einstein dabei nicht als das einsame, in der akademischen Gelehrtengemeinschaft noch unbekannte Genie, sondern als der allseits respektierte und mit vielen Kollegen in einem lebhaften wissenschaftlichen Austausch stehende Physiker von Weltruf. Als ihm 1915 endlich der Durchbruch gelingt, schickt er seine Abhandlungen an Arnold Sommerfeld, mit dem er immer wieder die aktuellen Fragen der Theorie diskutiert hat. „Sehen Sie sich dieselben ja sicher an; es ist der wertvollste Fund, den ich in meinem Leben gemacht habe", bittet er ihn bei dieser Gelegenheit – und fügt hinzu, dass sich darin „der letzte Teil des Kampfes um die Feldgleichungen vor Ihren Augen abspielt!"

Was sind Feldgleichungen? Maxwell hatte solche Gleichungen für elektromagnetische Felder aufgestellt, und diese Gleichungen hatten für Einstein den Anstoß zur Speziellen Relativitätstheorie geliefert. Aus dem Relativitätsprinzip, wonach sich für Beobachter in gleichförmig zueinander bewegten Bezugssystemen die Naturgesetze nicht ändern sollten, leitet Einstein so fantastisch anmutende Konsequenzen wie die Formel $E = m\,c^2$ oder die Zeitdehnung und Längenkontraktion für schnell fliegende Körper ab. Maxwells Gleichungen für das elektromagnetische Feld erhalten eine sehr einfache Gestalt, wenn man die Zeit zu den drei Raumausdehnungen als vierte Koordinate hinzufügt und die Feldgleichungen für diese vierdimensionale „Raumzeit" formuliert. Aber Einstein will mehr. Er will seine Theorie auf Systeme erweitern, die zueinander gleichförmig *beschleunigt* werden. Damit zielt er auf eine Theorie der Gravitation, denn die Wirkung der Schwere ist nicht von der Wirkung der Trägheit zu unterscheiden, wenn die auf den Körper einwirkende Beschleunigung gleich der Schwerebeschleunigung ist.

Dieses „Äquivalenzprinzip" macht Einstein 1907 zum Ausgangspunkt für eine Feldtheorie der Gravitation. In Newtons Gravitationstheorie gibt es keine raumzeitlichen Wirkungen wie in der Elektrodynamik. Würde man die Sonne plötzlich entfernen, dann würde ein Beobachter auf der Erde das erst 8 Minuten später sehen, denn so lange braucht das Licht bis zur Erde, aber die von der Sonne ausgeübte Anziehung würde schlagartig aufhören. Eine Feldtheorie der Gravitation sollte auch eine endliche Ausbreitungsgeschwindigkeit von Schwerewirkungen ergeben. Aber die mathematischen Schwierigkeiten für die Formulierung einer solchen Theorie sind enorm. Der „Kampf um die Feldgleichungen" dauert bis November 1915.

Schon auf dem Weg dahin weist Einstein seine Kollegen auf einige Konsequenzen seiner Theorie hin, die durch genaue astronomische Beobachtung festgestellt werden könnten. Im Oktober 1913 schreibt er an den amerikanischen Astronomen George E. Hale, „dass Lichtstrahlen in einem Gravitationsfelde eine Deviation erfahren" und dies bei einer Sonnenfinsternis durch Beobachtung der Fixsterne in der Nähe des Sonnenrandes feststellbar wäre. Eine andere Folgerung betrifft die Verzerrung der Bahn des sonnennächsten Planeten Merkur zu einer rotierenden Ellipse. Die Schwerkraft der Sonne sollte auch ihr eigenes Licht verzerren. Diese „Gravitationsrotverschiebung" will der Berliner Astronom Erwin Freundlich messen und plant noch im Ersten Weltkrieg den Bau eines Sonnenobservatoriums. Es wird von dem Architekten Erich Mendelsohn entworfen und geht als „Einsteinturm" nicht nur in die Physik, sondern auch in die Architekturgeschichte ein. Alle von Einsteins Theorie vorhergesagten Effekte gelten heute als bestätigt.

ME

Der „Einsteinturm" in Potsdam.

Quantenmechanik

Mitte der 1920er Jahre beginnt ein neues Zeitalter der Atom- und Quantentheorie. „Zur Quantenmechanik", „Quantisierung als Eigenwertproblem", „On the Theory of Quantum Mechanics" – so lauten 1925 und 1926 die Überschriften von Artikeln, mit denen theoretische Physiker wie Werner Heisenberg, Erwin Schrödinger und Paul Adrian Dirac, um nur die ersten Nobelpreisträger auf diesem Gebiet zu nennen, die neue Ära eröffnen. Heisenberg formuliert 1927 die „Unschärferelation", wonach der Ort und die Geschwindigkeit eines Teilchens nicht unabhängig voneinander beliebig genau bestimmt werden können. „An die Stelle der Elektronenbahnen", so erklärt Arnold Sommerfeld im Deutschen Museum den Unterschied zur früheren Atomtheorie, „tritt ein über den ganzen Raum verteilter Zustand". Nach der Quantenmechanik kann den Elektronen nur noch eine gewisse Wahrscheinlichkeit zugeordnet werden, sich hier oder dort aufzuhalten. Im energetisch niedrigsten Zustand (Grundzustand) eines Atoms sind diese Aufenthaltswahrscheinlichkeiten wie Kugelschalen um den Atomkern herum gelagert. „Die Schalen der Atome werden dadurch zu stetigen, radial ausgedehnten Elektronenwolken von örtlich wechselnder Dichte". Um dies zu veranschaulichen, entwirft Sommerfeld Modelle für die Atomhülle von Eisen und Gold, die jeweils den nach der Quantenmechanik berechneten Grundzustand darstellen. „Beim Eisenatom sind nur die zwei innersten Schalen (K- und L-Schale) besetzt", erklärt Sommerfeld. „Die M-Schale ist noch nicht ausgefüllt und enthält nur 14 Elektronen, statt wie zum Beispiel bei Gold 18 Elektronen. Die N-Schale besitzt 2 Elektronen". Die Abstände der Schalen vom Kern bezeichnen die „Stellen größter Ladungsdichte (größter Aufenthaltswahrscheinlichkeit; streng genommen ist diese stetig verteilt). Die Dicke der Schalen ist proportional der Anzahl ihrer Elektronen gewählt." Die Kugelform der Schalen gilt nur für den Grundzustand. Wenn ein Elektron im Atom zum Beispiel durch Lichtabsorption in einen angeregten Zustand versetzt wird, sind die Bereiche der größten Aufenthaltswahrscheinlichkeit für dieses Elektron keulenförmig.

Die Quantenmechanik liefert nicht nur eine neue Vorstellung von den Elektronen in der Atomhülle. Sie betrifft auch das Verhalten der mehr oder weniger frei beweglichen Elektronen in Metallen, Halbleitern und Isolatoren. Mit der Quantenmechanik beginnt daher auch eine neue Ära der Festkörperphysik. Auch für den Atomkern liefert sie neue Einsichten. Im Mikrokosmos der kleinsten Teilchen sind Barrieren, die nach der klassischen Physik eigentlich unüberwindlich sind, manchmal durchlässig. Selbst wenn die Energie eines Teilchens nach der klassischen Mechanik nicht ausreichen würde, um eine Barriere zu überwinden, kann es sich nach der Quantenmechanik mit einer sehr kleinen Wahrscheinlichkeit auch außerhalb seiner Umzäunung aufhalten. Mit diesem „Tunneleffekt" wird 1928 der radioaktive α-Zerfall erklärt, bei dem ein aus zwei Protonen und zwei Neutronen bestehendes Teilchen aus dem Atomkern herausgeschleudert wird. Im gleichen Jahr erkennt man im Tunneleffekt auch die Erklärung für den Elektronenaustritt aus einer Metalloberfläche in einem elektrischen Feld (Feldemission). Obwohl die Bewegungsenergie der Elektronen im Metallinneren kleiner ist als die Austrittsarbeit, können ein paar von ihnen durch diese Energieschwelle „tunneln" und aus der Metalloberfläche austreten, wo sie dann vom elektrischen Feld abgesaugt werden.

Mit den paradox erscheinenden Konsequenzen der Quantenmechanik geraten Grundüberzeugungen der Physik ins Wanken. Protagonisten der Quantenphysik wie Einstein, Bohr und Schrödinger liefern sich mit Gedankenexperimenten einen Wettstreit um die richtige Interpretation der Quantenmechanik. Heute bilden die vermeintlichen Widersprüche dieser Gedankenexperimente den Gegenstand von Realexperimenten und die Grundlage für neue Technologien wie Quantencomputer und Quanteninformatik.

ME

Modell für die Elektronenschalen im Eisenatom, berechnet nach der Quantenmechanik. →

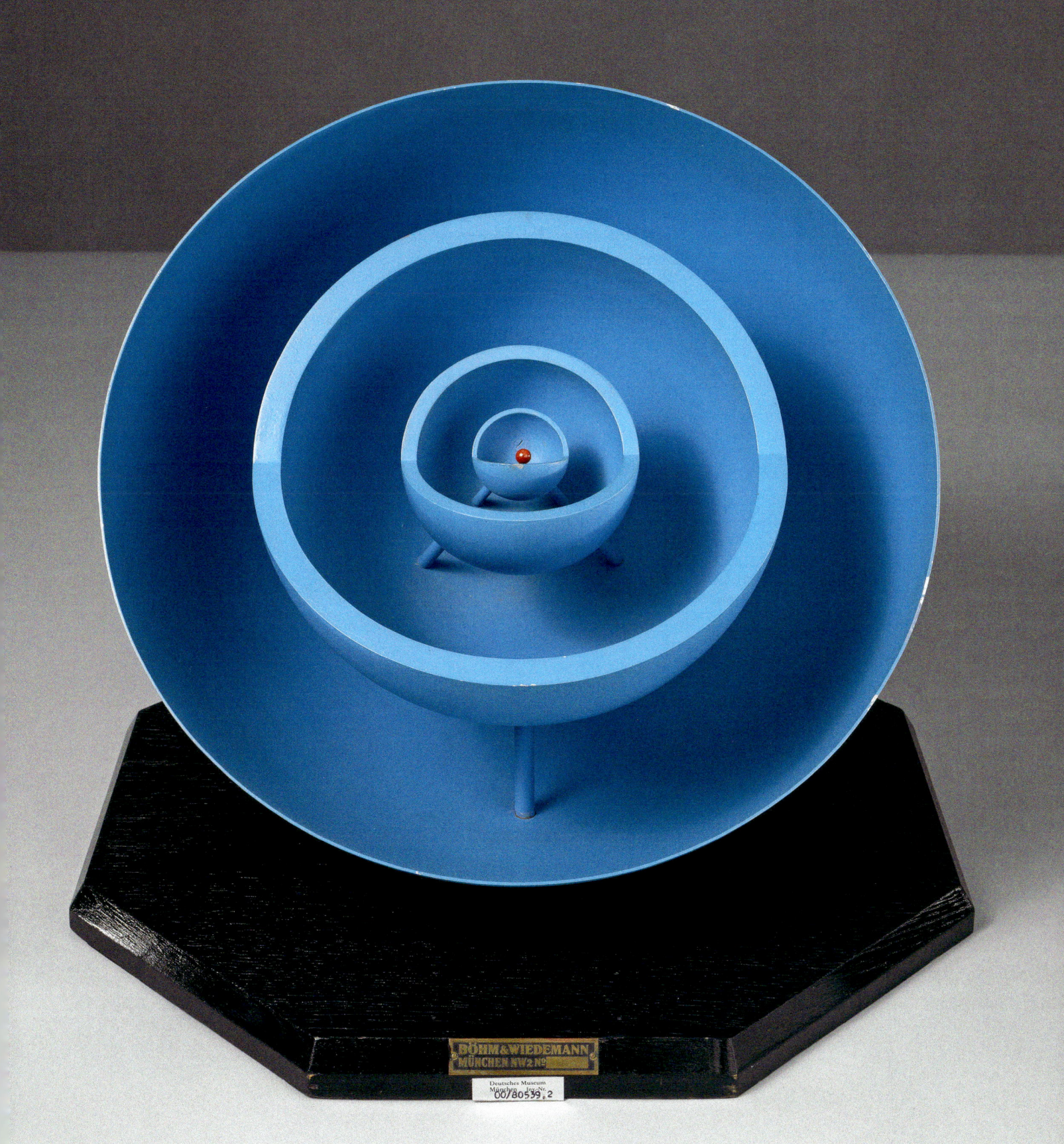

BÖHM & WIEDEMANN
MÜNCHEN NW2 Nº

Deutsches Museum
München   Inv-Nr
00/80539,2

Elektronenbeugung

Zu den Besonderheiten der Quantenwelt gehört der Welle-Teilchen-Dualismus: Wenn kurzwelliges Licht auf eine Metalloberfläche trifft, werden manchmal Elektronen herausgeschlagen (Fotoeffekt) – ganz so, als ob dabei Lichtteilchen („Photonen") und nicht Lichtwellen am Werk sind. Bei Röntgenstrahlen gilt zwar seit 1912 mit dem Nachweis der Beugung an Kristallen die Wellennatur als bewiesen, aber seit 1923 mit der Entdeckung des Comptoneffekts (Streuung von Röntgenstrahlen an Elektronen) auch die Teilchennatur. 1924 treibt Louis de Broglie den Welle-Teilchen-Dualismus auf die Spitze mit einer Formel, die allen materiellen Teilchen je nach ihrer Energie eine längere oder kürzere Wellenlänge zuschreibt. De Broglies Theorie ist für Erwin Schrödinger ein Anlass, die Quantenwelt mit einer Wellengleichung zu beschreiben. Schrödingers Form der Quantenmechanik wird deshalb von den Zeitgenossen meist als Wellenmechanik bezeichnet.

Doch was für Photonen gilt, ist für materielle Teilchen vorerst bloße Theorie. Max Born, einer der Pioniere der Quantenmechanik, sieht in einem Experiment, bei dem Elektronen an einer Platinoberfläche gestreut wurden, erste Hinweise auf die gesuchte Wellennatur. Clinton Davisson, der in den amerikanischen Bell Laboratorien dieses Experiment 1923 als Teil eines Forschungsprogramms zur Verbesserung von Röhren durchgeführt hat, erfährt im August 1926 bei einer Tagung in England zu seiner großen Überraschung, welche Rolle die Quantentheoretiker in Europa seinen Ergebnissen zuerkennen – und setzt nun alles daran, um mit verbesserter Versuchstechnik die Wellennatur der Elektronen zu beweisen. Zusammen mit seinem Mitarbeiter Lester Germer entwickelt er eine Röhre, in der ein Elektronenstrahl im Hochvakuum auf eine Nickeloberfläche gelenkt wird. Die unter verschiedenen Winkeln zurück gestreuten Elektronen werden mit einem Detektor registriert. Im April 1927 berichten sie bei einer Tagung der American Physical Society über ihre Ergebnisse: Wie bei ähnlichen Streuversuchen mit Röntgenstrahlen zeigt auch die gemessene Intensität der rückgestreuten Elektronen das charakteristische Auf und Ab, wie es durch die Interferenz von Wellen entsteht. Im Dezember 1927 veröffentlichen Davisson und Germer ihre Ergebnisse im *Physical Review*. Die Analogie zu den Beugungserscheinungen bei Röntgenstrahlen lässt keinen Zweifel daran, dass sich auch Elektronen wie Wellen verhalten. Außerdem stimmt die von de Broglie vorhergesagte Abhängigkeit der Wellenlänge von der Energie der Elektronen mit den Versuchswerten überein.

Der Nachweis ist um so zwingender, als fast zur gleichen Zeit auch George Paget Thomson, der Sohn des als Entdecker des Elektrons gefeierten Joseph John Thomson, Experimente durchführt, die für die Wellennatur von Elektronen sprechen. Anders als die Physiker der Bell Laboratorien durchstrahlt Thomson junior dünne Zelluloidfilme und hält das Ergebnis auf Fotoplatten fest. Darauf zeigt sich, wie er im Mai 1927 in *Nature* mitteilt, ein zentraler Fleck, der durch den nicht abgelenkten Elektronenstrahl gebildet wird und von Ringen umgeben ist, „die wie die Halos aussehen, die bei Nebel um die Sonne herum entstehen." Auch bei Halos handelt es sich um typische Beugungserscheinungen. In weiteren Veröffentlichungen präsentiert Thomson Beugungsringe, die bei der Durchstrahlung dünner Folien aus Gold, Aluminium, Platin und anderen Metallen entstehen. Die Parallele zur Röntgenbeugung (Debye-Scherrer-Methode) ist augenfällig. Wie die Rückstreu-Versuche von Davisson und Germer kann auch Thomsons Verfahren zur Strukturanalyse von Kristallen benutzt werden. 1937 erhalten Davisson und Thomson den Nobelpreis „für ihre experimentelle Entdeckung der Elektronenbeugung an Kristallen".

ME

Davisson (links) und Germer (rechts) mit der für die Elektronenbeugung benutzten Röhre. →

Die Anfänge der Elektronenmikroskopie

Eigentlich ist 1927 mit dem Nachweis der Elektronenbeugung die Parallele zum Licht perfekt. Elektronenstrahlen breiten sich wie Lichtstrahlen aus und können wie diese abgelenkt und gebeugt werden. Sollte es dann nicht auch wie für das sichtbare Licht entsprechende optische Geräte geben? Die in der Lichtoptik mit Glaslinsen hervorgerufene Strahlenablenkung müsste in der Elektronenoptik durch elektrische oder magnetische Felder bewirkt werden. Der Strahlengang in einem Elektronenmikroskop wäre derselbe wie in einem Lichtmikroskop – mit dem Unterschied, dass damit viel kleinere Objekte abgebildet werden könnten, da die Auflösung nach de Broglies Formel wegen der kleineren Wellenlänge der Elektronen mehrere tausend Mal besser als die eines Lichtmikroskops wäre.

Was im Nachhinein auf der Hand zu liegen scheint, entspricht aber nicht der historischen Entwicklung des 1931 erfundenen Elektronenmikroskops. „Dass bereits einige Jahre vorher von dem Franzosen de Broglie die These der Materiewellen aufgestellt worden war, wussten wir als Ingenieure damals noch nicht", erinnerte sich Ernst Ruska, dem 1986 („for his fundamental work in electron optics, and for the design of the first electron microscope") der Nobelpreis verliehen wird. Im Jahr 1928, als Ruska noch als Student im Hochspannungslaboratorium der Technischen Hochschule Berlin für eine Studienarbeit über Kathodenstrahloszillographen erste elektronenoptische Versuche durchführt, gilt das Interesse dem „Schreibfleck" eines Elektronenstrahls auf dem Oszillographenschirm. Er soll möglichst klein und hell erscheinen. Dazu werden Spulen eingesetzt, die mit ihrem Magnetfeld das aus der Kathode austretende Bündel von Elektronenstrahlen wie eine Linse fokussieren. Was zuerst nur den Kathodenstrahloszillograph betrifft, wandelt sich in Ruskas Diplomarbeit 1930 mehr und mehr in die allgemeinere Zielsetzung, elektronenoptische Abbildungen nach dem Muster der geometrischen Optik zu erzeugen. Die Qualität von Ruskas Elektronenoptik zeigt sich zuerst in Gestalt vergrößerter Abbildungen eines vor der Kathode platzierten Platinnetzes. Das im nächsten Schritt entwickelte Gerät liefert dann vergrößerte Bilder der Kathodenoberfläche selbst. Das Ergebnis fördert wieder das Interesse an Kathodenstrahloszillographen, da die gleiche Technologie für die Fernsehröhren wichtig ist, die in den 1930er Jahren zunehmend Bedeutung erlangen. Erst danach wird den Ingenieuren im Hochspannungslaboratorium der TH Berlin klar, dass die Elektronenwellenlänge ihrer Kathodenstrahlen klein genug ist, um theoretisch – ohne Linsenfehler und sonstige Störfaktoren – die Auflösungsgrenze des Lichtmikroskops bei Weitem zu übertreffen.

Für Ruska ist damit der weitere Weg vorgezeichnet. Der Titel seiner im August 1933 eingereichten Doktorarbeit lautet „Über ein magnetisches Objektiv für das Elektronenmikroskop". Wenige Monate später präsentiert er mit einem nach diesen Überlegungen konstruierten Gerät Aufnahmen mit 12 000-facher Vergrößerung. Dennoch ist der Weg zum kommerziellen Elektronenmikroskop noch weit. Es dauert auch noch mehrere Jahre bis zur Entwicklung einer Präparatetechnik, die auf die besonderen Bedingungen im Elektronenmikroskop (Vakuum, extrem dünne Folien, Kontrastmittel für biologische Präparate) abgestimmt ist. Ruskas Bruder, Arzt an der Berliner Charité, gelingen 1938 die ersten elektronenmikroskopischen Aufnahmen von Viren. Bei der industriellen Entwicklung, die von Patentstreitigkeiten, Firmenkonkurrenz und politischer Propaganda begleitet wird, setzt sich Siemens durch. 1939 wird das erste kommerziell vertriebene Siemens-Elektronenmikroskop an den Chemiekonzern IG-Farben in Frankfurt-Höchst ausgeliefert. Es befindet sich heute im Deutschen Museum.

ME

Nachbau des Elektronenmikroskops von
Ernst Ruska für das Deutsche Museum. →

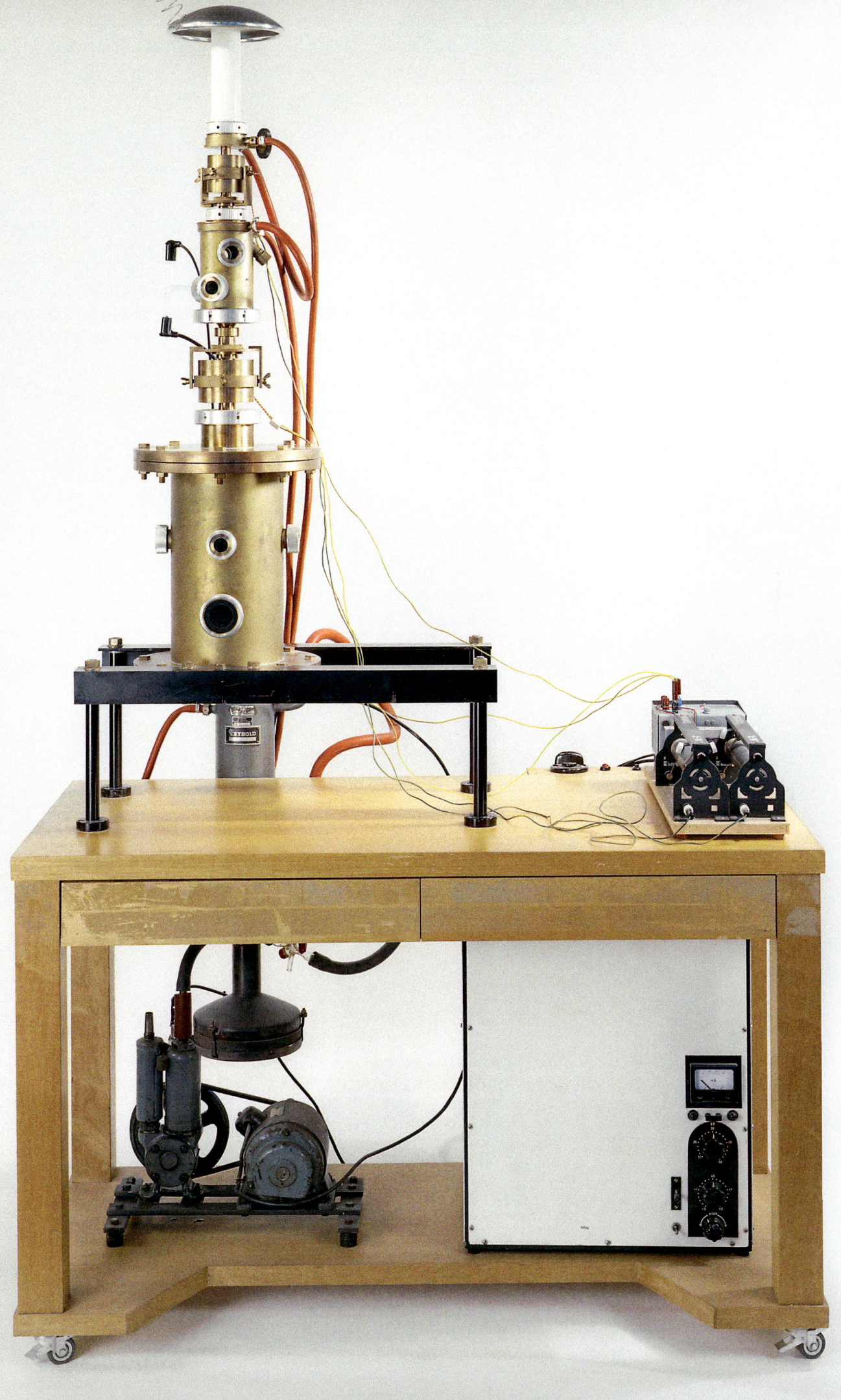

Die Entdeckung des Neutrons

Seit 1911, als Rutherford bis auf die Elektronen in der Atomhülle die ganze Masse des Atoms in den Kern verbannt hat, rätseln die Physiker über den Atomaufbau. Im Periodensystem hat jedes Element seinen, durch die Ordnungszahl und das Atomgewicht festgelegten Platz. Die Ordnungszahl ist gegeben durch die Anzahl der Elektronen in der Atomhülle. Im Atomkern muss die entsprechende positive Ladung zusammengeballt sein, damit das Atom als Ganzes elektrisch neutral ist. Aber diese Anzahl der Protonen reicht bei Weitem nicht aus, um die Masse des Atoms zu erklären (mit Ausnahme von Wasserstoff). Kohlenstoff hat zum Beispiel in der Atomhülle 6 Elektronen aber ein Atomgewicht, das etwa der Masse von 12 Protonen entspricht. Sind im Atomkern doppelt so viele Protonen wie Elektronen in der Atomhülle? Lange Zeit glaubt man, dass die Ladung dieser überzähligen Protonen durch Elektronen im Kern kompensiert wird. Beim β-Zerfall werden hochenergetische Elektronen emittiert – dabei könnte es sich um diese Kernelektronen handeln. Aber in den 1920er Jahren mehren sich die Hinweise, dass dieses Bild nicht stimmen kann. Rutherfords Assistent James Chadwick glaubt, dass sich im Atomkern neben dem Proton ein etwa gleich schweres, elektrisch neutrales Teilchen verbirgt, aber es gelingt ihm lange nicht, dafür einen Nachweis zu erbringen.

Die Wende bahnt sich 1930 an, als Walther Bothe und Herbert Becker an der Physikalisch-Technischen Reichsanstalt in Berlin beim Beschuss von Beryllium mit α-Strahlen, also Heliumkernen, eine – wie sie glauben – extrem starke Emission von g-Strahlen messen. Diese „Beryllium-Strahlung" kann, wie Irène Curie und Frédéric Joliot in Paris feststellen, dünne Metallfilme aus schweren Atomen mühelos durchdringen, aber wenn sie auf Substanzen mit leichten Atomen wie Paraffin oder Wasser gelenkt werden, führt das zur Emission von schnellen Protonen. Als Chadwick diese im Februar 1932 in den *Comptes Rendus* der Pariser Akademie veröffentlichten Ergebnisse zu Gesicht bekommt, sieht er darin sofort ein Indiz für die neutralen Teilchen im Atomkern. Noch im gleichen Monat schickt er eine kurze Mitteilung an *Nature* mit dem Titel „Possible Existence of a Neutron". Die Deutung der Beryllium-Strahlung als γ-Strahlen lasse sich schwerlich mit den Gesetzen der Energie- und Impulserhaltung in Einklang bringen, aber diese Schwierigkeiten verschwänden, „wenn man annimmt, dass die Strahlung aus Teilchen mit der Masse 1 und Ladung 0, Neutronen, besteht. Der Einfang eines α-Teilchens durch einen Be9-Kern führt allem Anschein nach zur Bildung eines C12-Kerns und zur Emission eines Neutrons."

Im Mai 1932 präsentiert Chadwick unter dem Titel „The Existence of a Neutron" den *Proceedings of the Royal Society* eine ausführliche Darstellung des Experiments, das seine Deutung der Beryllium-Strahlung als Neutronenstrahlung untermauert: In einer luftleer gepumpten Kammer wird Beryllium mit α-Strahlung aus einer Polonium-Quelle bestrahlt; die durch eine Metallfolie austretenden Neutronen schlagen aus einer dünnen Paraffinschicht Protonen heraus, die in einem Zählrohr aufgefangen werden. Die elektrischen Signale aus dem Zählrohr werden verstärkt und auf einem angeschlossenen Oszillographenschirm sichtbar gemacht. Chadwick legt der Royal Society am gleichen Tag auch Nebelkammeraufnahmen seines Kollegen Norman Feather vor. Wie aus dem Nichts erscheinen darauf kurze Spuren von Stickstoffkernen, die als Folge von Stößen mit den unsichtbaren Neutronen interpretiert werden können. Neutronen, die beim Stoß von den Stickstoffkernen absorbiert werden, können auch Kernzerfälle auslösen, die sich als abgeknickte Spuren auf den Nebelkammeraufnahmen bemerkbar machen.

ME

Nachbau der von Chadwick benutzten Kammer für den Nachweis des Neutrons. →

Das positive Elektron in der kosmischen Strahlung

Am 9. September 1932 erscheint in *Science* ein kurzer Aufsatz mit dem merkwürdigen Titel „The Apparent Existence of Easily Deflectable Positives". Der Autor, Carl Anderson, ist Doktorand am California Institute of Technology (CalTech) in Pasadena. Sein Doktorvater Robert Andrews Millikan hat 1923 für die Bestimmung der Elementarladung des Elektrons den Nobelpreis erhalten und danach die kosmische Strahlung zu seinem neuen Forschungsfeld ausgewählt. Anderson soll für Millikan prüfen, ob an der Erdoberfläche Elektronen in einem bestimmten Energiebereich ankommen, denn davon erhofft er sich eine Bestätigung seiner Auffassung von den kosmischen Strahlen (die sich bald als falsch erweist). Als Nachweisgerät dient eine auf dem Dach des Physikinstituts aufgestellte, mit elektrischen Spulen versehene Nebelkammer.

Anderson sichtet Hunderte von Aufnahmen, bevor er fündig wird. Er habe „einige Spuren gefunden, die anscheinend von positiven Teilchen herrühren", berichtet Anderson im *Science*-Artikel. Also keine Elektronen, sondern Protonen? Doch die aus den Teilchenspuren ablesbare Energie passt nicht zu Protonen. Den Spuren zufolge „müssen die Massen dieser Teilchen sehr klein gegenüber der Masse des Protons sein." Die Unsicherheit, mit der die Physiker am CalTech diese Aufnahmen betrachten, ist deutlich zu spüren. Erst ein halbes Jahr später veröffentlicht Anderson unter der Überschrift „The Positive Electron" im *Physical Review* das Foto, das für ihn nun die Existenz eines neuen Teilchen beweist. Inzwischen liegen auch aus dem Rutherford'schen Laboratorium entsprechende Hinweise vor. Patrick Blackett und Giuseppe Occhialini experimentieren dort mit einer Nebelkammer, die durch Geigerzähler ausge-

löst wird. So wird immer nur dann eine Aufnahme angefertigt, wenn ein ionisierendes Teilchen die Nebelkammer passiert. Die damit fotografierten Belege für das positive Elektron werden im März 1933 in den *Proceedings of the Royal Society in London* veröffentlicht. Jetzt wird auch ein Bezug zu einer Theorie von Paul Dirac hergestellt, der 1928 als Folge seiner Arbeiten zur Quantenmechanik zu dem Schluss gelangt ist, dass zu den Energiezuständen der Elektronen auch negative Energiezustände gehören, die er Löcher nennt – und die jetzt als positive Elektronen interpretiert werden können. „Wenn das Verhalten der positiven Elektronen genauer erforscht ist, wird es möglich sein, die Vorhersagen von Diracs Theorie zu überprüfen", schreiben Blackett und Occhialini.

Das positive Elektron sorgt für kontroverse Diskussionen unter den Physikern. Nur im Rückblick erscheint es als experimentelle Bestätigung der Dirac'schen Theorie. Niels Bohr zum Beispiel glaubt auch nach der Veröffentlichung der Nebelkammeraufnahmen von Andersen, Blackett und Occhialini, wie er im April 1933 an einen Kollegen in Cambridge schreibt, „dass es noch lange dauern wird, bis wir gesicherte Kenntnisse über die Existenz oder Nichtexistenz der positiven Elektronen besitzen. Auch die Anwendbarkeit der Dirac'schen Theorie auf dieses Problem halte ich nicht für sicher, oder genauer, bezweifle ich, jedenfalls für den Augenblick." Spätestens 1936, als Anderson „for his discovery of the positron" den Nobelpreis erhält, lösen sich alle Zweifel in Wohlgefallen auf. Das Jahr 1932, in dem das Neutron und das Positron auf die Welt kommen, gilt heute als das „annus mirabilis" der Kern- und Elementarteilchenphysik.

ME

Nebelkammerspur eines Positrons, das eine Bleiplatte durchquert und dabei durch ein starkes Magnetfeld abgelenkt wird. Aus der Bahnkrümmung lassen sich elektrische Ladung und Energie bestimmen. →

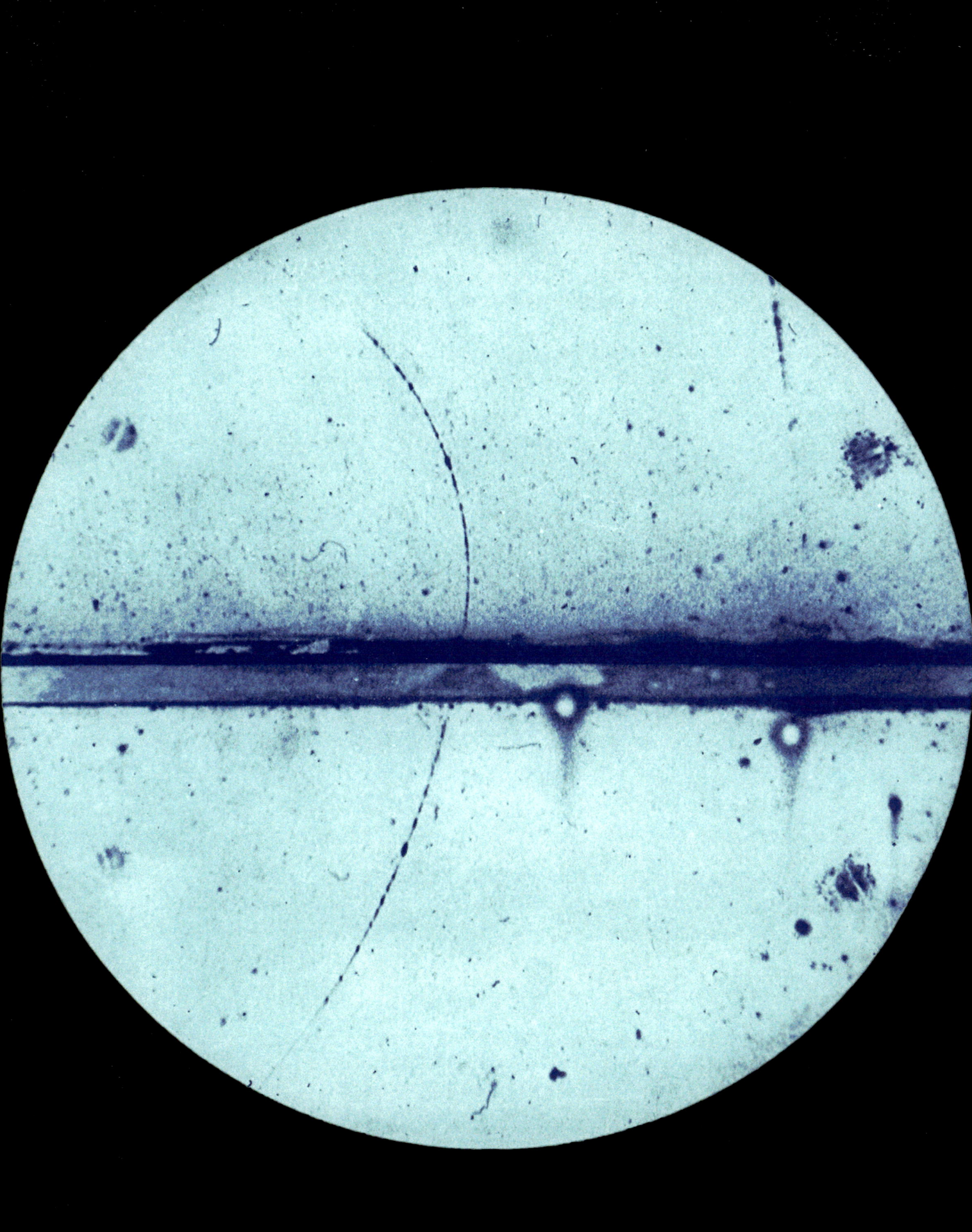

Das Zyklotron – die Kernphysik auf dem Weg zur Großforschung

1928 beginnen John Cockcroft und Ernest Walton im Rutherford'schen Cavendish Laboratorium mit Versuchen, Protonen auf so hohe Energie zu beschleunigen, dass sie in Atomkerne eindringen können. Sie müssen dabei die elektrostatische Abstoßung durch die Kernprotonen überwinden. 1932 gelingt ihnen damit die Umwandlung von Atomkernen. Der „Cockcroft-Walton-Beschleuniger besteht aus einer Hochspannungskaskade, die den Protonen in einem evakuierten Rohr mit zylindrischen Elektroden von Stufe zu Stufe eine immer höhere kinetische Energie mit auf den Weg gibt.

Um dieselbe Zeit beginnt Ernest Lawrence in Berkeley mit dem Bau von Beschleunigern. Er ist beeindruckt von den Versuchen im Cavendish Laboratorium. Aber Lawrence verfolgt ein anderes Prinzip. Er zwingt die Teilchen mit einem starken Magnetfeld auf eine Kreisbahn und sorgt mit regelmäßigen Spannungsimpulsen bei jedem Umlauf dafür, dass ihre Geschwindigkeit und damit der Bahnradius zunimmt. Dazu muss die Frequenz der Spannungsimpulse genau mit der Umlauffrequenz, die durch das Magnetfeld bedingt ist, abgestimmt werden. Aus dem Blickwinkel der Physik handelt es sich um eine Anwendung einfacher Gesetze der Elektrodynamik. Die Wirkungsweise des Zyklotrons, wie Lawrence seine Erfindung nennt, gehört heute zu den häufig gestellten Übungsaufgaben für Physikstudenten. Mit Blick auf die Realisierung im Labor handelt es sich jedoch um eine große Herausforderung.

Als Lawrence im September 1930 auf einem Treffen der amerikanischen National Academy of Science über erste Versuche mit einem kleinen Prototyp berichtet, gibt er sich noch sehr zurückhaltend: „Vorläufige Experimente lassen vermuten, dass es wahrscheinlich keine ernsten Schwierigkeiten bereitet, damit Protonen auf die für das Studium von Kernen benötigte hohe Geschwindigkeit zu beschleunigen." Im August 1931 kann er mit einem 11-inch-Zyklotron bereits Protonen auf 1,1 Millionen Elektronenvolt (MeV) beschleunigen. Das Maß 11 inch = 27,94 cm gibt den Durchmesser der Vakuumkammer im Polschuh des Magneten an. Das nächste Zyklotron mit einer 27-inch-Vakuumkammer und einem 80 Tonnen schweren Magneten wird in einem eigenen „Hochgeschwindigkeitsteilchen-Labor" untergebracht Das „high speed corpuscle laboratory" wird später in „Radiation Laboratory" umbenannt. 1939 nehmen Lawrence und seine Mitarbeiter ein 60-inch-Zyklotron mit einem 220 Tonnen schweren Magneten in Betrieb. Die Energie der darin beschleunigten Teilchen reicht aus, um die Atomkerne fast aller Elemente im Periodensystem durch Bestrahlung umzuwandeln – sei es, um für die Biologie und die Medizin radioaktive Isotope herzustellen, oder um den Kernphysikern maßgeschneiderte Präparate für weitergehende Untersuchungen zur Verfügung zu stellen. 1939 erhält Lawrence den Nobelpreis „for the invention and development of the cyclotron and for results obtained with it, especially with regard to artificial radioactive elements".

Cockcroft-Walton-Beschleuniger (auch Cockcroft wird später mit dem Nobelpreis ausgezeichnet) und Zyklotrone verändern die Praxis in der Kernphysik. Die USA dominieren jetzt die Forschung. „Das Charakteristische der amerikanischen Physik ist team work", schreibt Hans Bethe 1936 an seinen alten Lehrer Arnold Sommerfeld. Bethe war 1933 von den Nazis aus Deutschland vertrieben worden und beginnt jetzt an der Cornell University in Ithaka eine neue Karriere. Dort arbeitet er mit dem Lawrence-Schüler Milton Stanley Livingstone zusammen, der gerade ein Zyklotron installiert hat und Bethe als Theoretiker hinzuzieht. „Was ich selbst getan habe", setzt Bethe seinen Bericht an Sommerfeld fort, „sehen Sie im Wesentlichen in der *Physical Review* und *Reviews of Modern Physics*. Es ist alles über Kerne...".

ME

Lawrence (ganz rechts) und seine Mitarbeiter vor einem Zyklotron. →

Kristalle und Farbzentren

Existieren Kristalle wirklich so perfekt regelmäßig, wie einfache Gittermodelle oder die Röntgenbeugung suggerieren? Warum haben sie zum Beispiel unterschiedliche Farben? Kochsalzkristalle (Natriumchlorid, NaCl), als Steinsalz im Bergbau gewonnen, werden nicht nur farblos gefunden, sondern auch blauviolett. Man kann sie auch, etwa mit Natrium- oder Kaliumdampf zartgelb färben. Kurz nach 1900 zeigt das Ultramikroskop bei der Firma Zeiss, dass in den blauvioletten Kristallen Natriumkolloide, also Zusammenballungen von Atomkomplexen, eingelagert sind. Doch die zartgelbe Färbung bleibt rätselhaft. Sie muss von Teilchen in atomarer Größe erzeugt werden. Der russische Physiker Abraham Joffe findet in Röntgens Labor ab 1905, dass gelb gefärbtes Kochsalz 40 000-mal besser elektrisch leitet als farbloses – der Strom bleibt jedoch minimal. Joffe und sein Kollege Frenkel schlagen bis 1926 vor, dass wegen der immer vorhandenen Wärmebewegung einzelne Atome eines regulären Kristalls in das Zwischengitter „verdampfen". In den Reihen der Atome bleiben Löcher zurück, in die andere Atome einrücken und von Loch zu Loch durch den Kristall wandern können.

In Göttingen beginnt der Experimentalphysiker Robert Wichard Pohl nach dem Ersten Weltkrieg eine langjährige Untersuchung an solch speziellen Isolatorkristallen, den Alkalihalogeniden. Beeindruckt davon,

wie die bunten Erscheinungen der Gasentladungsphysik atomphysikalisch geklärt wurden, möchte er auch im „Riesenmolekül" des Kristalls einfache Gesetzmäßigkeiten finden. Alkalihalogenidkristalle sind einfach gebaut und lassen sich elektrisch wie optisch (da transparent) vielfältig untersuchen. Sein Institut züchtet sie äußerst rein aus der Schmelze, färbt sie chemisch oder mit Röntgenstrahlung, und untersucht sie auch bei tiefen und hohen Temperaturen. Bis Ende der 1930er Jahre ergibt sich, dass solch zarte Färbungen wirklich Eigenstörungen des Kristallgitters in atomarer Größenordnung sein müssen. Sie werden also nicht von fremden Atomen erzeugt. Pohl nennt sie „Farbzentren". Bei Kochsalz etwa genügt ein einziges Störzentrum auf 1 Million oder noch mehr Chloratomen, um das zarte Gelb zu erzeugen. Pohl glaubt, dass es Elektronen an Alkaliionen im Zwischengitter sind. Werden sie durch Lichteinstrahlung in einen höheren Energiezustand versetzt, absorbieren sie daraus die entsprechende Wellenlänge. So bleibt etwa die Restfarbe Gelb übrig. Bei Kaliumchlorid ist es Blau.

Diese Vorstellung wird bis 1937 noch korrigiert: Nicht Zwischengitteratome von Alkalimetall, sondern Leerstellen des Halogenatoms existieren im Kristall, in die Elektronen fallen und weiter wandern können. Legt man an die eine Seite eines Kaliumchloridkristalls eine negative Elektrode, an die andere eine positive Elektrode, dann wandert eine blaue Ladungswolke zum positiven Pol, einem (sehr geringen) elektrischen Strom entsprechend. Der Halbleiterphysiker Walter Schottky erklärt ähnlich den technisch wichtigen, viel leitfähigeren und chemisch stabileren Halbleiter Kupfer(I)oxid, der bei der Firma Siemens zur Herstellung von Gleichrichtern verwendet wird. Hier gibt es Kupferleerstellen und Defektelektronen.

JT

Walter Schottky 1937: Elektronen- und Defektelektronenwanderung in atomaren Leerstellen von Kristallen.

Modellversuch mit Na-Ionen (rot) und Cl-Ionen (weiß), dazu Leerstellen, in einem Kochsalzmodell. →

Die Spaltung des Urankerns

Am 22. Dezember 1938 geht bei der Zeitschrift Naturwissenschaften eine Arbeit von Otto Hahn und Fritz Straßmann aus Berlin ein, die Weltgeschichte schreibt. Das schwerste bekannte Element Uran mit 92 Protonen im Kern kann in Teile zerschossen werden. Der Schlusssatz der Veröffentlichung allerdings lautet merkwürdig zögerlich: „Als der Physik in gewisser Weise nahestehende Kernchemiker können wir uns zu diesem, allen bisherigen Erfahrungen der Kernphysik widersprechenden Sprung noch nicht entschließen." Was ist geschehen?

Beide Forscher bestrahlen Uran mit in Paraffin verlangsamten Neutronen. Da diese elektrisch neutral sind, dringen sie leichter in schwerere Kerne ein, und weil sie langsam sind, können sie sich länger im Kernbereich aufhalten. Sie wirken hundertmal stärker als normale schnelle Neutronen. Schon länger versuchen auf diese Weise Wissenschaftler, wie Enrico Fermi in Rom, „Transurane" zu erhalten, also die Natur zu übertrumpfen – mit neuen Elementen, die schwerer sind als das bisher schwerste. Sie glauben auch, solche Transurane erhalten zu haben, darunter Nachbarelemente, die nur um ein weniges leichter sind. So sollen etwa Thorium- oder Radiumisotope entstehen. Solche radioaktiven Produkte, durch Abspaltung von ein oder zwei Protonen aus dem Urankern entstanden, werden durch ihre Halbwertszeit und chemisch durch Anreicherung mittels fraktionierter Kristallisation nachgewiesen. Nur einige Tausend Atome entstehen dabei. Nach einigen Untersuchungen sind Hahn und Straßmann überzeugt, auch Radiumisotope erhalten zu haben.

Die theoretische Physikerin Lise Meitner arbeitet mit ihnen zusammen. Doch muss sie im Juli 1938 Deutschland heimlich verlassen, da sie als österreichische Jüdin nach dem „Anschluss" Österreichs an das nationalsozialistische Deutschland unter die Nürnberger Rassegesetze fällt. Sie bleibt immerhin, von Schweden aus, in ständigem Briefkontakt mit den beiden Experimentalforschern. So teilt ihr Hahn am 19. Dezember mit, dass die fraktionierte Kristallisation keine Anreicherung von Radium bringt: „... immer mehr kommen wir zu dem schrecklichen Schluss: Unsere Ra- Isotope verhalten sich nicht wie Ra, sondern wie Ba." Schrecklich, weil die Kernphysik um diese Zeit das Zerplatzen eines so großen festen Atomkerns in viel kleinere Produkte nicht für möglich hält. Das zweite Produkt in diesem Fall, findet Hahn bald, ist Krypton.

Die Briefe gehen noch bis Januar hin und her. Lise Meitner und ihr Neffe Otto Robert Frisch geben bald eine theoretische Erklärung für den „schrecklichen Schluss". Der Zerfall in zwei leichtere Kerne ist gerade energetisch möglich. Keine Transurane also sind entstanden, sondern viel leichtere Zerfallsprodukte und erhebliche überschüssige Energie. Keiner weiß, dass nur das im Urangemisch minimal vorhandene Isotop U-235 dafür verantwortlich ist.

Bald erkennt man auch, dass bei den Zerfallsprozessen des U-235 mehr Neutronen entstehen als zum Spalten eines Kerns benötigt werden – eine Kettenreaktion von immer schnellerem Zerfall von Kernen ist denkbar.

JT

Der Original-Experimentiertisch von Hahn und Straßmann enthält Geräte, die in 3 verschiedenen Räumen eingesetzt wurden. Im Paraffinblock liefert Radium mit Beryllium die Neutronen. An den Block werden Papiertütchen mit Uran zur Bestrahlung angelehnt. Nur der Glaskolben weist auf die chemische Anreicherung des Spaltprodukts Barium durch fraktionierte Kristallisation hin. Alle übrigen Objekte dienen zur Messung der Radioaktivität der Spaltprodukte. →

Energieprozesse in Sternen: der Bethe-Weizsäcker-Zyklus

Von April 1936 bis Juli 1937 erscheinen drei Beiträge über Kernphysik in den *Reviews of Modern Physics*. Einen davon hat Hans Bethe allein verfasst, die beiden anderen mit Kollegen seines Physikdepartments an der Cornell University. Der letzte Teil ist mit „Nuclear Physics C. Nuclear Dynamics, Experimental" überschrieben; Bethes Koautor ist der Zyklotron-Konstrukteur M. Stanley Livingston. Die Trilogie umfasst insgesamt knapp 500 Seiten und geht als „Bethe Bibel" in die Geschichte der Kernphysik ein. Man kann Bethe wohl als den Physiker mit dem umfassendsten kernphysikalischen Wissen seiner Zeit betrachten.

1938 bietet sich Bethe bei einer Konferenz über Astrophysik in Washington eine unerwartete Gelegenheit, von diesem Wissen Gebrauch zu machen. Es geht um die Frage, wie in den Sternen Energie erzeugt wird. Die Astrophysiker der 1930er Jahre wissen, dass die Temperatur im Innern der Sonne so hoch ist, dass sich die Elektronen von den Atomkernen gelöst haben und man den energieliefernden Prozess in Reaktionen der Atomkerne zu suchen hat. Carl Friedrich von Weizsäcker sieht 1937 in der Verschmelzung von zwei Protonen zu einem „Deuteron" den ersten Schritt einer Kette von Kernumwandlungen, die aus Wasserstoff schließlich Helium erzeugt und dabei nach der Formel $E = m \times c^2$ Masse in Energie verwandelt. Bethe und ein Kollege führen die Rechnung bis in alle Einzelheiten durch und kommen zu dem Schluss, dass dies in der Tat die richtige Energieausbeute liefert. Für größere Sterne genügt diese Erklärung nicht. „Ich ging Schritt für Schritt durch das Periodensystem und betrachtete die verschiedenen Kerne, die mit Protonen reagieren können", so erinnert sich Bethe viele Jahre später. „Sobald ich den Kohlenstoffkreislauf gefunden hatte, konnte ich auch ziemlich leicht die entsprechenden Berechnungen durchführen, denn ich wusste ja von meinen Review-Artikeln, wie die Kernreaktionen von der Temperatur und anderen Größen abhängen." Auch Weizsäcker skizziert diesen Prozess, belässt es aber bei qualitativen Überlegungen.

Die Energieerzeugung in diesem „Bethe-Weizsäcker-Zyklus" beruht auf der Anlagerung von Protonen und den dadurch ausgelösten Reaktionen. Es ist ein in mehreren Schritten ablaufender Prozess: Die Verschmelzung von Protonen, also Kernen von Wasserstoffatomen (H), führt zur Bildung von Helium (He). Dann wirken Atomkerne von Kohlenstoff (C) als Katalysator für eine Reaktionskette, bei der durch die Anlagerung von Protonen weitere energieliefernde Reaktionen mit Stickstoff (N) und Sauerstoff (O) ablaufen, der unter Emission von Alphastrahlen (He) wieder zu Stickstoff wird. Man nennt diesen Prozess daher auch CNO-Zyklus. Er ist nach heutigem Wissen aber nur in schweren Sternen (mindestens mit dem 1,3-fachen Gewicht der Sonne) der vorherrschende Energielieferant.

Bethes Theorie erscheint am 1. März 1939 im *Physical Review* unter dem Titel „Energy Production in Stars". Sie markiert die Geburt einer neuen Disziplin zwischen Kernphysik und Astronomie, der nuklearen Astrophysik. Bethe erhält 1967 dafür den Nobelpreis. Henry Norris Russell, der führende Astronom in den USA, sieht in Bethes Theorie schon 1939 „die bemerkenswerteste Errungenschaft auf dem Gebiet der theoretischen Astrophysik der letzten fünfzehn Jahre", wie er im *Scientific American* ausführt. Der Zweite Weltkrieg verhindert die rasche Erschließung des neuen Forschungsfeldes. Erst in den 1950er Jahren wird die in den Sternen stattfindende Synthese der Elemente im Periodensystem in allen Einzelheiten erforscht.

ME

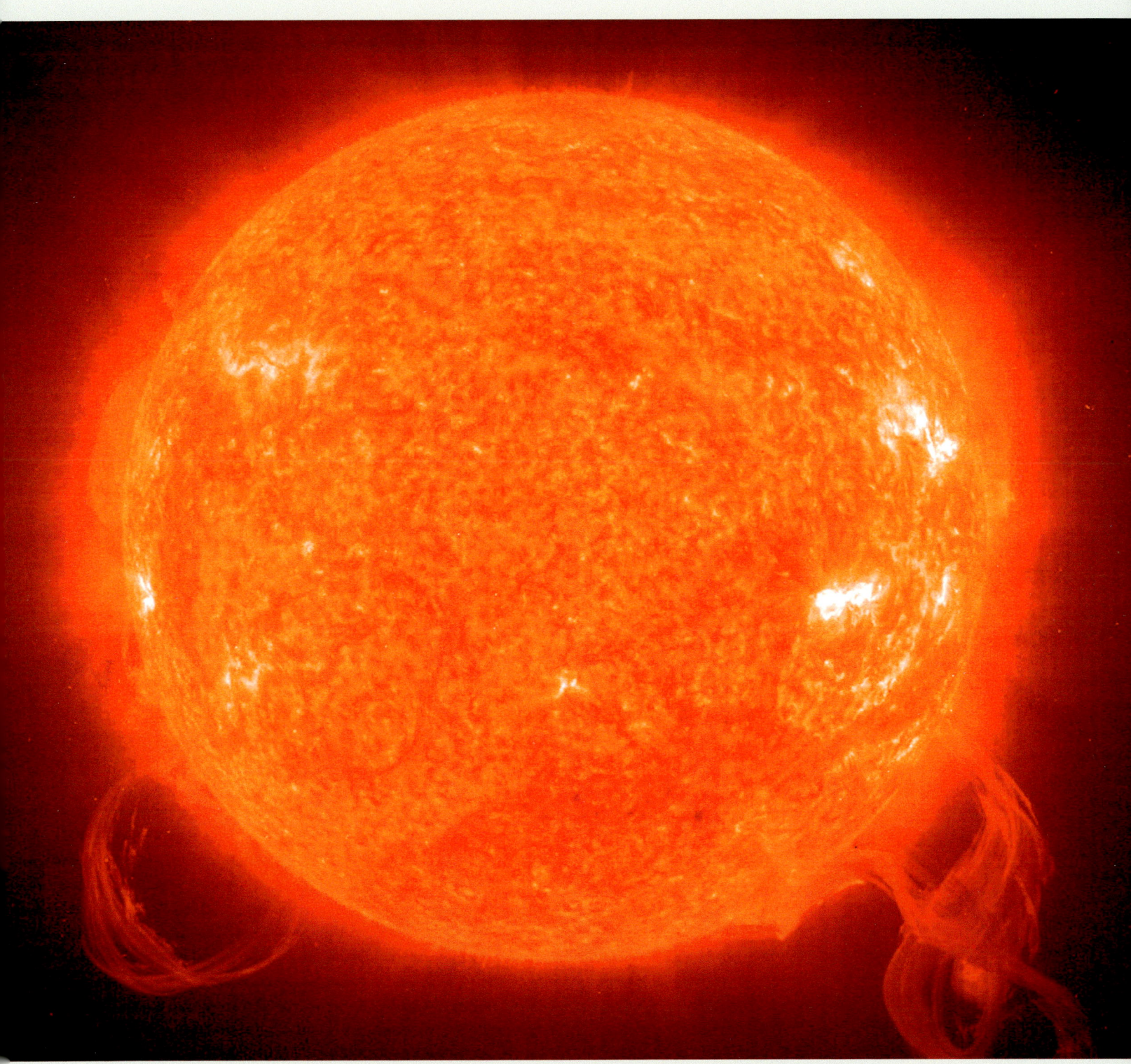

Die Energie der Sonne wird durch Verschmelzung von Atomkernen nach dem von Bethe beschriebenen CNO-Zyklus erzeugt.

DIE OMNIPOTENTE PHYSIK?
ENTDECKUNGEN
UND PROBLEME FÜR DAS
21. JAHRHUNDERT

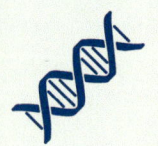

DIE OMNIPOTENTE PHYSIK?
ENTDECKUNGEN UND PROBLEME
FÜR DAS 21. JAHRHUNDERT

Mit dem Atombombenprojekt demonstrieren Physiker im Zweiten Weltkrieg, dass ihr Fach zu einem Machtfaktor geworden ist. Nicht so spektakulär und zerstörerisch, aber mindestens ebenso kriegstechnisch bedeutend ist die Entwicklung des Mikrowellenradars. Neue Technologien wie Transistor, Maser und Laser, ja sogar so esoterisch anmutende neue Theorien wie die Quantenelektrodynamik beruhen auf die eine oder andere Weise auf Erfahrungen aus den Kriegsprojekten der Physiker. Das Radarprojekt findet mit den dort entwickelten Mikrowellen-Komponenten Eingang in zahlreiche Physiklaboratorien und lässt neue Wissenschaften wie die Molekülspektroskopie und die Quantenelektronik aufblühen. Der Kalte Krieg sorgt dafür, dass den Physikern in Ost und West das Geld für einschlägige Forschungsarbeiten nicht ausgeht. Die im Krieg forcierte Weiterentwicklung der Elektronik kommt fast allen experimentell forschenden Fächern zugute, von der Strömungsmechanik bis zur Biophysik. Die Raketentechnik der V 2 von Peenemünde markiert den Beginn der Weltraumphysik – zuerst bei der Erforschung der oberen Schichten der Erdatmosphäre, dann mit der Entdeckung von Strahlengürteln bis in mehr als zehntausend Kilometern Höhe, und schließlich in ihrer Weiterentwicklung mit Satelliten, die den interplanetaren Raum erkunden.

Mit der Entwicklung der Wasserstoffbombe im Kalten Krieg öffnen die Physiker endgültig die Büchse der Pandora. Ihre Zerstörungskraft übertrifft die der Atombomben von Hiroshima und Nagasaki um das Tausendfache. Die „Super", wie sie in den USA genannt wird, nährt auch den Wunsch, das Sonnenfeuer auf der Erde in einem Fusionsreaktor zu zähmen. Zwei Konzepte erscheinen erfolgversprechend: Der in Princeton entwickelte „Stellarator", bei dem das Plasma durch starke, spiralig verwundene Magnetfelder eingeschlos-

sen und aufgeheizt wird und der in der Sowjetunion favorisierte „Tokamak", eine Art gigantischer Transformator, bei dem das Plasma durch hohen Stromfluss auf Fusionstemperaturen gebracht werden soll. Enthusiasten versprechen schon 1958 bei einer „Atoms for Peace"-Konferenz, in 20 Jahren mit der kontrollierten Kernverschmelzung in einem Fusionsreaktor die Quelle unerschöpflicher Energie zur Verfügung zu stellen. Spötter fügen hinzu, dass diese 20-Jahres-Prognose unabhängig vom Zeitpunkt ihrer Verkündung gilt. Die Entwicklung der Fusionsforschung gibt ihnen bislang Recht. Seit 2007 wird in Cadarache in Südfrankreich von einem internationalen Forschungsverbund an dem derzeit größten und teuersten Experimental-Fusionsreaktor der Welt namens ITER (International Thermonuclear Experimental Reactor) gebaut. Er soll 2025 mit einem Plasma aus gewöhnlichem Wasserstoff und zehn Jahre später mit dem für die Energieerzeugung wirksameren Plasma aus den Wasserstoffisotopen Deuterium und Tritium das Funktionieren dieser Technologie für einen künftigen Fusionsreaktor demonstrieren. Seine Dimensionen reichen an die der größten Maschinen in der Teilchenphysik heran.

Doch nicht jede physikalische Forschung seit dem Zweiten Weltkrieg ist „Big Science" und nährt Allmachtsfantasien. Bedeutende Entdeckungen sind auch auf anderen Gebieten zu verzeichnen. Oft reichen die Wurzeln weit zurück, und vielfach handelt es sich bei den neu gewonnenen Erkenntnissen auch nicht um wissenschaftliche Revolutionen, sondern eher um kleinere Sprünge in einer Art evolutionären Entwicklung, die durch neue Technologien wie den Computer oder den Laser ermöglicht wurde. Im Detail weist jeder Einzelfall Besonderheiten auf, die mit einem allgemeinen Entwicklungsschema kaum zu erfassen sind.

ME

← Das Rechenzentrum von CERN.

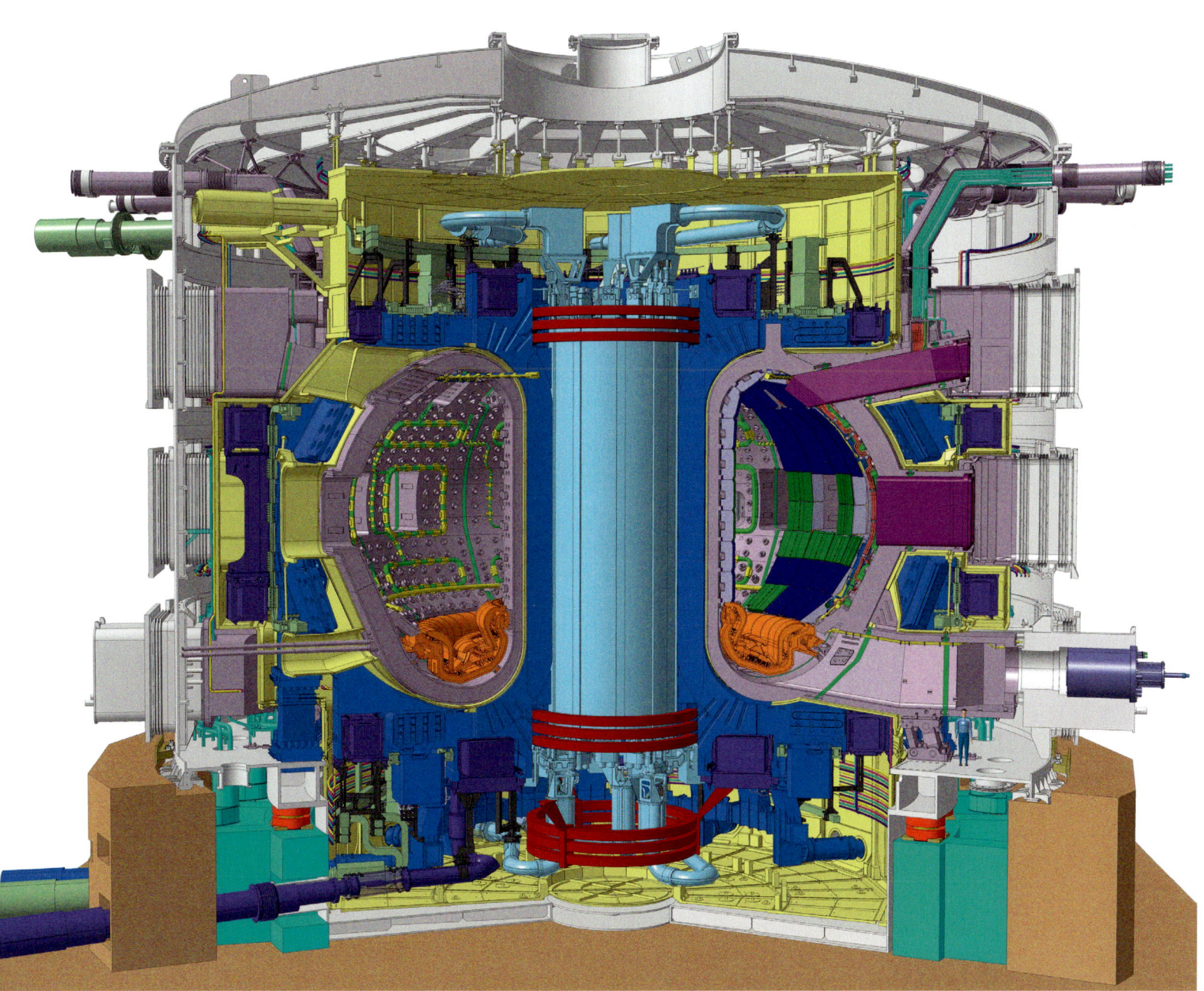

Schema des in Bau befindlichen Fusionsreaktors ITER in Cadarache.

Die Atombombe

Dass bei der Verschmelzung leichter Atomkerne große Energiemengen freigesetzt werden können, ist spätestens seit den Arbeiten von Bethe und Weizsäcker über die Energieerzeugung in Sternen bekannt. Aber dazu bedarf es Temperaturen, wie sie im Sterninneren herrschen, so dass diese Möglichkeit der Energieerzeugung auf der Erde – vorerst – außer Betracht bleibt. Mit den Elementen am anderen Ende des Periodensystems ist die Energiegewinnung aus Atomkernen aber durchaus unter irdischen Bedingungen möglich, wie die Spaltung von Uranatomen zeigt. Dabei werden Neutronen freigesetzt. Wenn diese in einer genügend großen Uranmasse zur Spaltung weiterer Urankerne führen, kann es zu einer Kettenreaktion kommen. Gelänge es, die bei der Kettenreaktion in einer „Uranmaschine" freiwerdende Energie in nutzbare Arbeit zu verwandeln, so veranschaulicht ein Physiker das Potential der Kernspaltung in den *Naturwissenschaften* im Juni 1939, könnte man mit einem Kubikmeter Uranbrennstoff 11 Jahre lang die Leistung aller deutschen Braunkohlekraftwerke ersetzen. Eine unkontrollierte Kettenreaktion würde diese Energie in Bruchteilen einer Sekunde freisetzen. Dann hätte man eine Bombe von bislang ungekannter Sprengkraft.

Kurz darauf beginnt der Zweite Weltkrieg. Die Möglichkeit einer deutschen Atombombe führt in England und in den USA zu groß angelegten Geheimprojekten, um Nazi-Deutschland beim Bau einer solchen Waffe zuvorzukommen. Es erfordert große Anstrengungen, das für eine Bombe notwendigen Uranisotop U-235 aus dem Natururan zu gewinnen. Im Dezember 1943 verfügt man in USA aber auch über winzige Mengen von Plutonium. Lawrence und seine Mitarbeiter haben das neue Element in einem Zyklotron durch Anlagerung von Neutronen an Uranatomkerne erzeugt. Wie U-235 erweist sich auch Plutonium als ein möglicher Kernsprengstoff. Allerdings genügt zu seiner Erzeugung nicht das Zyklotron, sondern man benötigt einen Reaktor und Tonnen von Natururan: Das Plutonium entsteht dabei als Nebenprodukt der Kernspaltung und kann aus dem abgebrannten Uranbrennstoff mit chemischen Methoden herausgelöst werden.

Das deutsche Atombombenprojekt kommt über einige, wenig koordinierte (und unter Historikern umstrittene) Bemühungen nicht hinaus. In den USA jedoch wird die Physik der Atombombe in Los Alamos (New Mexico) in einem großen, 1943 aus dem Boden gestampften Forschungszentrum untersucht. Für die Erzeugung von U-235 installiert man in Oak Ridge (Tennessee) riesige Anlagen mit Isotopen-Trennapparaturen. In Hanford (Washington) werden große Kernreaktoren für die Erzeugung von Plutonium genutzt. In einer Atombombe wird der Kernbrennstoff auf zwei oder mehrere unterkritische Massen aufgeteilt. Diese müssen in extrem kurzer Zeit zusammengebracht werden, sonst verpufft die Atomexplosion, bevor sie richtig begonnen hat. Für die Uranbombe genügt es, zwei unterkritische Massen an U-235 mit einer kanonenartigen Vorrichtung zusammenzuschießen, mit Plutonium ist das nicht schnell genug. Man ersinnt dafür eine Implosionsmethode: Die in einer Kugelschale verteilte unterkritische Masse wird dabei mit Schockwellen einer konventionellen Sprengstoffexplosion zum Kugelzentrum hin fokussiert. Die Plutonium-Implosionsmethode wird im Juli 1945 mit einer Versuchsexplosion erprobt. Im August 1945 wird Hiroshima mit einer U-235-Bombe und Nagasaki mit einer Plutoniumbombe zerstört. An die 140 000 Menschen werden dabei sofort getötet. Viele Überlebende sterben danach an der Strahlenkrankheit. Die Rate der Krebserkrankungen bleibt über mehrere Jahrzehnte signifikant erhöht.

ME

Frontansicht des Hanford B Reaktors, mit dem das Plutonium für die auf Nagasaki abgeworfene Atombombe erzeugt wurde. Er gilt seit 2008 als „National Historic Landmark".

Vom Radar zur Quantenelektrodynamik

„Die Atombombe hat den Krieg nur beendet. Gewonnen hat ihn das Radar." So charakterisiert der Direktor des Radiation Laboratory am Massachusetts Institute of Technology (MIT) im Rückblick das Verhältnis dieser beiden US-amerikanischen Großprojekte physikalischer Forschung im Zweiten Weltkrieg. Im Zentrum des Radarprojekts stehen Mikrowellen; das sind elektromagnetische Strahlen mit einer Wellenlänge von einigen Zentimetern. Radarsysteme im Wellenlängenbereich von einigen Metern bis hinab zu mehreren Dezimetern sind bereits seit Kriegsbeginn im Einsatz. Deutsche Bomber können mit solchen Radarwellen schon beim Anflug auf die englische Küste erkannt werden, aber für kleinere Objekte wie das Sehrohr eines halb getauchten U-Bootes sind Zentimeterwellen erforderlich. Dazu bedarf es einer völlig neuen Technologie – von der Senderöhre (Magnetron) über Wellenleiter (Waveguide) bis zum Empfänger (Halbleiterdetektor). Für die Entwicklung dieses Mikrowellenradars werden ab 1942 wie beim Atombombenprojekt die britischen und amerikanischen Anstrengungen in den USA gebündelt: Hunderte von Physikern und Ingenieuren arbeiten bei Elektronikfirmen wie den „Bell Labs" (Bell Laboratories) und in „RadLabs" (Radiation Laboratories) am MIT und anderen Universitäten mit Hochdruck an den verschiedenen Problemen, die für die Entwicklung des Mikrowellen-Radars gelöst werden müssen.

Nach Kriegsende steht die Mikrowellentechnologie auch für zivile Anwendungen wie Rundfunk und Fernsehen sowie für die Erschließung neuer wissenschaftlicher Teildisziplinen wie die Molekülspektroskopie zur Verfügung. Als die amerikanischen Physiker in den Universitätslaboratorien sich wieder der „reinen" Wissenschaft zuwenden, können sie sich eines ganzen Arsenals neuer Mikrowellen-Gerätschaften bedienen. Willis Lamb, der am RadLab der Columbia University im Krieg an der Entwicklung eines Magnetrons für 3-cm-Wellen gearbeitet hat, nutzt 1947 zusammen mit einem Doktoranden sein Know-how für ein Experiment, bei dem sie mit einem Mikrowellenstrahl eine winzige Verschiebung gewisser Energieniveaus im Wasserstoffatom hervorrufen („Lamb shift" bzw. Lamb-Verschiebung), die zum Testfall für die Quantenelektrodynamik (QED) wird. „Die großartigen Fortschritte der Mikrowellentechnik bei Wellenlängen in der Umgebung von 3 cm ermöglichen den Gebrauch von neuen physikalischen Werkzeugen für das Studium der n = 2 Feinstrukturzustände des Wasserstoffatoms", so leiten Lamb und sein Mitarbeiter ihre Veröffentlichung im *Physical Review* ein.

Für die Quantenelektrodynamik haben die theoretischen Physiker schon in den 1930er Jahren wichtige Vorarbeit geleistet, doch man scheitert immer wieder am Problem der „Selbstenergie" des Elektrons, die der Theorie zufolge für ein punktförmiges Elektron unendlich wäre. Wenn das Elektron aber eine endliche Ausdehnung hätte, würden sich andere Widersprüche ergeben. Die Lamb-Verschiebung muss von der Wechselwirkung des Elektrons mit seinem eigenen elektromagnetischen Feld herrühren, überlegt sich Hans Bethe. Bei der theoretischen Beschreibung dieses Vorgangs zeigt er, wie man der unendlichen Selbstenergie Herr werden kann. Theoretiker nennen den dabei verwendeten Trick „Renormierung". In der Folge wird die QED, deren Formalismus mit Begriffen wie „nackter" und „effektiver" Masse von der Realität weit entrückt erscheint, zum Muster einer physikalischen Grundlagentheorie. Sie ist experimentell so genau wie keine andere physikalische Theorie bestätigt. Als Lambs Kollege Polykarp Kusch, ebenfalls ein Physiker mit Radar-Erfahrung, mit der Mikrowellentechnik eine Präzisionsmessung des magnetischen Moments des Elektrons gelingt, wird dies zum nächsten Testfall für die QED, den sie auch glänzend besteht. Lamb und Kusch erhalten für ihre Experimente 1955 den Nobelpreis. Zehn Jahre später werden auch die Pioniere der QED mit dem Nobelpreis ausgezeichnet: Sin-Itiro Tomonaga, Julian Schwinger und Richard P. Feynman.

ME

Ein Labor des MIT Radiation Laboratory im Jahr 1941; hier wurde die Elektronik für das Mikrowellenradar entwickelt.

Vom Radar zum Transistor

Halbleiterphysik und -technik gewinnen ab den 1920er Jahren mit dem breiten Einsatz von Kristallgleichrichtern (Selen oder Kupfer(I)oxid) immer mehr an Bedeutung. Sie sind kleiner und effektiver als die bis dahin verwendeten Quecksilbergeräte. Der Spitzendetektor in den aufkommenden Radios ist auch ein Gleichrichter. Dieses Prinzip wird mit der Entwicklung des Radars in den 1930er Jahren immer wichtiger: Großobjekte wie Schiffe oder Unterseeboote können mit Radiowellen (zunächst im Meterbereich, dann werden es Dezimeter- und schließlich Zentimeterwellen) angepeilt werden. Die vom Objekt reflektierten Wellen müssen, je kleiner ihre Wellenlänge und damit höher ihre Frequenz wird, mit Halbleiterdetektoren empfangen werden. Das stärkste Sendegerät ist Ende der 1930er Jahre das Magnetron, Empfänger sind Spitzendetektoren mit Silizium. Hier ist der Stand der alliierten Forschung und Technik dem nationalsozialistischen Deutschland entscheidend voraus. Auch Germanium wird untersucht und benutzt.

Statt Dioden, also Halbleitergleichrichter, auch Trioden, das heißt Kristallverstärker zu entwickeln, scheint während des Krieges nicht so dringend. Doch gibt es Ideen und Vorschläge für solche 3-Elektroden-Kristalle schon in den 1930er Jahren. 1938 wird am Göttinger Institut von Robert Wichard Pohl ein solcher Verstärkerkristall mit Kaliumbromid vorgeführt. In ihm ist, wie bei den seit Anfang des Jahrhunderts bekannten Elektronenröhren eine Steuerelektrode zwischen Spitzenkathode und flacher Anode eingebracht. Damit lässt sich der Strom zwischen den beiden äußeren Elektroden steuern – das macht die wandernde Farbzentrenwolke sichtbar – und sogar verstärken. Doch sind Ionenkristalle technisch unbrauchbar. Die Farbzentren in ihnen diffundieren viel zu langsam, und mitwandernde Ionen verschlechtern die Kristalleigenschaften schon nach wenigen Versuchen entscheidend. In Halbleiterdioden lässt sich andererseits solch eine Steuerelektrode nicht einbringen. Die wirksame Gleichrichterschicht ist nur 1/1000 mm dick.

Der erste funktionierende Kristallverstärker wird als Germaniumspitzen-„Transistor" Ende 1947 in den USA entwickelt. Hier kennt man jetzt, nach dem Krieg, alle wissenschaftlichen und technischen Vorentwicklungen. Eigentlich sucht die Gruppe um William Shockley, George Brattain und John Bardeen (zusammen mit Metallurgen, weiteren Physikern, Chemikern und Technikern) etwas ganz anderes, den später sogenannten Feldeffekttransistor, in dem Elektronenströme durch äußere elektrische Felder beeinflusst werden. Das gelingt noch nicht, jedenfalls nicht bei den notwendigen höheren Frequenzen. Er wird erst ab 1952 realisiert. Nach vielen Versuchen finden die Forscher zunächst, dass zwei eng benachbarte Kontakte – bald Emitter und Kollektor genannt – in 1/20-mm-Abstand, auf die mit Gold bedampfte Oberfläche eines Germaniumkristalls gedrückt werden müssen. Dann kann ein großer Strom zwischen Emitter und Basiselektrode (an der Unterseite des Kristalls) durch einen kleinen Strom vom Kollektor verstärkt oder geschwächt werden. Für diese Entdeckung/Erfindung wird 1956 der Physiknobelpreis vergeben. Der Germaniumspitzentransistor wird durch den Flächentransistor, dieser wird in den 1960er Jahren durch den Siliziumplanartransistor und dieser wiederum wird durch die integrierte Schaltung abgelöst.

JT

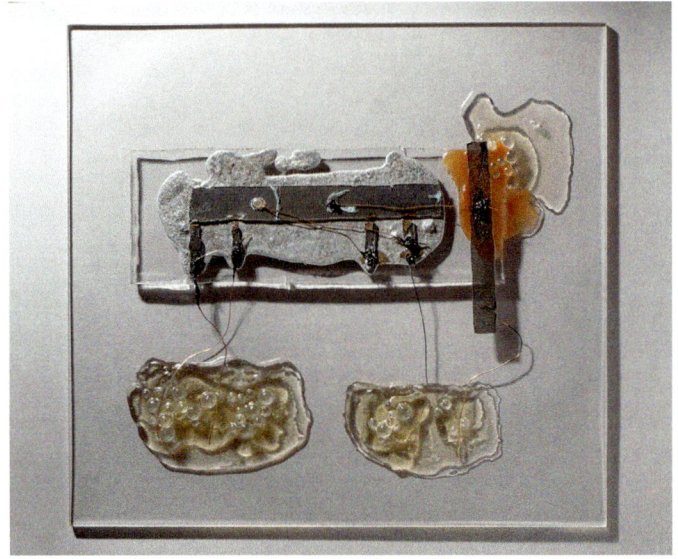

Der erste integrierte Schaltkreis von Jack Kilby 1958, Nachbildung.

Der erste Transistor: Die zwei engen Kontakte Emitter und Kollektor des Spitzentransistors sind hier im ersten Versuchsmodell mit einem Kunststoffdreieck realisiert. Eine Goldfolie umgibt es und ist an der Berührungsstelle mit dem Kristall fein durchschnitten.

Der Stellarator – Auftakt zur kontrollierten Kernfusion

Im Frühjahr 1951 sorgt eine Pressemitteilung aus Argentinien für Aufsehen: Am 16. Februar soll dort die kontrollierte Verschmelzung von Atomkernen gelungen sein. Um diese Zeit liefern sich die USA und die Sowjetunion einen Wettlauf um die Wasserstoffbombe. Die USA demonstrieren am 31. Oktober 1952 die unkontrollierte Freisetzung von Fusionsenergie mit einer Testexplosion auf dem Eniwetok-Atoll, die Sowjetunion zündet ihre erste Wasserstoffbombe am 12. August 1953.

Die Pressemitteilung vom 16. Februar 1951 wird deshalb mit großer Skepsis aufgenommen, bleibt aber nicht ohne Folgen. In Princeton werden bereits unter dem Codenamen „Project Matterhorn" theoretische Berechnungen zur Entwicklung der Wasserstoffbombe durchgeführt. Als der Astrophysiker Lyman Spitzer in Princeton von dem angeblichen Erfolg in Argentinien hört, betrachtet er dies als Anlass, die kontrollierte Kernfusion im Rahmen des Matterhorn-Projekts mit zu erforschen. Schließlich geht es dabei um das Verständnis der Kernverschmelzung in einem heißen, vollständig ionisierten Gas, einem „Plasma". Kosmische Plasmen, sei es in Sternen oder im interstellaren Raum, sind für Spitzer als Astrophysiker auch unabhängig vom Bombenprogramm von großem Interesse. Bei der Wasserstoffbombe muss ein Plasma aus Wasserstoff und anderen leichten Atomkernen so rasch komprimiert und aufgeheizt werden, dass die elektrostatische Abstoßung der Kernprotonen überwunden wird und die schon von Bethe untersuchten Kernverschmelzungsprozesse einsetzen. Wenn dieser Prozess kontrolliert ablaufen soll, muss mehrere Millionen Grad heißes Fusionsplasma in einem Behälter eingeschlossen werden, ohne dass es mit den Wänden in Berührung kommt. Für diese Aufgabe wird das „Project Sherwood" eingerichtet.

Es zeigt sich rasch, dass die angebliche Kernfusion in Argentinien das Werk eines Scharlatans ist. Dessen ungeachtet ersinnen die Physiker im Sherwood-Projekt, ebenso Physiker in der UdSSR, wo die argentinische Pressemitteilung auch Forschungen zur kontrollierten Kernfusion anregt, verschiedene Methoden, um heiße Plasmen zu erzeugen und einzuschließen. Die meisten Verfahren benutzen dazu Magnetfelder. Die Elektrodynamik lehrt, dass elektrisch geladene Teilchen spiralförmig um magnetische Feldlinien kreisen. Mit geeigneten Feldanordnungen sollte es also möglich sein, die Ionen im Plasma magnetisch einzufangen. Man entwickelt „magnetische Flaschen" und andere magnetische Einschluss-Verfahren, von denen sich in den 1950er Jahren zwei als besonders aussichtsreich herauskristallisieren: der Stellarator und der Tokamak. Der Stellarator wird am Princeton Plasma Physics Laboratory entwickelt, der Tokamak am Kurchatow-Institut in Moskau. Im Stellarator versucht man, das Plasma mit einem verdrillten Magnetfeld in einem Torus zu halten, beim Tokamak wird mit äußeren Transformatorspulen entlang der Seele des Torus ein Ringsstrom erzeugt, dessen Magnetfeld das Plasma einschnürt. An beiden Verfahren lässt sich ablesen, wie sich die Plasmaphysik mit dem Ziel der kontrollierten Kernfusion mit immer größeren Apparaturen zur „Big Science" entwickelt. Seit 2007 baut man an einem internationalen Forschungsreaktor (ITER), der nach dem Tokamak-Prinzip funktionieren soll, dennoch ist man von einem Energie erzeugenden Fusionsreaktor auch heute noch weit entfernt.

ME

Spule für ein Stellarator-Experiment der „Wendelstein"-Serie. →

N

Achtung
Laserstrahlung

Achtung
Laserstrahlung

Das Stellarator-Prinzip
The Stellarator Principle

Stellaratoren sind Fusionsapparaturen,
die das Plasma nur durch äußere Magnetfelder

Stellarators are fusion devices,
which confine plasma by using outer magnetic fields only

Das Hodgkin-Huxley-Modell

Im März 1952 krönen die britischen Physiologen Alan Hodgkin und Andrew Huxley ihre langjährige Forschung über die Nervenerregung mit einem theoretischen Modell, das den zeitlichen Verlauf der Ionenströme durch die Zellmembran im Detail beschreibt („A Quantitative Description of Membrane Current and its Application to Conduction and Excitation in Nerve"). 1963 werden sie dafür zusammen mit John Carew Eccles, einem anderen Pionier der Neurophysiologie, mit dem Medizinnobelpreis geehrt. Heute gilt das „Hodgkin-Huxley Modell" als eine der größten Entdeckungen der Biophysik des 20. Jahrhunderts.

Die beiden Wissenschaftler haben schon kurz vor dem Zweiten Weltkrieg damit begonnen, an besonders dicken und langen Nervenfortsätzen von Krabben und Tintenfischen mit Elektroden die Spannungsimpulse zu messen, die sich bei der Nervenerregung entlang der Zellmembran ausbreiten. Nach dem Krieg setzen sie diese Forschung fort und gelangen um 1950 mit einer immer weiter verbesserten Experimentiertechnik zu ihrem Modell. Um diese Zeit weiß man nur, dass ohne Erregung im Zellinneren ein negatives Ruhepotential von etwa -70 mV herrscht. Im Zellplasma müssen sich also mehr negative als positive Ionen befinden. Wird die Nervenfaser elektrisch erregt, entlädt sie sich wie ein Kondensator, sodass kurzzeitig das Potential im Zellinneren auf +30 mV ansteigt, um dann binnen weniger tausendstel Sekunden wieder auf den Ausgangswert zurückzufallen. Hodgkin und Huxley erklären dieses „Aktionspotential" mit Stromflüssen durch die Zellmembran. Die Hauptrolle dabei spielen Natrium- und Kaliumionen. Wenn die Membran selektiv für verschiedene Ionen durchlässig wird, lässt sich der Stromfluss durch die Membran wie bei einem elektronischen Schaltkreis mit Stromquellen, Kondensatoren und Widerständen für die jeweiligen Ionen darstellen. Hodgkin und Huxley entwerfen als theoretisches Modell für das Aktionspotential ein „Ersatzschaltbild". Es beschreibt die zeitlich veränderliche elektrische Leitfähigkeit der Membran während eines Nervenreizes: Wird die Reizschwelle erreicht, fließen Natriumionen nach innen. Dadurch wird das Membranpotential angehoben, was einen Abfluss von Kaliumionen zur Folge hat und das Potential wieder sinken lässt. Den von ihrem Modell beschriebenen Anstieg und Abfall berechnen Hodgkin und Huxley mit einer Rechenmaschine – und er stimmt mit dem experimentell gemessenen Verlauf des Aktionspotentials sehr gut überein.

Was Hodgkin und Huxley mit ihrem Ersatzschaltbild modellhaft beschreiben, erfährt später durch den Nachweis von Ionenkanälen in der Zellmembran eine glänzende Bestätigung. Der Ein- und Ausstrom von Ionen bei einem Nervenreiz wird durch große, in die Membran eingebettete Moleküle gesteuert, die als Poren für Natrium- bzw. Kaliumionen fungieren und sich so öffnen und schließen, wie von dem Modell vorhergesagt wird.

ME

Hodgkin (rechts) und Huxley mit der Versuchsanordnung für die elektrohysiologischen Experimente an Nervenfasern. →

the Nobel Prize

International annual **1963** English edition

NERVE-CELL ENIGMA SOLVED

The British scientists, A. L. Hodgkin and A. F. Huxley, experimenting with the nerve fibers of squids and lobsters.

Der Ionenkäfig

In den 1950er Jahren herrscht unter den Physikern, die sich den kleinsten Bausteinen der Materie widmen, eine Aufbruchstimmung: In der kosmischen Strahlung werden neue Elementarteilchen entdeckt. Im Labor lassen sich die kleinsten Bestandteile der Materie mit Beschleunigern erzeugen. Das Zyklotron wird durch das mächtigere Synchrotron abgelöst. Dabei werden Elektronen oder Protonen von Magnetsegmenten auf einer ringförmigen Bahn gehalten und mit Hochfrequenzresonatoren zwischen den Magneten beschleunigt. Anders als beim Zyklotron muss das Magnetfeld, das die Teilchen auf die Kreisbahn zwingt, synchron mit der wachsenden Teilchenenergie anwachsen. Anfang der 1950er Jahre bündeln amerikanische Physiker die Teilchen mit einer besonderen Anordnung von radial zu- und abnehmenden Magnetfeldern, die sie nun bei kleineren Magnetfeldstärken auf Spur hält. Dieses „Prinzip der starken Fokussierung" macht den Beschleunigerbau auch dort erschwinglich, wo die Ressourcen knapp sind. Den Physikern vieler Länder bietet sich jetzt eine Gelegenheit, den Abstand zu den USA und der UdSSR, den Großmächten auch in der Kern- und Elementarteilchenphysik, zu verringern. In Europa beginnen 1952 Planungen für ein 600-MeV-Protonen-Synchrotron in dem neuen Beschleunigerlaboratorium CERN (Conseil Européen pour la Recherche Nucléaire). An der Universität Bonn stellt Wolfgang Paul einen Förderantrag für den Bau eines 500-MeV-Elektronen-Synchrotrons. Noch gehört die Kernphysik in Deutschland zu den verbotenen Forschungsgebieten, aber mit der Westintegration der Bundesrepublik zeichnet sich ab, dass auch auf diesem Sektor bald die Beschränkungen fallen. Paul kann auf Erfahrungen aus dem Zweiten Weltkrieg zurückgreifen, als er im „Uranverein" Massenspektrometer für die Isotopentrennung konstruierte, wo es auch um die Ablenkung geladener Teilchen mit Magnetfeldern ging.

Das Prinzip der starken Fokussierung, bei dem Teilchen in Magnetfeldgradienten quer zu ihrer Bahn hin und herschwingen, bringt Paul auf die Idee, dies auch mit elektrischen Feldern für ein Massenspektrometer ohne Magneten auszuprobieren. Er konstruiert eine Anordnung aus vier Elektrodenstäben, zwischen denen er mit einer konstanten Spannung ein elektrisches Quadrupolfeld erzeugt. Wird diesem Feld eine Wechselspannung überlagert, erfährt ein entlang der Achse hindurchfliegendes Ion Querkräfte, die es je nach seiner Masse entweder aus der Bahn hinauskatapultieren oder zurück zur Achse stoßen. Nur Ionen mit einer bestimmten Masse, die durch die angelegte Spannung und die Frequenz des Wechselfeldes vorgegeben wird, können die Anordnung passieren. Paul patentiert dieses Massenspektrometer, das ohne die bislang nötigen klobigen Magneten neue Anwendungen vor allem in der Chemie ermöglicht.

Nach demselben Prinzip konstruiert Paul auch einen Käfig, der sogar einzelne Ionen zwischen hyperbolisch geformten Elektroden im Zentrum einer ringförmigen Elektrode gefangen hält. Das ermöglicht extrem genaue Messungen atomarer Eigenschaften, denn die Messgenauigkeit erhöht sich mit der Verweildauer der Teilchen in der Messapparatur. Aus dem Abfallprodukt der Beschleunigerentwicklung wird so ein Präzisionsgerät der Atomphysik. 1989 erhält Paul dafür den Nobelpreis. Bei dieser Gelegenheit illustriert er das Prinzip der Ionenfalle mit einer mechanischen Analogie – einer rotierenden Sattelfläche: Ohne Drehung würde eine auf den Sattel gelegte Kugel herunterrollen. Die Rotation des Sattels bringt die herabrollende Kugel aber immer wieder auf ansteigende Teilstücke des Sattels.

ME

Pauls Ionenkäfig: Durch die ringförmige Elektrode und die links und rechts davon angebrachten hyperbolisch geformten Elektroden werden Ionen im Zentrum festgehalten. →

Die DNS-Struktur – ein Schlüsselereignis der modernen Biophysik

Die Wurzeln der Biophysik reichen mindestens bis in das 19. Jahrhundert zurück. So begann etwa Hermann von Helmholtz seine Karriere als Physiologe. Aber erst um die Mitte des 20. Jahrhunderts formiert sich die Biophysik zu einer modernen Wissenschaftsdisziplin. Die Entdeckung der Struktur der Desoxyribonukleinsäure (DNS) im Jahr 1953 markiert dafür einen Auftakt. Schon in den 1940er Jahren haben Experimente gezeigt, dass Gene aus DNS bestehen; wie aber ein DNS-Molekül funktioniert, wird erst mit der Aufklärung seiner Struktur als Doppelhelix deutlich. Schauplatz der Entdeckung ist das Cavendish Laboratory in Cambridge, das unter der Leitung von William Lawrence Bragg die Strukturanalyse von Proteinen zu einem zentralen Forschungsthema macht. Als Begründer der Kristallstrukturanalyse mit Röntgenstrahlen ist Bragg mit den physikalischen Techniken und Theorien vertraut, die zur Aufklärung von Molekülstrukturen eingesetzt werden. 1949 kommt Francis Crick an das Cavendish Laboratory mit der Absicht, seine durch den Krieg unterbrochene Physikerkarriere nun auf dem Gebiet der Biologie fortzusetzen. 1951 stößt mit James Watson ein frisch promovierter Biologe aus USA dazu. Watson hat in der so genannten „Phagengruppe" (Phagen sind Viren, die ihren genetischen Code in Bakterien einschleusen und diese dadurch zum Instrument ihrer eigenen Vermehrung machen) um Salvador Luria, Max Delbrück und anderen molekularbiologisches und genetisches Wissen erworben, das er nun mit den physikalischen Methoden der Strukturaufklärung von Biomolekülen kombinieren will. Die Entdeckungsgeschichte der DNS-Struktur ist komplex; aber in der Kombination von Watsons biologischem Wissen über die Genetik von Phagen und Cricks Kenntnis der physikalischen Methoden zur Strukturbestimmung liegt sicher ein Schlüssel für den Erfolg. Beide erhalten 1962 zusammen mit dem Physiker Maurice Wilkins vom Londoner King's College den Nobelpreis.

Am Beginn und am Ende dieser Entwicklung stehen Aufnahmen von Wilkins und Rosalind Franklin über die Beugung von Röntgenstrahlen an DNS-Kristallen. Sie lassen auf eine Spiralstruktur des DNS-Moleküls schließen. Watson und Crick nehmen dies zum Anlass, um die DNS – und nicht die sonst im Cavendish Laboratory im Zentrum stehenden Proteine – zum Gegenstand ihrer Forschung zu machen. Doch auch das beste Röntgendiagramm liefert nicht alle für eine vollständige Strukturbestimmung notwendigen Informationen. Aus dem symmetrischen Punktemuster lassen sich nur sich regelmäßig wiederholende Abstände und Winkel zwischen den Atomen innerhalb des DNS-Moleküls ableiten. In Watsons Entdeckungsgeschichte („Die Doppelhelix"), die zu einem internationalen Bestseller wird, da sie auch ein ungeschminktes Bild von den Rivalitäten der Forscher hinter den Kulissen zeichnet, ist immer wieder von „basteln" und „Modelle bauen" die Rede. Die theoretische Auswertung des Röntgendiagramms allein genügt nicht für die Strukturaufklärung. Das am Ende mit viel handwerklicher Bastelarbeit konstruierte Drahtmodell der Doppelhelix verkörpert ein gelungenes Zusammenspiel von biochemischer Intuition, mathematisch-physikalischer Analyse und unermüdlichem Überprüfen spekulativer Annahmen. Die biologische Bedeutung deuten Watson und Crick am Ende ihrer ersten Veröffentlichung in *Nature* im April 1953 nur in einem Nebensatz an: Es liege nahe, in der Doppelhelix einen „Kopiermechanismus für das genetische Material" zu sehen („suggests a possible copying mechanism for the genetic material").

ME

Watson (links) und Crick mit dem 1953 konstruierten Modell der DNS. →

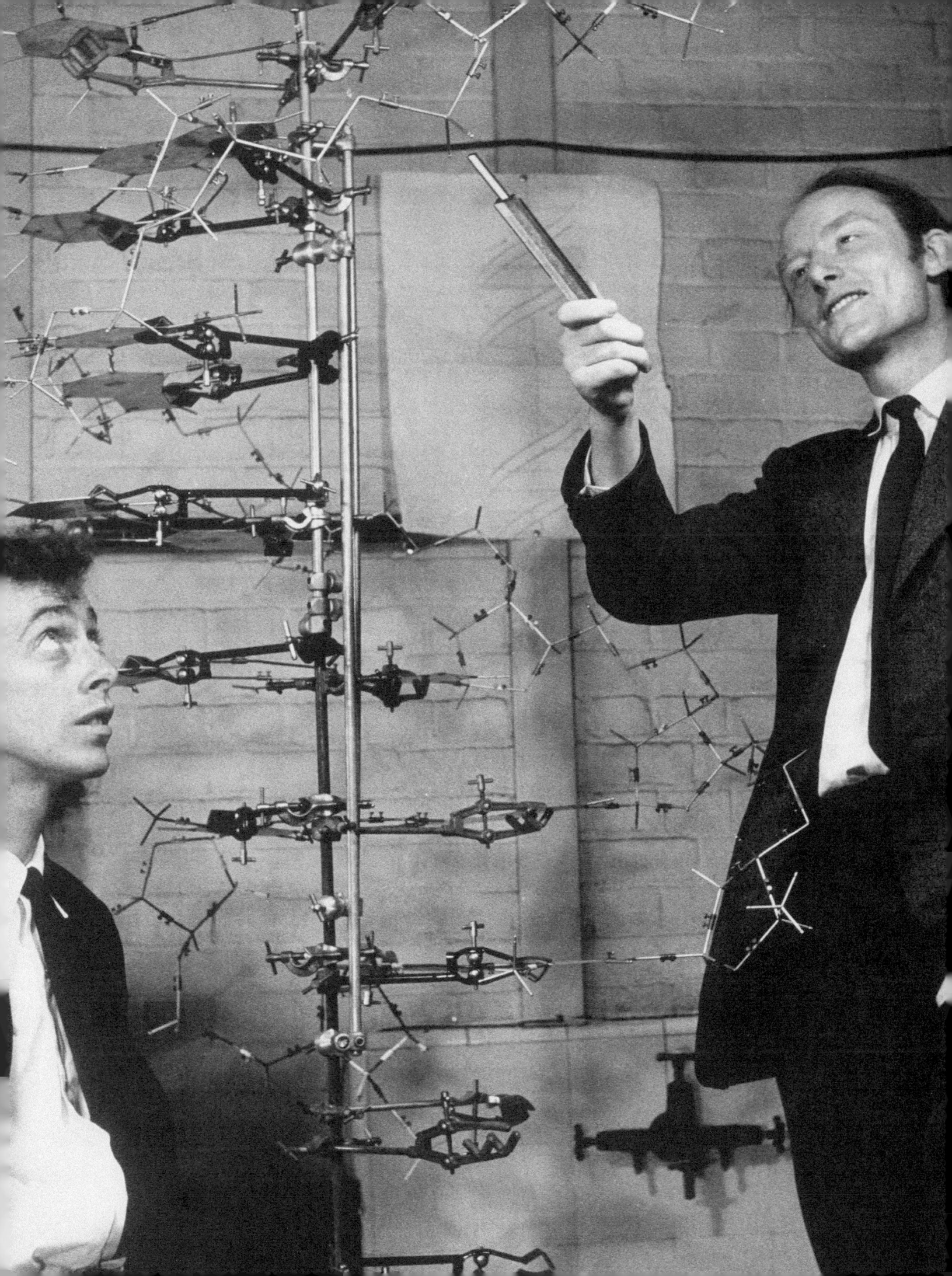

Das Atomei

Für Physiker, die keinen Zugang zu den militärischen Kernforschungszentren in den USA, der Sowjetunion oder Großbritannien haben, beginnt 1955 ein neues Zeitalter. In diesem Jahr findet in Genf die erste „Atoms for Peace"-Konferenz statt. „Atome für den Frieden" – unter diesem Schlagwort wird Staaten, die nicht Kernwaffen entwickeln oder diese besitzen, ein Zugang zur Nutzung von Kernkraft gewährt. Eigentlich handelt es sich um ein Programm der USA im Kalten Krieg, das 1953 mit einer „Operation Candor" („Operation Offenheit") beginnt und das „friedliche Atom" zur Propagandawaffe macht. Die USA führen in einer Ausstellung zur Genfer Konferenz einen kleinen Swimmingpool-Reaktor vor, der eine tausendfach geringere Leistung als die zur Energie- oder Plutoniumerzeugung gebauten Reaktoren aufweist. Er besteht aus einer Anordnung von Brennstäben mit leicht angereichertem Uran, die in Wasser getaucht sind. Das Wasser dient gleichzeitig als Moderator für die bei der Kernspaltung entstehenden Neutronen, als Kühlmittel und als Abschirmung gegen die radioaktive Strahlung. Die Leistung ist so schwach, dass man dem Betrieb des Reaktors von oben zusehen und das blaue Leuchten der so genannten Cerenkov-Strahlung beobachten kann, die durch schnelle, von den Kernreaktionen in den Brennstäben ausgelösten Elektronen hervorgerufen wird.

Nach der Konferenz bieten die USA interessierten Staaten Reaktoren dieses Typs als Forschungsreaktoren an. In vielen Ländern werden Dutzende von „Schwimmbadreaktoren" an universitären und industriellen Forschungszentren errichtet. In Deutschland wird der erste Reaktor dieser Art 1957 in Garching bei München in einer Außenstation der Technischen Universität in Betrieb genommen. Die einem Paraboloid nachempfundene Kuppel („Atomei") um den Reaktor wird zum Wahrzeichen eines neuen Physikzentrums vor den Toren Münchens, um das sich bald weitere Institute der Technischen Universität und die neuen Max-Planck-Institute für Plasmaphysik und extraterrestrische Physik ansiedeln.

Doch der Schwimmbadreaktor im Atomei dient nicht nur der Demonstration. Unter der Leitung des Experimentalphysikers Heinz Maier-Leibnitz wird der Reaktor, ähnlich wie das Zyklotron in den 1930er Jahren, vor allem als Neutronenquelle genutzt. Die Betonwand des Swimmingpool-Reaktors wird mit zahlreichen Öffnungen versehen, durch die über besondere Strahlrohre die bei der Kernspaltung entstehenden Neutronen verschiedenen Versuchsanordnungen zugeführt werden können. Die Zahl der damit ermöglichten Experimente scheint grenzenlos. „Neutronenleiter, Neutroneninterferometer, Neutronenrefraktometer, Rückstreuspektrometer, Flugzeitdiffraktometer und ultrakalte Neutronen", so zählt ein Schüler von Maier-Leibnitz die Utensilien aus der „Haute Couture" Münchner Neutronenphysik auf.

Nicht von ungefähr wird das Atomei auch zum Vorbild für andere Zentren. Das Nonplusultra der Neutronenphysik entsteht 1967 in Grenoble mit dem deutsch-französischen Institut-Laue-Langevin (ILL) und einem Reaktor, der einen hundertmal stärkeren Neutronenfluss hat als das Atomei.

ME

Unter einer eiförmigen Hülle wird 1957 vor den Toren Münchens der erste Forschungsreaktor in der Bundesrepublik Deutschland installiert. →

Die Anfänge der Weltraumphysik

1957 befördert die Sowjetunion mit Sputnik den ersten künstlichen Satelliten der Welt in eine Erdumlaufbahn. In den USA löst der „Sputnikschock" hektische Aktivitäten aus, um beim Wettrennen zur Eroberung des Weltraums nicht ins Hintertreffen zu geraten. Im Kalten Krieg geht es dabei vor allem um die mächtigen Raketen, mit denen nicht nur Satelliten ins All, sondern auch Atomsprengköpfe über Kontinente hinweg befördert werden können. Auch für die Physik eröffnen sich neue Möglichkeiten, denn mit den Satelliten, die in einer Höhe von Hunderten bis Tausenden von Kilometern die Erde umkreisen, lassen sich Erscheinungen außerhalb der Erdatmosphäre wie der „Sonnenwind" oder die kosmische Strahlung direkt erforschen, die auf der Erdoberfläche nur in Form der in der Atmosphäre ausgelösten Teilchenschauer nachweisbar sind.

Die Weltraumphysik beginnt schon früher. 1946 werden vom amerikanischen Raketenversuchsgelände White Sands die ersten Raketen in den Himmel über New Mexico geschossen. Man verwendet dafür die in Peenemünde entwickelte „Vergeltungswaffe" V2, die jetzt als Kriegsbeute zusammen mit den Raketenforschern um Wernher von Braun in den USA unter anderen Vorzeichen genutzt wird. In einem „V2 Rocket

Panel" werden nicht nur die im Vordergrund stehenden militärischen Aspekte ballistischer Raketen, sondern auch Möglichkeiten ziviler wissenschaftlicher Verwendung diskutiert. Zur wissenschaftlichen Nutzlast der V2 gehört ein Geigerzähler zur Messung der kosmischen Strahlung. Die Zählraten werden zu einer Bodenstation gefunkt, erlauben zunächst jedoch keine brauchbaren Rückschlüsse. James Van Allen, der diese Versuche organisiert und mit seinen Studenten an der Universität von Iowa auch die Messgeräte dafür entwickelt, legt damit einen Grundstein für die künftige satellitengestützte Erforschung des Weltraums.

Als vier Monate nach dem russischen Sputnik am 31. Januar 1958 mit Explorer 1 der erste amerikanische Satellit in eine Erdumlaufbahn geschossen wird, gehört zur wissenschaftlichen Nutzlast wieder ein Geigerzähler. Der Satellit passiert dabei, wie Van Allens Messungen andeuten, eine Zone extremer Strahlung. Kurz darauf liefert Explorer 3 mit verbesserter Registriertechnik den Beweis: Die Erde ist von einem Strahlengürtel in etwa 1000 bis 10 000 km Höhe über dem Äquator umgeben. Er besteht aus elektrisch geladenen, im Erdmagnetfeld gefangenen Teilchen. Später zeigt sich, dass auch Atombombentests in großer Höhe solche Strahlengürtel hervorrufen. Am 6. Dezember 1958 wird Pioneer 3 ins All geschossen, um nach einem Vorbeiflug am Mond als erster künstlicher Himmelskörper die Sonne zu umkreisen. Der Mondflug gerät zum Misserfolg, weil eine Raketenstufe nicht richtig zündet, und Pioneer 3 stürzt nach einem Drittel der Mondentfernung wieder zurück zur Erde. Jedoch registriert der Geigerzähler an Bord einen zweiten Strahlengürtel in einer Höhe von drei bis vier Erdradien über dem Äquator.

Die Entdeckung der vom Erdmagnetfeld eingeschnürten Strahlengürtel markiert den Beginn der Weltraumphysik, die wie kein anderes Fach durch die im Kalten Krieg beginnende Raumfahrt geprägt ist.

ME

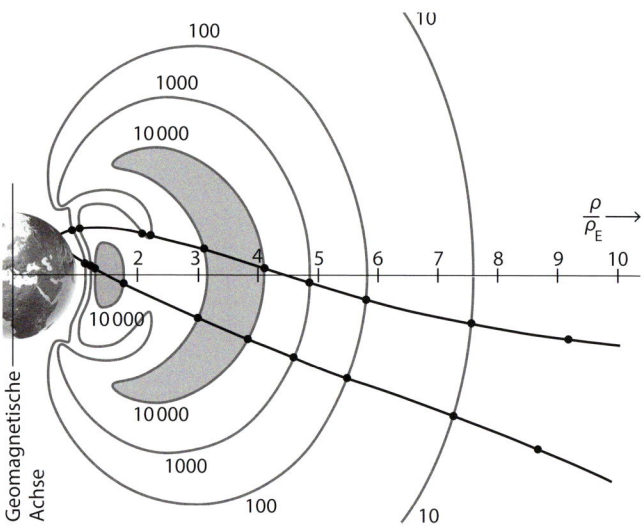

Schnitt durch die Strahlengürtel, die die Erde wie Zwiebelschalen umgeben.

Montage der Nutzlast für eine Explorer-Mission. →

Laser

Das Laser-Prinzip geht auf eine Arbeit Einsteins aus dem Jahr 1917 zurück. Wenn Atome aus ihrem Grundzustand in einen energetisch höheren Zustand versetzt werden und sich mehr Atome in diesem angeregten Zustand befinden als im Grundzustand, senden diese angeregten Atome wie bei einem Resonanzprozess Licht mit derselben Wellenlänge aus, sobald sie von Licht mit gleicher Wellenlänge getroffen werden. Die Schwierigkeit besteht darin, so viele Atome in den angeregten Zustand zu versetzen, dass sich die Atome im Grundzustand in der Minderheit befinden. Laserphysiker sprechen von einer Besetzungsinversion

Der Weg von der Theorie zur Anwendung ist aber in diesem Fall sehr verschlungen. Er führt über das im Zweiten Weltkrieg entwickelte Mikrowellenradar. 1953 gelingt es Charles Townes im Physiklabor der Columbia University in New York, in Ammoniakgas mit Mikrowellen bei den Molekülen eine Besetzungsinversion herbeizuführen. Mikrowellen werden vor allem von Molekülen ausgesandt. Der Maser (Microwave amplification by stimulated emission of radiation) wird für Townes und seinen Schwager Arthur Schawlow zur Schlüsseltechnologie, mit der sie die Molekülspektroskopie als neues Forschungsgebiet begründen. Mit dem Maser kann man auch Radarsignale im Zentimeterwellenbereich verstärken; Das macht ihn zu einem wichtigen Bauteil in Radarantennen. In der Astronomie findet der Maser eine Anwendung für die Verstärkung von Radiosignalen aus dem Weltall. Das ermöglicht schließlich die Entdeckung der kosmischen Hintergrundstrahlung.

1957 zeigen Schawlow und Townes, dass die stimulierte Emission auch bei noch kürzeren Wellenlängen im Infrarot und sogar bei den Wellenlängen des sichtbaren Lichts möglich sein sollte. Sie sprechen zuerst vom „optischen Maser", aber allgemein bürgert sich bald die Bezeichnung Laser (Light amplification by stimulated emission of radiation) ein. Townes ist Berater der Bell Laboratories, wo mehrere Arbeitsgruppen den Laser als Erste realisieren wollen. Doch die Bell-Physiker sind in diesem Rennen nur die Zweiten. Sieger ist Theodore Maiman vom Hughes Research Laboratory in Kalifornien. Sein Laser besteht aus einem Rubinkristall und einer Blitzlampe. Die Endflächen des Rubinkristalls sind verspiegelt, eine davon halbdurchlässig. Das Blitzlicht wird hin- und hergespiegelt und versetzt dabei für Bruchteile von Sekunden die nötige Anzahl von Atomen in den höheren Energiezustand.

Danach dauert es nicht lange, bis auch bei Bell und in anderen industriellen Forschungslaboratorien verschiedene Lasermaterialien erprobt und schließlich auch dauerhaft zum Aussenden des besonderen Lichts gebracht werden. Erst mit den länger aufleuchtenden Laserstrahlen werden ihre besonderen Eigenschaften augenfällig. Dazu gehört vor allem die Länge kohärenter Wellenzüge, die das Milliardenfache einer Lichtwellenlänge betragen kann und ganz neuartige optische Verfahren wie die Holographie ermöglicht. Besonders markant ist auch die Möglichkeit extremer Bündelung. Laserlicht kann so scharf parallel ausgerichtet werden, dass ein Strahl mit einem Durchmesser von einem Meter sich erst in einer Entfernung von rund 400 Metern um einen Zentimeter verbreitert. Ein solcher zum Mond gerichteter Laserstrahl beleuchtet dort eine Fläche von nur knapp 10 Kilometern Durchmesser.

ME

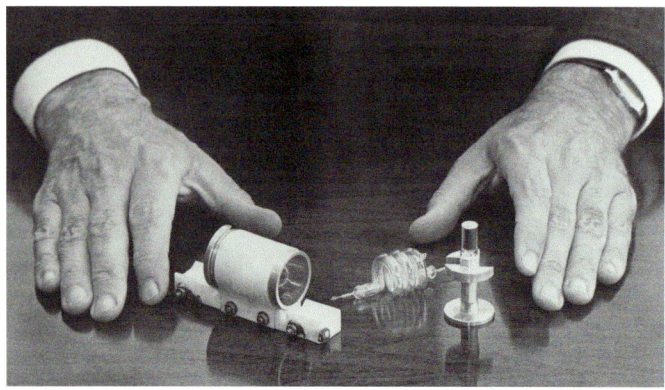

Die Bauteile des ersten Lasers.

Die Blitzlampe windet sich um den zylinderförmigen Rubinkristall, in dem durch Hin- und Herspiegeln an den Endflächen ein Laserstrahl entsteht. →

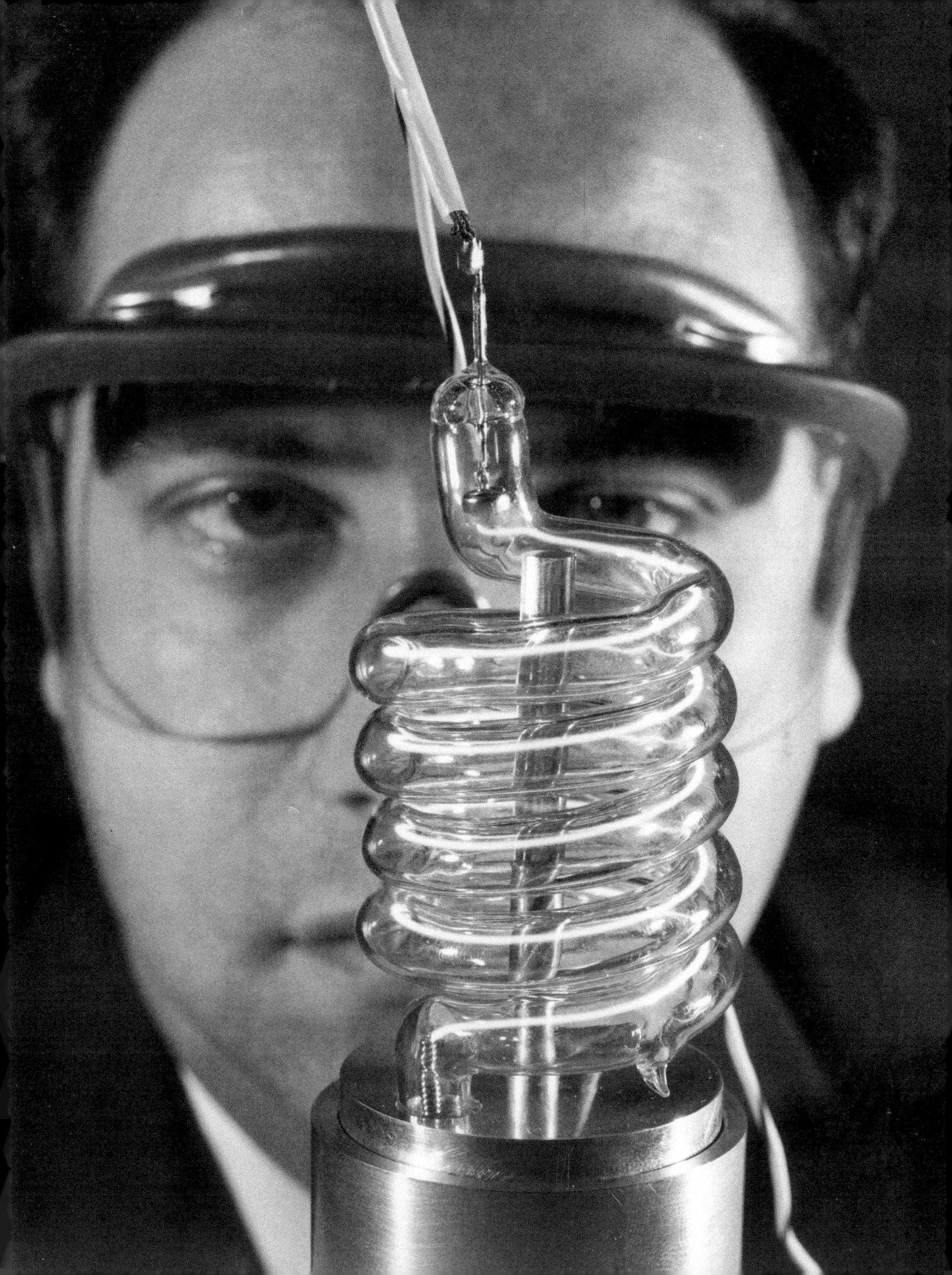

Von der Meteorologie zur Chaostheorie

Physikalisch betrachtet ist das Wetter ein Fall für die Strömungsmechanik. Die Bewegung der Luft zwischen Gebieten mit verschiedener Temperatur oder andere Strömungen in der Atmosphäre werden mit Differenzialgleichungen beschrieben, die man seit dem 19. Jahrhundert kennt – aber erst in der zweiten Hälfte des 20. Jahrhunderts mit Computern lösen kann. Am Princeton Institute for Advanced Study wird 1946 unter der Leitung des Mathematikers John von Neumann das „Projekt Meteorologie" ins Leben gerufen, um auf dem im Zweiten Weltkrieg entwickelten ENIAC (Electronic Numerical Integrator And Computer) atmosphärische Strömungen zu berechnen.

Am Massachusetts Institute of Technology beschäftigt sich der Meteorologe Edward Norton Lorenz in den 1950er Jahren mit der Frage, wie man die Beschreibung atmosphärischer Strömungen so vereinfachen kann, dass im Wust der vielen Parameter der Blick auf das Wesentliche nicht verloren geht. Er konzentriert sich auf ein nach Henri Bénard und Lord Rayleigh benanntes Modellsystem, bei dem ein Fluid (das heißt, ein strömendes Medium wie Luft oder Wasser) zwischen zwei horizontalen Platten eingeschlossen und von unten erwärmt wird. Wenn der Temperaturunterschied zwischen der unteren und der oberen Platte gering ist, verteilt sich die zugeführte Wärme gleichmäßig im Fluid. Übersteigt der Temperaturunterschied jedoch eine kritische Schwelle, steigen die erwärmten Teile des Fluids aufgrund ihrer geringeren Dichte nach oben und die kühleren sinken nach unten: Es bilden sich Konvektionsrollen. Dichte, Druck, Temperatur und Geschwindigkeit in dem Fluid sind abhängig von Ort und Zeit und genügen einem System von partiellen Differenzialgleichungen. Lorenz führt an deren Stelle drei neue Variablen X, Y und Z ein, die nur von der Zeit t abhängen. X(t) ist ein Maß für die Intensität der Konvektionsströmung, Y(t) für die Temperaturdifferenz zwischen den auf- und absteigenden Teilen des Fluids, Z(t) beschreibt die Abweichung vom linearen Temperaturprofil zwischen der unteren und der oberen Platte. X, Y und Z genügen drei gekoppelten einfachen Differenzialgleichungen, die sich mit dem Computer lösen lassen.

Das Ergebnis ist in doppelter Weise überraschend. Die Variablen pendeln auf eine merkwürdige Weise unvorhersehbar zwischen bestimmten Grenzwerten hin und her. Wenn man sie in einem Koordinatensystem als Funktion der Zeit darstellt, folgen sie einer regelmäßigen, aber doch ganz willkürlich erscheinenden Bahn. Lorenz gibt seiner Veröffentlichung den Titel „Deterministic Nonperiodic Flow". Das Gebilde, dem die Variablenbahn für große Zeiten zustrebt, nennt man seither „Lorenz Attraktor". Die andere Überraschung erlebt Lorenz, als er den Startzeitpunkt seines Systems nur minimal verändert. Obwohl die zeitliche Entwicklung der Variablen vollständig durch die Differenzialgleichungen bestimmt wird, weist die Lösung des Computers nach einiger Zeit eine immer größere Abweichung auf. Dass es sich dabei nicht um einen vom Computer produzierten „Ausreißer" handelt, erkennt man daran, dass auch die neue Lösung dem „Lorenz Attraktor" folgt. Später entdeckt man ein solches „deterministisches Chaos" auch beim Laser und einer Vielzahl anderer Systeme.

ME

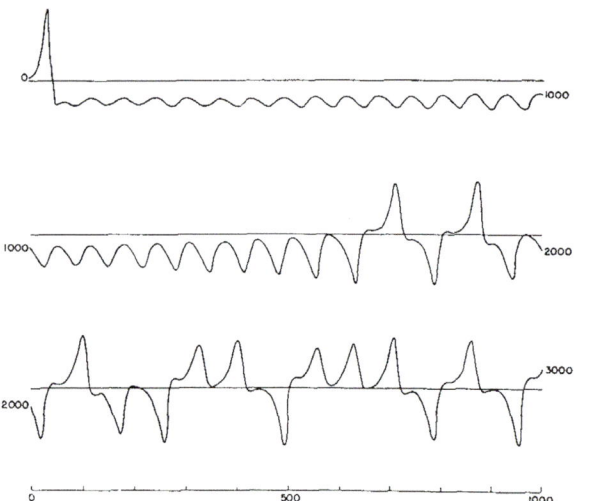

Nach einiger Zeit beginnt das Lorenzsche Modellsystem (hier die Variable Y) chaotisch zwischen den Extremwerten hin und her zu pendeln.

Der Lorenz-Attraktor. →

Das Echo des Urknalls –
die kosmische Hintergrundstrahlung

Nach dem Urknall des Weltalls entstand ein elektrisch leitendes Gasplasma, das alles Licht zunächst einfing. Erst als es sich so unter 3000 K abgekühlt hatte, konnten neutrale Atome entstehen, die nun Licht aussandten. Diese Strahlung muss sich bis heute gleichmäßig ausgebreitet haben, hat sich allerdings aufgrund der Expansion inzwischen auf wenige Kelvin abgekühlt. All das wird ab den 1940er Jahren berechnet. Diese Big-Bang-Theorie gewinnt jedoch kaum Anhänger. Auch ihre Konkurrentin, die These eines immer während en Universums akzeptiert ein expandierendes Weltall, in dem allerdings kontinuierlich neue Materie erzeugt wird.

Zwei Physiker, Arno Penzias und Robert Wilson, können 1962 die empfindlichste Radioantenne der Welt in Holmdel, USA für astronomische Forschung verwenden. Die Antenne gehört dem Nachrichtenkonzern Bell Telephone Laboratories. Bells Interesse gilt der Nachrichtentechnik. Man will Radio- und Fernsehwellen über Satelliten senden und empfangen. Die gesamte Länge dieses High-Technology-Geräts ist 15 m, sein Gewicht 18 t und die Hornöffnung etwa 6 m × 6 m. Entscheidend für die Empfindlichkeit der Antenne ist ein Maser im 7,3-cm-Bereich. Sie soll auch als Empfangsstation für TELSTAR, den ersten aktiven Kommunikationssatelliten der Welt eingesetzt werden. Zu letzterer Aufgabe kommt es nicht mehr. Die beiden Physiker dürfen Astronomie betreiben. Sie überprüfen zunächst das berechnete, sehr geringe Eigenrauschen ihrer hochempfindlichen Antenne. In hohen Breiten um die Milchstraße ist die Strahlung des galaktischen Kontinuums bei 7,3 cm zu vernachlässigen. Jedes überschüssige Rauschen, muss also von der Antenne selbst stammen (wenn man irdische Einflüsse und anderes abzieht). Doch stellen sie 1964 erstaunt fest, dass ihre Antenne um einige Kelvin mehr Strahlung zeigt als erwartet – und das von allen Seiten gleichmäßig. Als „Nachrichtenphysikern" sind ihnen solche Theorien fremd. Sie glauben an irgendwelche kosmologischen Störungen. Sie finden jedoch keine. Das Ergebnis bleibt rätselhaft.

Monate später erhält Arno Penzias bei einem wissenschaftlichen Telefongespräch über andere Dinge den Tipp: In Princeton, nur etwa 40 km von ihm entfernt, gibt es eine Gruppe von Physikern, die an den Urknall und seine Reststrahlung glauben. Sie wollen sogar Experimente dazu vorbereiten. Sofort nimmt er Kontakt auf und schließlich publizieren beide ihre Entdeckungen gleichzeitig, die einen die experimentellen, die Princeton-Gruppe die vorläufigen theoretischen Ergebnisse. Penzias und Wilson sind froh, dass sie wenigstens eine Antwort für ihr mysteriöses Rauschen haben. Und diese Antwort stimmt schließlich mit weiteren Ergebnissen überein.

Die Frage, einmaliger Urknall oder oszillierendes Weltall, war allerdings noch nicht endgültig entschieden. Schließlich wird der Big Bang doch mehrheitlich akzeptiert. Im Jahr 1978 erhalten Penzias und Wilson den Nobelpreis für Physik.

JT

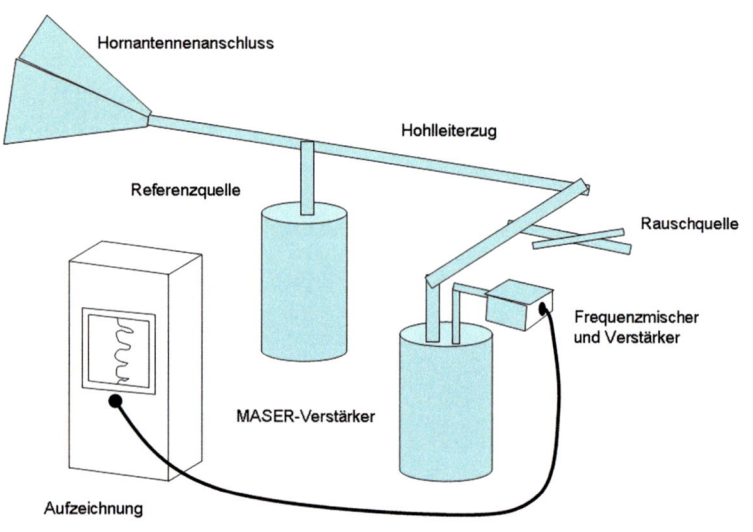

Das Prinzip der Messapparatur von Penzias und Wilson.

Die Hornantenne von Penzias und Wilson und ihre Messapparatur (Aufzeichnungsgerät, Referenzquelle, MASER). →

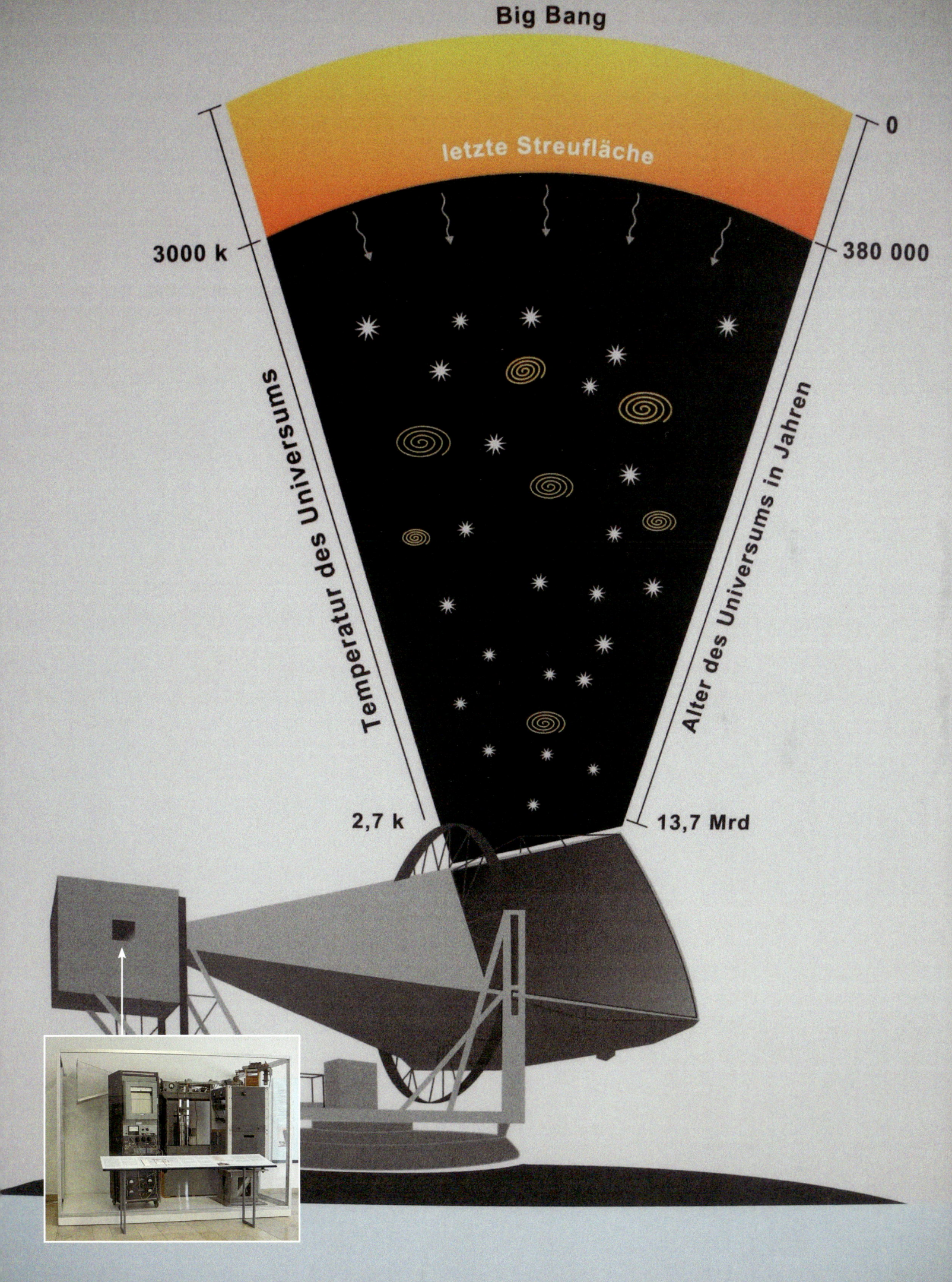

Neutrinos aus dem Kernreaktor

Beim β-Zerfall wird ein Neutron im Atomkern in ein Proton umgewandelt und ein Elektron emittiert. Aus der Energieverteilung dieser Elektronen zieht Wolfgang Pauli 1930 den Schluss, dass noch ein elektrisch neutrales Teilchen beteiligt sein muss, weil sonst die Energie nicht erhalten bleibt. Enrico Fermi nennt das neue Teilchen Neutrino. Es spürt nur über sehr kurze Entfernungen im Atomkern schwache Kraftwirkungen. Später spricht man von der „schwachen Kernkraft" oder der „schwachen Wechselwirkung". Sie ist eine der vier grundlegenden Wechselwirkungen in der Physik – neben der starken Kernkraft, die Protonen und Neutronen im Atomkern zusammen hält, der elektromagnetischen Kraft und der Gravitation. Die schwache Wechselwirkung ist so gering, dass ein in der Sonne erzeugtes Neutrino durch die ganze Erde hindurch fliegen kann, ohne mit einem Atomkern zu reagieren.

Nicht umsonst gilt das Neutrino deshalb lange als nicht nachweisbar, obwohl die meisten Physiker nicht an seiner Existenz zweifeln. Wie könnte man ein so flüchtiges Teilchen nachweisen? Man benötigt vor allem eine sehr intensive Neutrino-Quelle. Unter den prinzipiell denkbaren Wechselwirkungen rangiert dann an erster Stelle der inverse β-Zerfall, bei dem ein Proton das Antiteilchen des Neutrinos einfängt und in ein Neutron und ein Positron umgewandelt wird. Das Positron – es wurde wie das Neutron schon 1932 entdeckt – ist das Antiteilchen des Elektrons. Es geht beim Stoß mit dem nächstbesten Elektron sofort in γ-Strahlung auf („Paarvernichtung"), und diese γ-Photonen sind mit geeigneten Szintillationsdetektoren („Photomultiplier") nachweisbar. Das Neutron wird in einem genügend großen Auffangbehälter, wo es durch Stöße gebremst wird, schließlich von einem Atomkern eingefangen. Dabei wird ebenfalls γ-Strahlung emittiert. Den Nachweis könnte man also durch die Registrierung zeitlich korrelierter γ-Photonen führen.

1951 entwickelt Frederick Reines, ein theoretischer Physiker der Atombombenschmiede von Los Alamos zusammen mit Clyde Cowan, einem Kollegen mit Elektronikerfahrungen aus dem Radarprojekt im Zweiten Weltkrieg, einen entsprechenden Versuch. Die Experimentiervorrichtung besteht aus einem mit Flüssigkeit gefüllten Tank, dessen Wände mit zahlreichen Szintillationsdetektoren versehen sind. Die Apparatur wird neben einem Reaktor in Hanford aufgebaut, wo das Plutonium für die amerikanischen Atombomben erzeugt wird. Wenn im Tank beim Betrieb des Reaktors in einem Atomkern ein inverser β-Zerfall ausgelöst wird, sollten die Detektoren zuerst die durch Paarvernichtung erzeugten und unmittelbar darauf auch die durch Neutroneneinfang hervorgerufenen γ-Photonen registrieren.

Doch auch die kosmische Strahlung kann γ-Photonen im Tank hervorrufen. Es kommt also darauf an, durch eine geeignete Elektronik die zeitlich korrelierte γ-Strahlung des inversen β-Zerfalls von der unkorrelierten γ-Strahlung zu unterscheiden. Das gelingt erst mit einer verbesserten Apparatur, die 1956 bei einem neuen Reaktor am Savannah River zum Einsatz kommt. Dieser Reaktor dient der Tritium-Erzeugung für Wasserstoffbomben. Die Versuchsapparatur von Reines und Cowan befindet sich unter dem Reaktorkern, durch eine zwölf Meter dicke Betonschicht gegen Reaktorneutronen und kosmische Strahlung abgeschirmt. Die Signale der Szintillationsdetektoren werden in einem mit Elektronik vollgestopften Messwagen registriert – und zeigen endlich das lange erwartete Ergebnis. Am Ende beruht dieser für die Grundlagenphysik epochale Nachweis also auf dem Zusammenwirken von sehr anwendungsorientierter Wissenschaft: Atombombenforschung und Elektronik. Später werden Neutrinos auch im Fluss der Teilchenstrahlung der Sonne nachgewiesen.

ME

Reines (sitzend) und Cowan in dem mit Elektronik vollgepackten Messwagen bei der Datenanalyse. →

Die Computertomografie

Seit der Entdeckung der Röntgenstrahlen sind bildgebende Verfahren unverzichtbare physikalische Hilfsmittel der medizinischen Diagnostik. Schon die ersten Röntgenbilder machen Knochenbrüche oder metallische Fremdkörper im Körper sichtbar. Doch erst mit der in den 1960er Jahren erfundenen Computertomografie (CT) gelingt es, auch weniger kontrastreiche Bereiche des menschlichen Körpers wie Tumore abzubilden und dreidimensional darzustellen. Die Erfindung der „Computer Assisted Tomography", wie das Verfahren zuerst genannt wird, liefert eine Fallstudie für die immer stärker physikalisch-technisch beherrschte medizinische Diagnostik. Bei der kurz darauf erfundenen Magnetresonanztomografie (MRT) werden anstelle von Röntgenstrahlen Magnetfelder zur räumlichen Darstellung verwendet, aber wie beim CT ist auch dieses bildgebende Verfahren ohne den Einsatz von Computern nicht denkbar.

Das Problem der Bildrekonstruktion bei der Durchstrahlung eines Gewebequerschnitts aus unterschiedlichen Richtungen ist einem Sudoku-Rätsel vergleichbar. Man stelle sich ein Raster mit Zahlenwerten vor, die ein Maß für die Gewebedichte an jedem Rasterpunkt darstellen: Gegeben ist aber nur die Summe der Zahlen, die entlang eines Strahls in einer bestimmten Richtung berührt werden. Die Aufgabe besteht darin, aus den für verschiedene Richtungen angegebenen Summen die an den verschiedenen Rasterpunkten stehenden Zahlen zu ermitteln. Dafür gibt es verschiedene mathematische Lösungsansätze. Allan Cormack, ein am Groote Schuur-Hospital in Kapstadt angestellter Physiker, ist eigentlich damit beschäftigt, Strahlendosen für die Krebstherapie zu berechnen. Die von ihm 1964 erstmals veröffentlichten mathematischen Methoden können aber mithilfe eines Computers auch benutzt werden, um das Sudoku-Rätsel zu lösen und die unterschiedlichen Dichtewerte in einem Gewebequerschnitt zu bestimmen.

Zu ähnlichen Ergebnissen kommt kurz darauf auch Godfrey Hounsfield, ein Elektronik-Ingenieur im Forschungslabor des britischen Unterhaltungskonzerns EMI (Electric and Musical Industries). Bei ihm geht es zunächst um Mustererkennung und Signalverarbeitung mit dem Computer. Anders als sein Kollege aus Südafrika begnügt sich Hounsfield aber nicht mit der Theorie. Seine Firma betrachtet die mit diesen Methoden erschlossene Computertomografie als einen neuen Geschäftszweig. 1969 wird das Verfahren an Tierköpfen aus einem Schlachthof erprobt. Zunächst dauert es noch mehrere Tage, bis daraus die Gewebedichte in den gescannten Querschnitten berechnet werden kann. Aber von den ersten Tests bis zur Entwicklung eines Prototyps ist es nur ein kurzer Schritt. Die Scandauer und die Bildrekonstruktion mit dem Computer benötigen bald nur noch wenige Minuten. Am 1. Oktober 1971 wird am Atkinson Morley's-Hospital in London das erste CT vom Kopf einer Patientin angefertigt, bei der die Ärzte einen Hirntumor vermuten. Der Verdacht bestätigt sich, und bei der anschließenden Operation kann der Tumor an der vom CT angezeigten Stelle lokalisiert und entfernt werden.

Danach erlebt die Computertomografie eine rasante Entwicklung. In Deutschland richtet Siemens 1972 in Erlangen eine CT-Entwicklungsabteilung ein. Zwei Jahre später kommt der erste Siemens-Schädelscanner in der Abteilung für Neuroradiologie am Klinikum der Johann-Wolfgang-Goethe-Universität in Frankfurt am Main zum Einsatz. 1977 ist die Entwicklung bereits so weit fortgeschritten, dass auch der ganze Körper schichtenweise gescannt werden kann. Cormack und Hounsfield werden 1979 mit dem Nobelpreis für Physiologie und Medizin ausgezeichnet. Wenig später findet das Verfahren der dreidimensionalen Bildrekonstruktion mithilfe von Aufnahmen aus verschiedenen Richtungen auch in der Elektronenmikroskopie eine Anwendung. Dafür erhält Aaron Klug 1982 einen Nobelpreis. Die Anwendung in der Magnetresonanztomografie wird 2003 mit dem Nobelpreis gewürdigt.

ME

SIRETOM, ein von der Firma Siemens 1974
entwickelter Schädelscanner. →

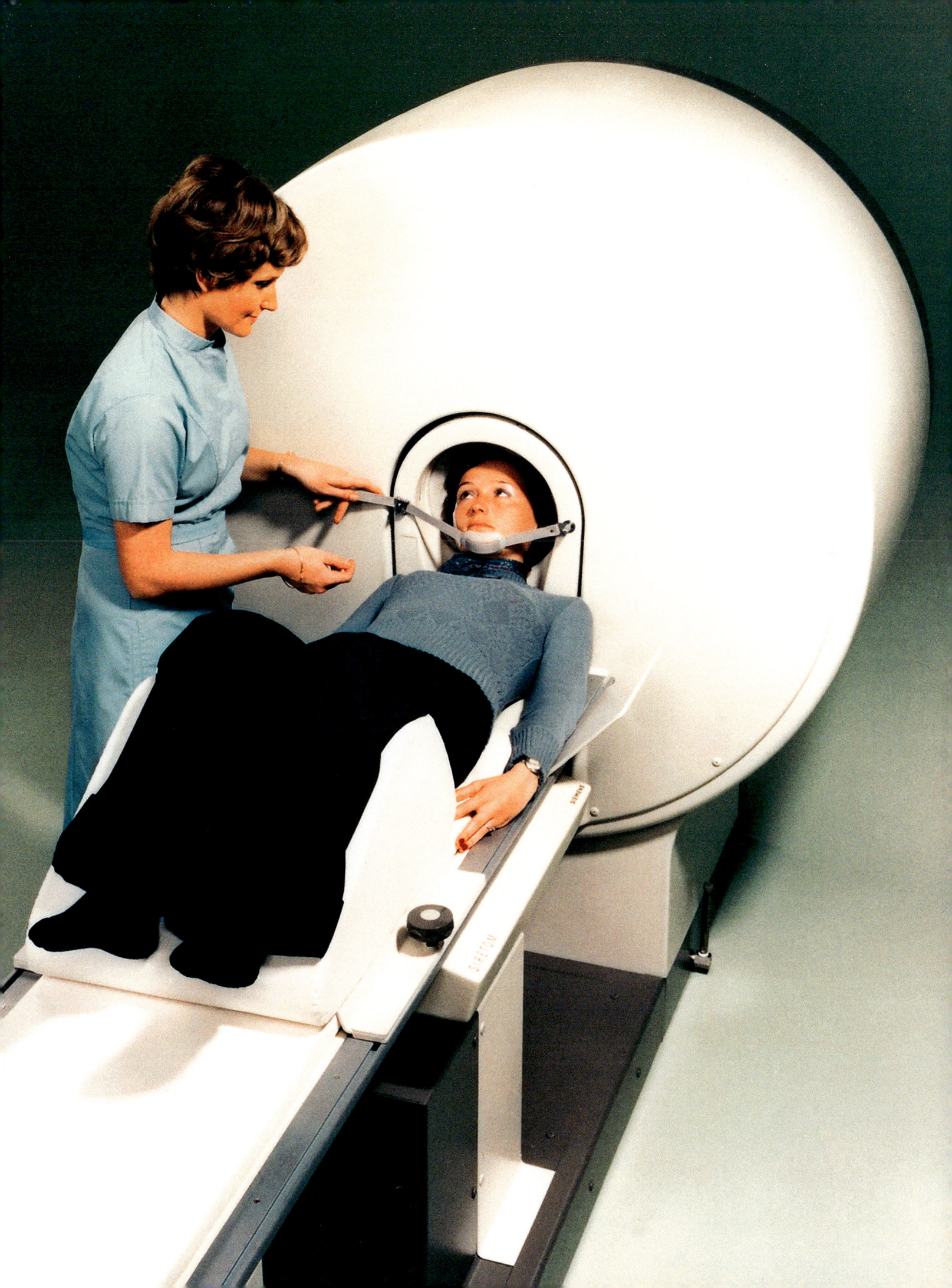

Mit der Blasenkammer zum Standardmodell der Teilchenphysik

Um die Spuren der Elementarteilchen verständlich zu machen, die in großen Beschleuniger-Laboratorien wie CERN (Conseil Européen pour la Recherche Nucléaire) für Furore sorgen, ist in populären Darstellungen oft von Kondensstreifen die Rede. Der Vergleich mit Kondensstreifen trifft aber nur auf die ältere Nebelkammer zu, bei der die Spuren radioaktiver Zerfälle als Tröpfchen in einem Gas sichtbar werden. Die Blasenkammer ist eher mit einer Flasche Mineralwasser vergleichbar, in der beim Öffnen vom Boden Blasen aufsteigen. Die Flüssigkeit darin steht unter Druck, und eine plötzliche Verringerung des Drucks sorgt dafür, dass sie an ihren Siedepunkt gerät. Die geringste lokale Störung reicht dann aus, dass die Flüssigkeit dort in den Gaszustand übergeht. Die von einem geladenen Teilchen beim Durchgang durch die Flüssigkeit erzeugten Ionen sind eine solche Störung. Sie sollte die Flüssigkeit an diesen Stellen zum Sieden bringen. Das ist der Grundgedanke, der 1952 den Physiker Donald Arthur Glaser an der University of Michigan zum Erfinder der Blasenkammer werden lässt.

Doch was im Prinzip einfach erscheint, erweist sich in der Praxis als ein höchst anspruchsvolles technisches Unterfangen. Glasers erste Blasenkammer ist ein mit 3 Kubikzentimeter Diethylether gefüllter Glaskolben. Diese Substanz hat den Vorteil, dass ihr Siedepunkt im Bereich der Raumtemperatur liegt, so dass keine besondere Vorrichtung für das delikate Zusammenspiel von Druck und Temperatur im Grenzbereich zwischen flüssig und gasförmig notwendig ist. Die Reaktion der hochenergetischen Teilchen aus den Beschleunigern lässt sich jedoch einfacher deuten, wenn sie in der Blasenkammer nur mit den Atomkernen von Wasserstoff wechselwirken. Da Wasserstoff erst bei etwa 21 Grad über dem absoluten Nullpunkt flüssig wird und hoch explosiv ist, muss er mit einer besonderen Kühlanlage im flüssigen Zustand gehalten und in einem druckfesten Behälter eingeschlossen werden. Die fotografische Registrierung der Blasenspuren erfolgt deswegen durch Zentimeter-dicke Glasfenster. Die ersten mit Wasserstoff gefüllten Blasenkammern erweisen sich als viel zu klein, um die Teilchenspuren zu deuten. Außerdem benötigt man ein externes Magnetfeld, das die elektrisch geladenen Reaktionspartner auf gekrümmte Bahnen zwingt und so Rückschlüsse auf die Ladung und Energie (Masse) der beobachteten Teilchen zulässt.

Unter diesen Umständen wächst die Blasenkammer zu einem technologischen Monster heran. In den 1950er Jahren bemessen sich die Ausdehnungen der Blasenkammern noch in Zentimetern. Am CERN kommt 1959 eine zylindrische Blasenkammer mit 30 cm Durchmesser zum Einsatz. Sie wird einige Jahre später abgelöst von einer 2-m-Kammer, die mit den dazu gehörigen Tanks und Magnetspulen schon die Größe eines ganzen Gebäudes besitzt. In den 1960er und 1970er Jahren sitzen Blasenkammern in den Großlaboratorien der Teilchenphysiker wie Sackbahnhöfe am Ende von Strahlrohren, mit denen die Teilchengeschosse aus ringförmigen Beschleunigeranlagen abgezweigt werden. 1973 gelingt mit „Gargamelle", dem Nachfolger der 2-m-Blasenkammer, der Nachweis eines theoretisch vorhergesagten Phänomens der sogenannten „elektroschwachen" Wechselwirkung. Damit ist ein wichtiges Etappenziel auf dem Weg zum Standardmodell der Teilchenphysik erreicht.

ME

Die 2m-Blasenkammer bei CERN aus den 1960er-Jahren.

Weiche Materie

Erst fest, dann flüssig. So beschreibt man die physikalischen Zustände beim Auftauen eines Eiswürfels, wenn die Wassermoleküle vom kristallinen in den flüssigen Zustand übergehen, bei dem die Wassermoleküle sich ungeordnet gegeneinander bewegen. Man spricht vom Schmelzpunkt einer Substanz, um diesen Übergang vom geordneten in den ungeordneten Zustand zu charakterisieren. Aber viele Kristalle, die sich aus stäbchenförmigen Molekülen zusammensetzen, gehen nicht bei *einem* Schmelzpunkt vom festen in den flüssigen Zustand über. Sie nehmen verschiedene, deutlich voneinander unterscheidbare Ordnungsstrukturen ein, bevor sich ihre Moleküle in dem völlig ungeordneten Zustand befinden, den wir flüssig nennen.

Die Physiker kennen solche Substanzen schon seit mehr als hundert Jahren. Als erster widmet sich Otto Lehmann, der Nachfolger von Heinrich Hertz auf dem Physiklehrstuhl der Technischen Hochschule in Karlsruhe, ihrem systematischen Studium. Er prägt 1904 auch den Begriff, unter dem sie seither bekannt sind: flüssige Kristalle. Einige Jahrzehnte später macht der französische Kristallograph Georges Friedel die Übergangsphasen zu seinem Forschungsgebiet, mit denen sich diese Substanzen vom festen in den flüssigen Zustand verwandeln. Die Ausrichtung der Moleküle äußert sich vor allem optisch, denn sie verändert die Schwingungsrichtung der elektrischen und magnetischen Felder in einer Lichtwelle. Das führt beim Durchgang von polarisiertem Licht durch dünne Schichten zu charakteristischen Texturen. Im Polarisationsmikroskop erscheinen die Phasen zwischen dem festen und flüssigen Zustand wie Kreationen abstrakter Kunst.

Dennoch führt die Erforschung flüssiger Kristalle in der Physik lange ein Schattendasein. Das ändert sich erst mit dem 1974 veröffentlichten Buch *The Physics of Liquid Crystals*, mit dem Pierre-Gilles de Gennes, ein Physikprofessor am College de France in Paris, den Flüssigkristallen auch von theoretischer Warte aus eine besondere Ästhetik zuerkennt. 1991 erhält er den Nobelpreis für seine Forschungsarbeiten „insbesondere auf dem Gebiet der Flüssigkristalle und Polymere". Seiner Nobelrede gibt er die Überschrift „Soft Matter" („Weiche Materie"). Unter diesem Begriff formiert sich seit den 1990er Jahren eine ganz neue Forschungsrichtung, die den physikalischen Prozessen im Übergangsbereich zwischen fest und flüssig auf den Grund geht.

ME

Im polarisierten Licht zeigen Flüssigkristalle farbige Muster von erstaunlicher Vielfalt. →

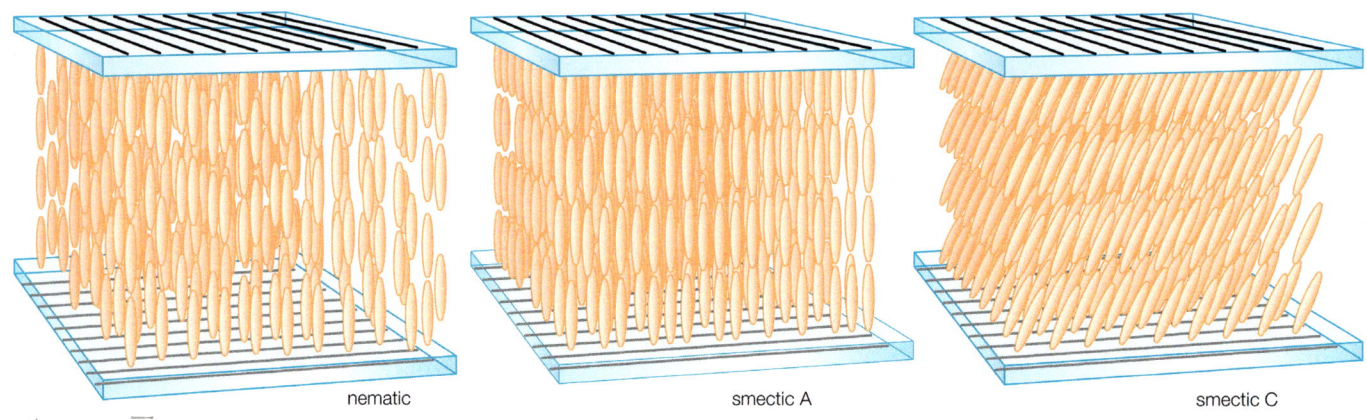

nematic   smectic A   smectic C

Verschiedene Phasen der Molekülanordnung in Flüssigkristallen.

Schwarze Löcher im Weltall

Gibt es physikalische Objekte, von denen keinerlei Licht entweichen kann? Diese Frage stellt schon im 18. Jahrhundert der englische Naturforscher John Michell. Er findet, dass ein Himmelskörper so kompakt wie unsere Sonne, doch mindestens 500-mal größer, mit seiner Schwerkraft jedes Lichtteilchen zurück halten könnte. Nur durch die Bahnen leuchtender Körper, die vielleicht um ihn kreisen, wäre er zu identifizieren. Licht besteht allerdings nicht aus materiellen Korpuskeln, wie die folgende Zeit beweist. Albert Einstein definiert Licht ab 1905 neu und ab 1915 auch die Schwerkraft. Der Astronom Karl Schwarzschild löst unmittelbar nach Einstein dessen komplizierte Feldgleichungen der Gravitation für eine Punktmasse im Weltall. Das Ergebnis: Im Prinzip hat Michell doch recht. Eine solche Punktmasse besitzt eine Kugeloberfläche, den später sogenannten Ereignishorizont, innerhalb dessen kein Licht, überhaupt keine Information, nach außen dringen kann. Das Punktzentrum dieses seltsamen Raum-Zeit-Gebildes stellt allerdings eine Singularität dar, in der alle physikalischen Gesetze zusammenbrechen. Der indische Physiker Subrahmanyan Chandrasekhar zeigt 1935, dass ein Weißer Zwerg (ein exotisches Gasgebilde von nicht mehr als der Größe der Erde) weiter in sich zusammenfallen würde, falls er über 1,4 Sonnenmassen enthält. Er müsste wohl zu solch einem total schwarzen Objekt degenerieren. Sein Mentor, der berühmte Arthur Eddington, findet das absurd und macht den jungen Kollegen lächerlich. Er hofft auf Naturgesetze, die das als unmöglich erweisen. Auch Einstein selbst hält nichts von solchen kosmischen Monstern.

Das wirkt nach: Zwar wird noch Ende der 1930er Jahre beim Kollaps von Sternen bis zu einer bestimmten Größe (heute 2–3 Sonnenmassen) ein Zwischenstadium angenommen, ein Neutronenstern. Oberhalb dieser Größe erst bricht der Stern total zusammen. Doch erst als ab 1963 die ersten Quasare entdeckt werden, ungeheuer weit entfernte, aber billionenfach stärker als die Sonne strahlende Lichtquellen, gräbt man die alten Thesen wieder aus. Diese Superstrahler müssen Zentren von Galaxien sein. Ihre riesigen Energien kann man nur mit massiven Schwarzen Löchern (der Name kommt in den 1970er Jahren auf) erklären. Sie saugen Materie in sich hinein, die solch unglaubliche Strahlungsmassen aussendet, bevor sie auf Nimmerwiedersehen hinter dem Ereignishorizont verschwindet.

Jetzt interessieren sich immer mehr Theoretiker für das Phänomen. 1967 ist klar: Schwarze Löcher sind im Grunde recht „einfache" Gebilde, nur durch Masse, Drehimpuls und Ladung bestimmt. 1972 wird die hellste Röntgenquelle im Sternbild Cygnus (= Schwan), Cyg X-1, als Doppelstern entlarvt: Ein blauer Riesenstern mit 40 Sonnenmassen kreist um einen dunklen Begleiter, der um die 15 Sonnenmassen besitzt. Das kann also nur ein Schwarzes Loch sein. Weiterhin wächst die Anzahl der Quasare. 1994 folgt aus Beobachtungen des Satellitenteleskops Hubble, dass sich im Zentrum der Galaxie M87 ein supermassives Schwarzes Loch befinden muss.

Doch der eindeutige Beweis für die Existenz solcher Monster wird erst in einer vieljährigen Untersuchung des Zentrums unserer Milchstraße im Sternbild Schütze von 1992 bis 2002 erbracht: Mit Radio- und Infrarotastronomie rückt man 1/500 Lichtjahr nah heran und beobachtet dort einzelne Sterne. Ihre Ellipsenbahnen kann man mit der Newton'schen Mechanik nach der zentralen Masse befragen, um die sie sich bewegen. In der Tat, diese Masse muss auf engstem Raum konzentriert sein und mehr als 4 Millionen Sonnen schwer sein. Es kann sich nur um ein riesiges Schwarzes Loch handeln. Im Laufe der folgenden Jahre wird immer wahrscheinlicher: Die meisten Galaxien besitzen solch gefräßige Ungeheuer in ihrer Mitte.

Der Beweis 2015 für die bis dato unbewiesene Voraussage Einsteins von Gravitationswellen, weist auf die Verschmelzung zweier Schwarzer Löcher hin, eine der größtmöglichen Energiekatastrophen im Universum.

JT

Die Mitte der Milchstraße im Infrarot, mit einer Sternbahnellipse nahe um das zentrale Schwarze Loch (SgrA*). →

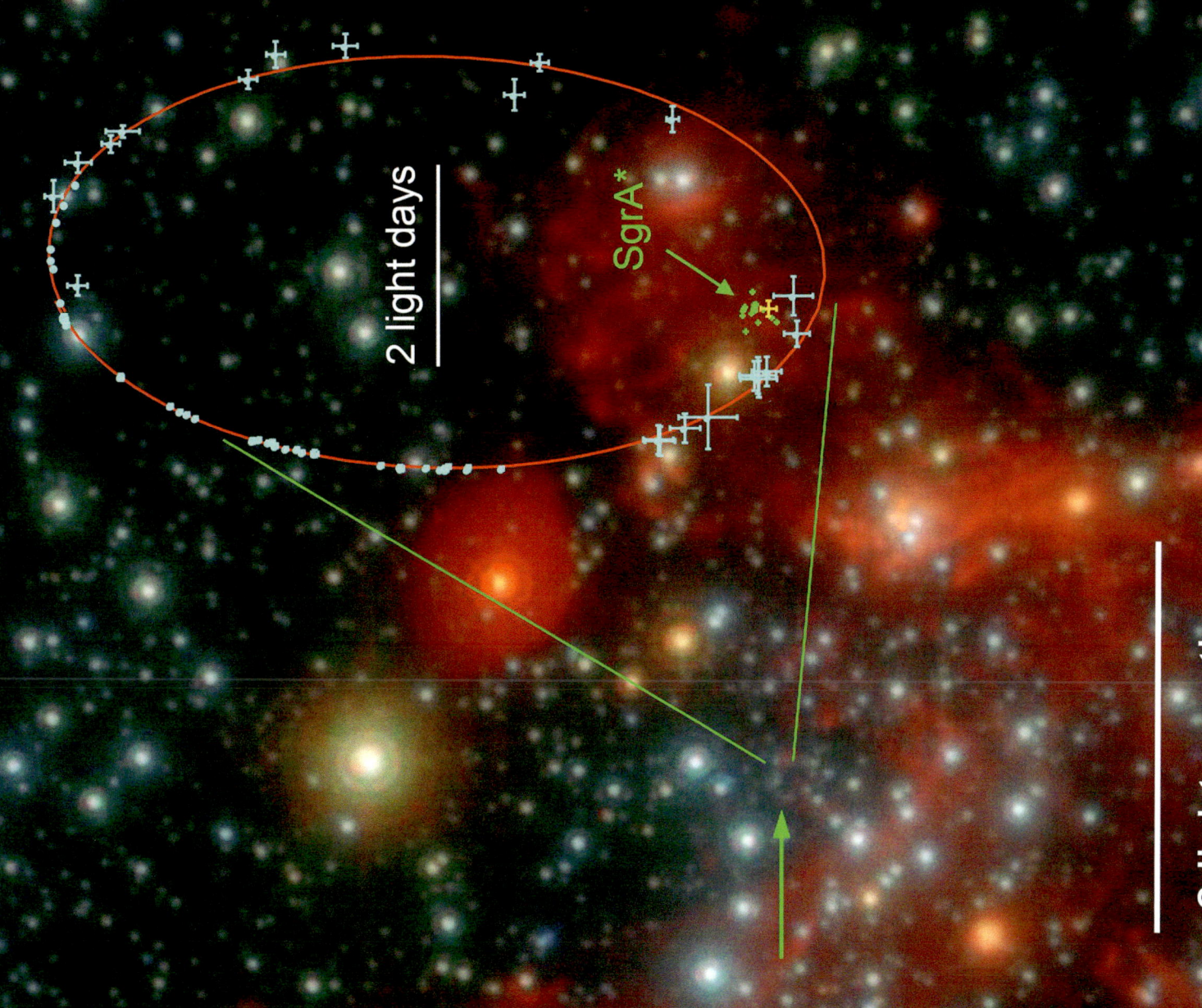

2 light days

SgrA*

6 light months

Das Rätsel der Turbulenz

Auch mehr als hundert Jahre nach den grundlegenden Experimenten von Osborne Reynolds zur Turbulenz bleibt dieses Phänomen rätselhaft. Bei kleiner Reynoldszahl (sie ist proportional zum Rohrdurchmesser und zur Strömungsgeschwindigkeit) ist eine Strömung laminar, bei großer turbulent. Für ein von Wasser durchströmtes gerades Rohr erfolgt der Übergang bei einer Reynoldszahl von etwa 2000. Aber schon für diesen einfachen Fall gelingt es auf theoretischem Weg nicht, eine kritische Reynoldszahl für den Übergang vom laminaren in den turbulenten Strömungszustand zu ermitteln.

In der theoretischen Physik löst man viele Probleme, bei denen ein Zustand durch eine kleine Störung instabil werden kann, mit der „Methode der kleinen Schwingungen": Ein vertikal aufgestellter Stab, der unten befestigt ist und oben mit einem Gewicht belastet wird, kehrt, wenn er aus der Gleichgewichtslage um ein kleines Stück ausgelenkt wird, mit kleinen Schwingungen in die Ausgangslage zurück; wenn das Gewicht aber zu groß ist, wächst die Auslenkung und der Stab knickt zur Seite. Nach demselben Muster sollte sich der Turbulenzübergang berechnen lassen, wenn einer laminaren Strömung eine kleine Störung überlagert wird: Ist die laminare Strömung stabil, klingt die Störung wieder ab; andernfalls wächst sie an und macht die Strömung turbulent. Doch auch den besten Theoretikern gelingt es nicht, nach dieser Methode den Turbulenzübergang zu berechnen. Die Strömung durch ein gerades Rohr sollte der Theorie zufolge auch bei noch so großer Reynoldszahl laminar bleiben, was jeder Erfahrung widerspricht.

Seit den 1980er Jahren versucht man, dem Problem des Turbulenzübergangs auf andere Weise Herr zu werden. Mit den Methoden der Chaostheorie gelingt es, im Übergangsbereich zwischen laminar und turbulent räumlich begrenzte Strukturen auszumachen, die sich dem laminaren Strömungsprofil als wellen- und fadenförmige Wirbel überlagern. Bei größerer Strömungsgeschwindigkeit bilden sich „turbulente Flecken" aus, die dann zusammenwachsen und die ganze Strömung im Rohr verwirbeln.

Was zunächst als bloßes Ergebnis neuer theoretischer Methoden erscheint und mithilfe des Computers aus den Strömungsgleichungen gefunden wird, zeigt sich 2004 auch in Experimenten. Mit einer ausgefeilten Visualisierungstechnik (PIV = Particle Image Velocimetry) können die Geschwindigkeiten von winzigen Teilchen, die sich mit der Strömung bewegen, in einem Rohrquerschnitt gemessen werden. Im Bild links sind die experimentell festgestellten wellenförmigen Verwirbelungen dargestellt, rechts daneben entsprechende theoretische Ergebnisse. Der Übergang zur Turbulenz verläuft nicht als ein plötzlicher Umschlag, sondern über sehr kompliziert geordnete Strukturen. Diese genauer zu analysieren, bleibt auch im 21. Jahrhundert eine große Herausforderung.

ME

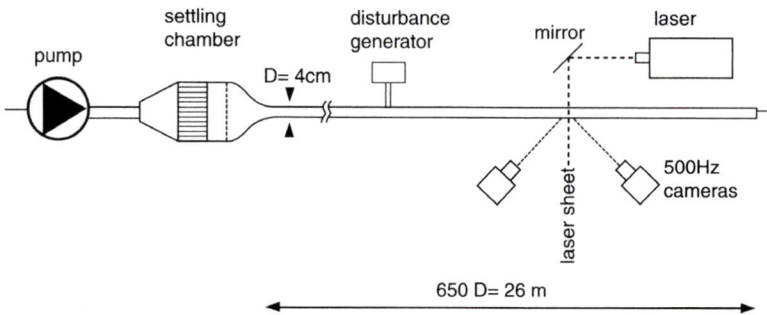

Versuchsaufbau: Wasser wird durch ein 26 m langes Rohr gepumpt. Der Turbulenzumschlag wird mit einem Laser sichtbar gemacht.

Sowohl im Experiment (A) als auch in der Computersimulation (B) zeigen sich in der Übergangszone zur Turbulenz regelmäßige Strömungsmuster (die Farben geben unterschiedliche Strömungsgeschwindigkeiten wieder). →

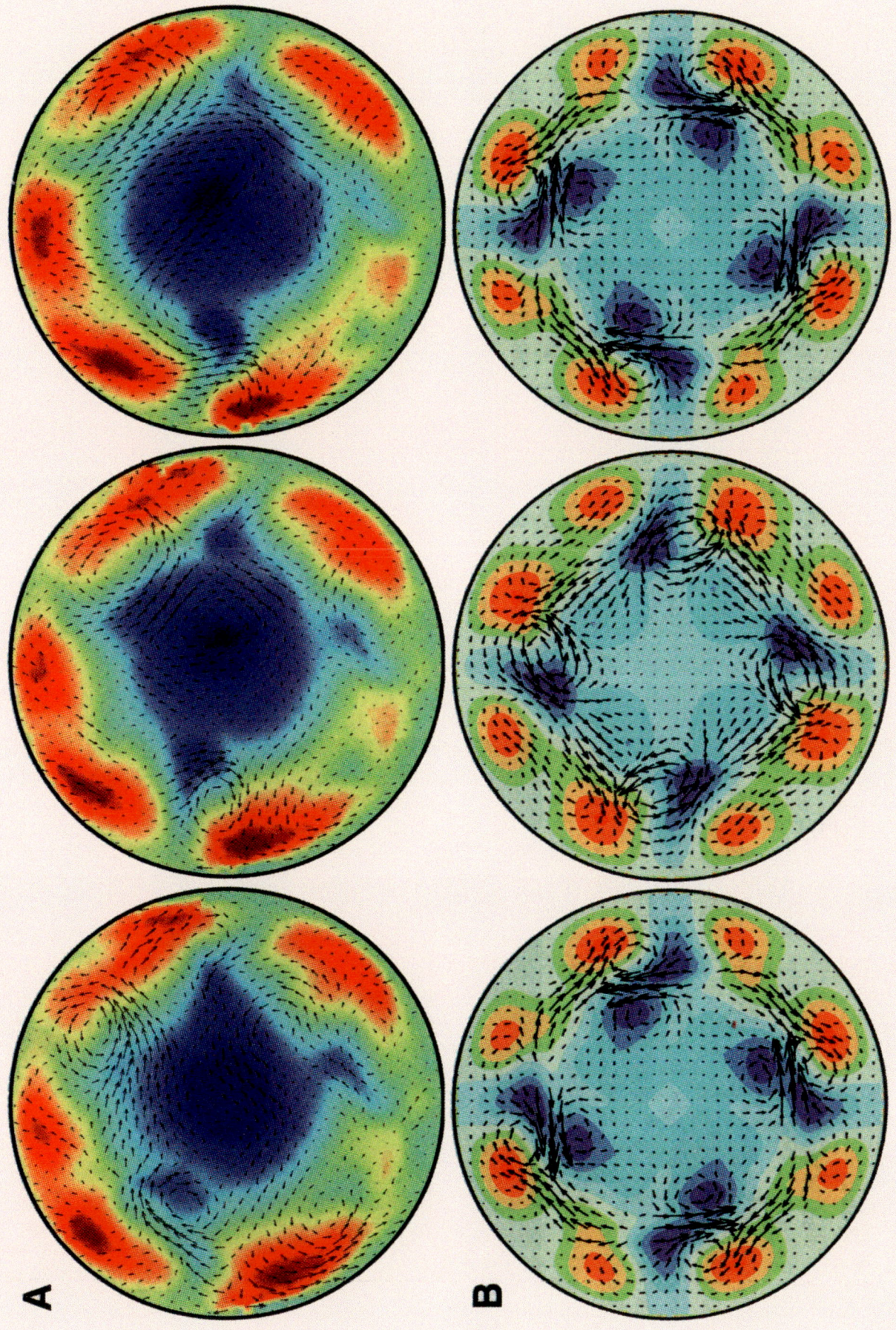

Dunkle Materie und Dunkle Energie

Dunkle Materie/Dunkle Energie sowie die Frage, wie Quantenmechanik und Allgemeine Relativitätstheorie kosmologisch zusammenfinden, können als größte Rätsel der Physik des 21. Jahrhunderts gelten. Sind beide Probleme nur zwei „dunkle Wolken" am Himmel der Physik? So glaubte man das auch um 1900 von der Schwarzkörperstrahlung und dem Michelson-Morley-Experiment. Oder werden sie unser Wissen völlig umstülpen – wie das nach 1900 mit dem Quantenansatz von Max Planck bzw. der Speziellen Relativitätstheorie von Albert Einstein geschah? Wir wissen es nicht, natürlich nicht.

Schon kurz nach 1930 zeigen Berechnungen von Astronomen, dass im Weltall viel mehr Massen vorhanden sein müssen, als zu beobachten sind. Der Schweizer Astronom Fritz Zwicky untersucht einige Galaxien des Coma-Haufens und findet, dass die aus den Bewegungen kalkulierten Massen, die notwendig sind, um diese Ansammlung mit ihrer Schwerkraft zusammenzuhalten, erheblich größer sind als die aus den Leuchtkräften der einzelnen Galaxien erschlossenen. Es muss „Dunkle Materie" vorhanden sein, glaubt er, und denkt dabei noch an normale, nur eben nicht leuchtende Massen. Diese Überlegungen nimmt zunächst niemand ernst. Erst Ende der 1970er Jahre wird das Problem virulent. Nun wird immer heftiger diskutiert, dass Außenarme von Galaxien viel schneller um das – von ihnen weit entfernte – galaktische Zentrum kreisen, als das Gravitationsgesetz Newtons erlaubt, sofern man nur die sichtbaren Massen der Galaxie ansetzt. Es muss sehr viel mehr nicht sichtbare Materie geben als die, die wir als leuchtende Sterne oder Nebel sehen.

Um 1980 werden die Einstein'schen Gravitationslinsen am Himmel nachgewiesen. Vordergrundgalaxien etwa verzerren durch ihre Massen die Bilder von weit dahinterliegenden Sternansammlungen und spalten sie mitunter auf. Anhand der Verzerrungen kann man nachweisen, dass die aus der leuchtenden Materie der Vordergrundgalaxien kalkulierte Masse nicht ausreicht, um solche Bildveränderungen zu erzeugen. Daraus kann auch die Verteilung der zusätzlich notwendigen mysteriösen Dunklen Materie berechnet werden. Die Kosmologie sucht um etwa die gleiche Zeit verzweifelt nach Fluktuationen in der kosmischen Hintergrundstrahlung, also im frühen Universum, um daraus die spätere Bildung von Galaxien und -haufen zu erklären. Die geringen Fluktuationen, die denkbar sind (und ab den 1990er Jahren gefunden werden) fordern ebenfalls Dunkle Materie, um Galaxienentwicklungen zu erklären. Jetzt wird es zwingend: Diese Materie kann nicht aus normalen Atomen bestehen. Sie scheint nur durch ihre Gravitation nachweisbar. Neutrinos, die Geisterteilchen der Astrophysik, können es nicht sein. Sie sind zu leicht, um diese fehlende Masse zu erklären. WIMPS (Weakly Interacting Massive Particles) wiederum sind nur eine Hypothese für völlig unbekannte Teilchen. Es gibt auch andere Vorschläge, bis hin zur Abänderung von Newton'scher und Einstein'scher Mechanik für sehr große Entfernungen, so dass die Notwendigkeit einer Dunklen Materie ganz verschwindet.

Nicht genug mit diesem Rätsel! Seit 1998 ist ein neues, noch schwierigeres mit der Dunklen Energie entstanden. Beobachtungen von Supernovae des Typs Ia (Explosion eines Doppelsterns – aus einem Weißen Zwerg und einem normalen Stern bestehend) verlangen eine beschleunigte Ausdehnung des Weltalls. Sie sind rund 15 % weiter weg, als mit einer konstanten Expansion des Alls bisher angenommen. Das beschleunigte Auseinanderfliegen muss eine Ursache haben, eine auseinandertreibende „dunkle" Kraft. Umgerechnet nach Einstein in Masse ergibt sich mit den Daten des Planck-Weltraumteleskops 2013, dass diese Dunkle Energie etwa 68 % der Energie des Weltalls ausmacht. Die Dunkle Materie hat einen Anteil von etwa 27 % und die normale, nicht leuchtende atomare Materie etwa 4,5 %. Nur rund ein halbes Prozent sind leuchtende Sterne oder Gasnebel. Also 99,5 % des Weltalls bleiben für uns dunkel.

JT

Blau gibt die aus dem Einstein'schen Gravitationslinseneffekt berechnete Verteilung der Dunklen Materie an – genau um die zwei kollidierenden Galaxienhaufen des Bullet Clusters. Rot, als Röntgenstrahlung, zeigt die Stoßfronten der Gasmassen dazwischen. →

1.5'

Der ATLAS-Detektor: Nonplusultra der Teilchenphysik

Der Large Hadron Collider (LHC) am Europäischen Kernforschungszentrum CERN ist derzeit der mächtigste Teilchenbeschleuniger der Welt. Er beschleunigt Bündel von Protonen auf Energien von mehreren Teraelektronenvolt – das ist Millionen mal mehr als die Bindungsenergie eines Protons im Innern eines Atomkerns. Um den Protonen eine so hohe Energie auf den Weg zu geben, werden sie in einem 27 Kilometer langen Ringtunnel in evakuierten Röhren mit supraleitenden Magneten auf annähernd Lichtgeschwindigkeit beschleunigt. Zwei solche gegenläufigen Röhren bringen die Protonen schließlich zur Kollision. Wo sie mit hoher Energie aufeinanderprallen, ereignet sich mit jeder Kollision eine Art Urknall: Die Kollisionsenergie wird in Form von neu erzeugten Teilchen freigesetzt, die meist sehr kurzlebig sind und ihrerseits wieder in andere Teilchen zerfallen. Das Standardmodell der theoretischen Physiker beschreibt diesen Vorgang. Es beruht aber auf einer experimentell lange nicht gesicherten Grundlage, dem sogenannten Higgs-Mechanismus. Er beschreibt, wie die unterschiedlichen Elementarteilchen zu ihrer Masse kommen. Vor dem LHC erreichte aber noch kein Beschleuniger die erforderliche Energie, um den Higgs-Mechanismus zu beweisen. Doch am 4. Juli 2012 ist es so weit: Die Auswertung der Daten einer Protonenkollision am LHC liefert den lange erwarteten Nachweis. Ein Jahr später werden die Theoretiker François Englert und Peter W. Higgs, die diesen Mechanismus als erste postuliert haben, mit dem Nobelpreis ausgezeichnet.

Für den Nachweis der am LHC erzeugten Teilchen werden an den Stellen, an denen die Protonenbündel zur Kollision gebracht werden, gigantische Teilchendetektoren eingesetzt. Der größte davon trägt den Namen eines Titanen aus der griechischen Mythologie: ATLAS. Er stellt in der Tat das Nonplusultra der Teilchenphysik dar. Im Vergleich zu ATLAS erscheinen selbst die großen Blasenkammern der 1970er Jahre wie Apparaturen aus einer vergangenen Epoche. Allein die Materialkosten dieses Detektors der Superlative belaufen sich auf rund 350 Millionen Euro. An seiner Planung waren 170 Forschungsinstitute aus 37 Ländern beteiligt. Er wiegt 7000 Tonnen und umschließt auf einer Länge von 46 Metern und mit einem Durchmesser von 25 Metern den Ort, von dem aus die in der Protonenkollision erzeugten Teilchen nach allen Richtungen auseinanderschießen. Sein Aufbau ähnelt dem einer Zwiebel: In den inneren Schichten werden die aus dem Stoßzentrum herausgeschleuderten elektrisch geladenen Teilchen durch ein starkes Magnetfeld abgelenkt; die Bahnkrümmung erlaubt dann Rückschlüsse auf den Impuls dieser Teilchen. In den mittleren Schichten werden verschiedene Reaktionsprozesse der Teilchen mit verschiedenen Absorptionsmaterialien ausgelöst, woraus die Energie der Teilchen bestimmt werden kann. Diese Schichten werden als Kalorimeter bezeichnet. Die einzigen elektrisch geladenen Teilchen, die das Kalorimeter ohne Absorption durchdringen, sind sogenannte Myonen. Sie werden in einer äußeren Schicht in einem Myonenspektrometer mit extrem starken Magnetfeldern abgelenkt und in Geigerzählern ähnlichen Röhren nachgewiesen.

Anders als in den Detektoren aus der Frühzeit der Teilchenphysik verfügt ATLAS über keine fotografische Aufnahmetechnik. Die CERN-Forscher erhalten Bilder mit den Spuren der verschiedenen Teilchen aufgrund einer komplexen Datenverarbeitung. Die Signale aus den verschiedenen Schichten des ATLAS-Detektors werden zuerst über ein mehrstufiges System gefiltert, um aus der Datenvielfalt möglichst nur die interessanten Ereignisse auszusondern. Dann übernehmen Computer die weitere Verarbeitung der Daten und generieren die Spuren und sonstigen Merkmale von Teilchen, aus denen die Theoretiker ihre Identität herauslesen.

ME

Blick in den ATLAS-Detektor beim CERN während einer Versuchsvorbereitung. →

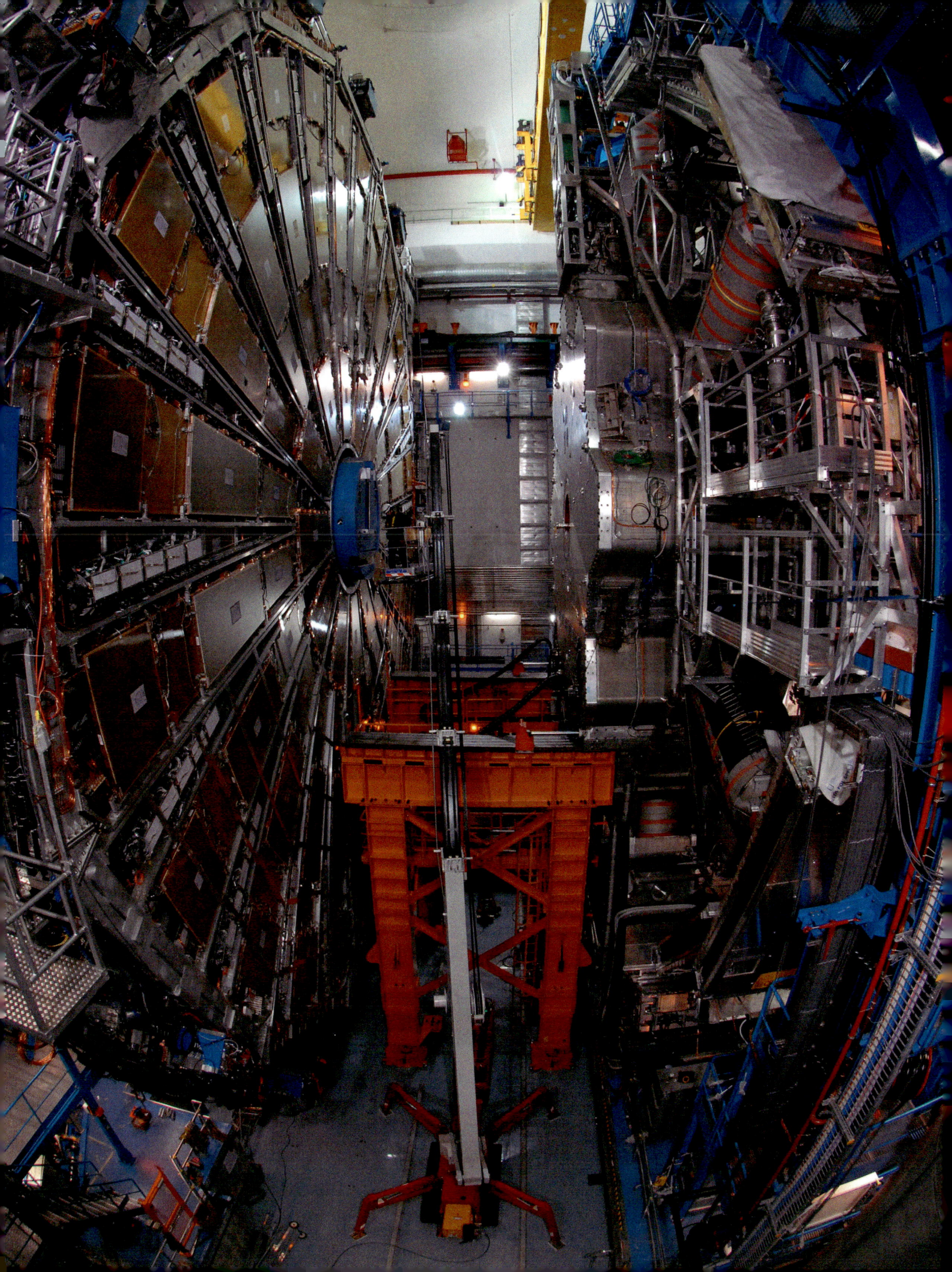

LITERATUR

Die Milesische Naturphilosophie – Thales, Anaximander und Anaximenes, um 600 bis um 550 v. Chr.
Krafft, Fritz: Geschichte der Naturwissenschaft I. Die Begründung einer Wissenschaft von der Natur durch die Griechen. Freiburg 1971.
Pichot, André: Die Geburt der Wissenschaft – Von den Babyloniern zu den frühen Griechen. Darmstadt 1995.
Flashar Hellmut u. a. (Hrsg.): Frühgriechische Philosophie. Basel 2013.

Der Tunnel des Eupalinos, um 540 v. Chr.
Kienast, Hermann: Die Wasserleitung des Eupalinos auf Samos. Bonn 1995.

Atome und Elemente – von Leukipp bis Plato, 5. bis 4. Jh. v. Chr.
Krafft, Fritz: Geschichte der Naturwissenschaft I. Die Begründung einer Wissenschaft von der Natur durch die Griechen. Freiburg 1971.
Stückelberger, Alfred: Antike Atomphysik (Texte). München 1979.

Aristoteles, um 350 v. Chr.
Flashar, Hellmut: Aristoteles – Lehrer des Abendlandes. München 2015.
Jürß, Fritz; Ehlers, Dietrich: Aristoteles. Leipzig 1989 (Die Naturlehre von A.).

Archimedes und die Mechanik, 3. Jh. v. Chr.
Schneider, Ivo: Archimedes. Ingenieur, Naturwissenschaftler und Mathematiker. Darmstadt 1979.
Krafft, Fritz: Das Selbstverständnis der Physik im Wandel der Zeit. Weinheim 1982 (Kapitel 2: Mechanik und Physik in Antike und Neuzeit).
Schürmann, Astrid: Griechische Mechanik und antike Gesellschaft. Stuttgart 1991.

Licht und Sehen – von Euklid bis Ptolemäus, 4. Jh. v. bis 2. Jh. n. Chr.
Darrigol, Olivier: A History of Optics: From Greek Antiquity to the Nineteenth Century. Oxford 2012.
Lindberg, David C.: Auge und Licht im Mittelalter. Die Entwicklung der Optik von Alkindi bis Kepler. Frankfurt 1987.

Physik am Bau: Vitruv und die Maschinen der Römer
Vitruv: Vitruvii de architectura libri decem = Zehn Bücher über Architektur. Übersetzt und mit Anmerkungen versehen von Curt Fensterbusch, 5. Auflage, Darmstadt, 1991.

Die Größe der Erde – Aristarch von Samos und Eratosthenes
Heath, Thomas: Aristarchus of Samos. The ancient Copernicus. Oxford 1913. New York 1981.
Lelgemann, Dieter: Eratosthenes von Kyrene und die Meßtechnik der alten Kulturen. Ein Essay. Wiesbaden 2001.
Balss, Heinrich: Antike Astronomie. Berlin 1949 (Originaltexte deutsch).

Computer in der Antike: Der Antikythera-Mechanismus, 1. Jh. v. Chr.
Marchant, Jo: *Die Entschlüsselung des Himmels: Der erste Computer – ein 2000 Jahre altes Rätsel wird gelöst.* Reinbek 2011.
http://www.antikythera-mechanism.gr (aktuelle homepage des antikythera-mechanism projekts.)
Kienast, Hermann J.: Der Turm der Winde in Athen. Wiesbaden 2014.

Herons Experimente mit Luft
Boas, Marie: Hero's Pneumatica: A Study of Its Transmission and Influence. In: Isis 40, 1949, S. 38–48.
Keyser, Paul: A New Look at Heron's "Steam Engine". In: Archive for History of Exact Sciences 44, 1992, S. 107–124.

Ptolemäisches Weltbild und Physik, 2. Jh. n. Chr.
Teichmann, Jürgen: Wandel des Weltbildes. Stuttgart u. a. 1999.
Szabo, Arpad: Das geozentrische Weltbild – Astronomie, Geographie und Mathematik der Griechen. München 1992.

Ibn al-Haitham, das islamische Physikgenie, um 1000
Sezgin, Fuat (Hrsg): Wissenschaft und Technik im Islam. Frankfurt 2003. Band1 (online *www.ibttm.org/museum/sammlung/Volume1DE.pdf*).
Gillispie, Charles Coulston (Hrsg): Dictionary of Scientific Biography. New York. 1970–1980. Haitham, Ibn al. Bd. VI, S. 189–210. (online http://www.encyclopedia.com/science/dictionaries-thesauruses-pictures-and-press-releases/ibn-al-haytham-abu).

Die Waage der Weisheit – Al-Khazini, 1121
Bauerreiß, Heinrich: Zur Geschichte des spezifischen Gewichtes im Altertum und Mittelalter. Erlangen 1914.
Sezgin, Fuat (Hrsg): Wissenschaft und Technik im Islam. Frankfurt 2003. Band V, S. 5–6. (online *www.ibttm.org/museum/sammlung/Volume5DE.pdf).*
Gillispie, Charles Coulston (Hrsg): Dictionary of Scientific Biography. New York. 1970–1980. *Al-Khazini, Band VII, S. 335–351.* (online https://www.encyclopedia.com/science/dictionaries-thesauruses-pictures-and-press-releases/al-khazini-abul-fath-abd-al-raman-sometimes-abu-manur-abd-al-raman-or-abd-al-rahman-manur).

Jordanus de Nemore und das Gleichgewichtsproblem
Renn, Jürgen, Damerow, Peter: The Equilibrium Controversy. Berlin 2012.

Wie entsteht der Regenbogen – Kamal al-Din al-Farisi und Dietrich von Freiberg, um 1300
Boyer, Carl Benjamin; Greenler, Robert: The rainbow: from myth to mathematics. Princeton, N.J. 1987. S. 127–129.
Flasch, Kurt: Dietrich von Freiberg. Philosophie, Theologie, Naturforschung um 1300. Klostermann, Frankfurt am Main 2007.
Gillispie, Charles Coulston (Hrsg): Dictionary of Scientific Biography. New York. 1970–1980. Artikel Al-Farisi (online Complete Dictionary of Scientific Biography: *http://www.encyclopedia.com/science/dictionaries-thesauruses-pictures-and-press-releases/kamal-al-d).*

Wie fliegt ein Speer oder eine Kanonenkugel?, 6.–16. Jh.
Dijksterhuis, Eduard Jan: Die Mechanisierung des Weltbildes. Berlin u. a. 1956. (Reprint 1983).
Teichmann, Jürgen: Wandel des Weltbildes. Stuttgart u. a. 1999.
Damerow, Peter u. a.: Exploring the limits of preclassical mechanics: a study of conceptual development in early modern science; free fall and compounded motion in the work of Descartes, Galileo, and Beeckman. New York u. a. 2004.

Magnetismus, Gewichtsräderuhr und Fortschrittsglaube, 13.–16. Jh.
Klemm, Friedrich: Geschichte der Technik. Stuttgart u. a. 1999.
Bassermann-Jordan, Ernst von: Die Geschichte der Räderuhr unter besonderer Berücksichtigung der Uhren des Bayerischen Nationalmuseums. Frankfurt 1905. (online https://archive.org/details/bub_gb_1zlRAAAAYAAJ).
Maurice, Klaus: Die deutsche Räderuhr, 2 Bände. München 1991.

Leonardo da Vinci, um 1500
Heydenreich, Ludwig H. u. a.: Leonardo der Erfinder, der Forscher, der Künstler. Stuttgart u. a. 1982.
Ladendorf, Heinz: Leonardo da Vinci und die Wissenschaften. Band II. Eine Literaturübersicht. Köln 1984.
Mangold, Klaus (Vorwort): Leonardo da Vinci Der Codex Leicester. Ausstellungskatalog. München/Berlin 1999.

Simon Stevins Gewichtskunst
Devreese, Jozef T., Van den Berghe, Guido: ,Magic is no magic'. The wonderful world of Simon Stevin. Southampton (Boston) 2008.

William Gilbert und das Experiment, 1600
Roller, Duane H.D.: The „De Magnete" of William Gilbert. Amsterdam 1959.
Gilbert, William: On the magnet, magnetick bodies also, and on the great magnet the earth. (englische Übersetzung der lateinischen Originalausgabe von 1600. London 1900. online http://www.gutenberg.org/ebooks/33810).
Henry, John: Animism and Empiricism:Copernican Physics and the Origins of William Gilbert's Experimental Method. In: Journal of the History of Ideas 62, H. 1 (2001), S. 99–119.

Kopernikus bis Populärwissenschaft – das neue Weltbild und seine physikalischen Implikationen
Kühne, Andreas: Der Streit um den „wahren Weltbau". Überlegungen zu einem Bild von Cornelis Troost (1696-1750). In: Bild und Bildung. Hrsg. Barbara Lutz-Sterzenbach, Maria Peters u. Frank Schulz. München: kopaed, 2014, S. 425-434 (Kontext Kunstpädagogik; 40).
Teichmann, Jürgen: Wandel des Weltbildes. Stuttgart u. a. 1999.

Galilei und der Fernrohrhimmel, ab 1609
Fölsing, Albrecht: Galileo Galilei – Prozess ohne Ende. Reinbek 1996.
Heilbron, John L.: Galileo. Oxford 2010.

Bredekamp, Horst: Galilei der Künstler: Der Mond. Die Sonne. Die Hand., Berlin 2007.

Der freie Fall bei Galilei, nach 1600
Teichmann, Jürgen: Galilei und das Experiment. In: Praxis der Naturwissen-schaften – Physik in der Schule 56, Heft 8 (2007), S. 5–11.
Teichmann, Jürgen: Die schiefe Ebene und der freie Fall bei Galilei. In: derselbe u. a.: Experimente, die Geschichte machten. München 1995. S. 21–28.

Keplers Beiträge zur Physik
Riekher, Rolf (Hrsg.): Johannes Kepler: Schriften zur Optik 1604-1611. Ostwalds Klassiker der exakten Wissenschaften, Band 198, 2008.
Caspar, Max: Johannes Kepler. Hrsg. von der Kepler-Gesellschaft, 4. Aufl., erg. um ein vollständiges Quellenverzeichnis. Stuttgart 1995.

Das Geheimnis der Lichtbrechung
Lohne, Johannes: Zur Geschichte des Brechungsgesetzes. In: Sudhoffs Archiv für Ge-schichte der Medizin und der Naturwissenschaften 47, H. 2 (1963), S. 152–172.
Rashed, Roshdi: A Pioneer in Anaclastics: Ibn Sahl on Burning Mirrors and Lenses. In: Isis 81 (1990), S. 464–491.
Wetzel, Siegfried: Wie entsteht ein Regenbogen? Die Geschichte seiner Erklärung seit Descartes. online http://www.swetzel.ch/farbe/regbog/regbog.html.

Athanasius Kircher, Caspar Schott und die Physik der Jesuiten
Feingold, Mordechai: Jesuit Science and the Republic of Letters. Cambridge, Mass. 2003.
Fletcher, John Edward: A study of the life and works of Athanasius Kircher. Leiden 2011.
Unverzagt, Dietrich: Philosophia, Historia, Technica. Caspar Schotts Magia Universalis. Berlin 2000.

Das Vakuum existiert – von Torricelli bis Otto von Guericke
Krafft, Fritz: Otto von Guericke. In: Exempla historica. Epochen der Weltge-schichte in Biographien, Band 27. Frankfurt/Main 1984, S. 221–256.
Liebers, Klaus: Otto von Guericke und das Abenteuer Vakuum. Berlin 2015.
Mulder, Theo: Blaise Pascal und der Puy de Dôme. In: Monumenta Guerickiana. Heft 3, 1996, S. 17–26

Billardkugeln, Zentrifugalkraft, Pendeluhr – Christiaan Huygens
Szabo, Istvan: Geschichte der mechanischen Prinzipien. Basel u. a. 1987.
Teichmann, Jürgen: Huygens und die Erfindung der Pendeluhr. In: derselbe u. a.: Experimente, die Geschichte machten. München 1995. S. 29–37.
Bell, A,E.: Christian Huygens and the development of science in the seventeenth century. London 1950. Reprint 2007.
Bos, Henk J.M. et al. (Hrsg.), Studies on Christiaan Huygens. Lisse 1980.

Isaac Newton und die Himmelsmechanik
Westfall, Richard: Never at rest: a biography of Isaac Newton. Cambridge 1980.
Hughes, D. W.: The Principia and Comets. In: Notes and Reports of the Royal Society London, 42, 1988, 53–74.

Die Zerlegung des Lichts
Darrigol, Olivier: A History of Optics: From Greek Antiquity to the Nineteenth Century. Oxford u. a. 2012.
Raftopoulos, Athanassios u. a.: The properties and the nature of light – the study of Newton's work and the teaching of optics. In: Science and Education 14 (2005), S. 649–673.
Hoppe, Edmund: Geschichte der Optik. Leipzig 1926.

Thermometer, Wärme, Dampfmaschinen
Kant, Horst: Gabriel Daniel Fahrenheit, René-Antoine Ferchault de Réaumur, Anders Celsius. Leipzig 1984.
Teichmann, Jürgen: Die Erfindung des Thermometers. In: derselbe u. a.: Experi-mente, die Geschichte machten. München 1995. S. 52–59.
Selmeier, Franz: Eisen, Kohle und Dampf- die Schrittmacher der industriellen Revolution. Reinbek 1984.

Jacob Leupold: Vom barocken Maschinentheater zur Nützlichkeit der Aufklärung
Troitzsch, Ulrich: Zum Stande der Forschung über Jacob Leupold (1674-1727). In: Technikgeschichte 42, 1975, S. 263–286.
Hilz, Helmut: Jacob Leupolds «Theatrum machinarum» – Die erste technische Enzyklopädie. In: Librarium 54, 2011, S. 95–111.

Bernoulli, Euler und die Anfänge der Hydrodynamik
Mikhailov, Gleb K.: Introduction to Daniel Bernoulli's Hydrodynamics. In: Daniel Bernoulli, Werke, Band 5. Basel 2002, S. 17–86.

Eckert, Michael: Hydraulik im Schlosspark: War Euler schuld am Versagen der Wasserkunst in Sanssouci? In: Biegel, G., Klein, A., Sonar, T. (Hrsg.): Leon-hard Euler (1707-1783). Mathematiker – Mechaniker – Physiker. Disquisi-tiones Historiae Scientiarum – Braunschweiger Beiträge zur Wissenschafts-geschichte Band 3. Braunschweig 2008, S. 373–385.

Erdgestalt und Physik
Teichmann, Jürgen: Wandel des Weltbildes. Stuttgart u. a. 1999.

Die Elektrizität als Salonwissenschaft
Teichmann, Jürgen. Vom Bernstein zum Elektron – eine Kurzgeschichte der Elektrizität mit 24 Bildern. München 2016.
Fraunberger, Fritz: Illustrierte Geschichte der Elektrizität. Köln 1985.
Hackmann, W.D.: Electricity from glass – the history of the frictional electric machine 1600-1850. Alphen aan den Rijn 1978.

Technik und Experimentalphysik – John Smeaton
Reynolds, Terry S. : Scientific Influences on Technology: The Case of the Overshot Waterwheel, 1752-1754. In: Technology and Culture 20 (1979), S. 270–295.
Teichmann, Jürgen: Experimente mit Wasser- und Windmühlen. In: derselbe u. a. Experimente, die Geschichte machten. München 1995. S. 38–44.

Experiment und Allegorie – Physikalische Spiele und Lichtenberg'sche Figuren
Teichmann, Jürgen: Experiment, Spiel und Magie. In: Fraunberger, Fritz; Teich-mann, Jürgen: Das Experiment in der Physik. Ausgewählte Beispiele aus der Geschichte. Braunschweig/Wiesbaden 1984. eBook 2016. S. 47–55.
Hochadel, Oliver: Öffentliche Wissenschaft- Elektrizität in der deutschen Aufklä-rung. Göttingen 2003.

Das Grundgesetz der Elektrostatik – Henry Cavendish und Charles Augustin Coulomb
Heilbron, John L.: Electricity in the 17th and 18th Centuries. Berkeley 1979.
Teichmann, Jürgen: Zur Entwicklung von Grundbegriffen der Elektrizitätslehre, insbesondere des elektrischen Stromes bis 1820. Hildesheim 1974.

Von Galvanis Froschschenkeln zur Voltasäule – die chemische Batterie
Sattelberg, Kurt: Vom Elektron zur Elektronik. Eine Geschichte der Elektrizität. Berlin 1971.
Teichmann, Jürgen: Vom Bernstein zum Elektron. München (Deutsches Mu-seum) 1992.
Pera, Marcello: The ambiguous frog. The Galvani-Volta controversy on animal electricity. Princeton NJ 1992.

Kanonen bohren und Wärmetheorie
Brown, Sanborn C.: Benjamin Thompson, Count Rumford. Cambridge USA 1981.
Brush, Stephen G.: The Kind of Motion We Call Heat – A History of the Kinetic Theory of Gases in the 19th Century. 2 Bände, North Holland 1976.
Goldfarb, Stephen J.: Rumford's Theory of Heat: A Reassessment. In: The British Journal for the History of Science 10 (1977), S. 25–36.

Unsichtbare Strahlung – Infrarot und Ultraviolett
Frercks, Jan u. a.: Reception and discovery – the nature of Johann Wilhelm Ritter's invisible rays. In: Studies in history and philosophy of science 4 (2009), S. 143–56.
Teichmann, Jürgen: Infrarot und Ultraviolett: die Anfänge der Sonnenphysik. In: derselbe u. a.: Experimente, die Geschichte machten. München 1995. S. 197–202.
White, Jack R.: Herschel und das Rätsel der strahlenden Wärme. In: Spektrum der Wissenschaft. Heft 3 (2013), S. 44–51.

Die Wellentheorie des Lichtes
Buchwald, Jed Z.: The rise of the wave theory of light: Optical theory and experi-ment in the early nineteenth century. Chicago 1989.
Kipnis, Nahum: History of the principle of the interference of light. Basel 1991.

Gay-Lussac und die Gasgesetze
Crosland, Maurice: Gay-Lussac, Scientist and Bourgeois. Cambridge 1978.
Spurgin, C. B.: Gay-Lussac's gas-expansivity experiments and the traditional mis-teaching of 'Charles's Law'. In: Annals of Science 44, 1987, S. 489–505.

Die Chladnischen Klangfiguren
Ullmann, Dieter: Ernst Florens Friedrich Chladni. Biographien hervorra-gender Naturwissenschaftler, Techniker und Mediziner, Band 65, Leipzig 1983.

Ullmann, Dieter: Chladni und die Entwicklung der Akustik von 1750-1860. Basel 1996.

Doppelbrechung, Polarisation, Farben – Thomas Johann Seebeck, 1770–1831
Nielsen, Keld: Another kind of light, The work of T. J. S. and his collaboration with Goethe. In: Historical Studies in the Physical and Biological Sciences 20 (1989), S. 107-178. 21 (1991), S. 317-397.
Seebeck, Thomas Johann: Einige neue Versuche und Beobachtungen über Spiegelung und Brechung des Lichtes. In: Journal für Chemie und Physik 7, 1813, 259-298 und Tafel II.
Seebeck, Thomas Johann: Von den entoptischen Farbenfiguren und den Bedingungen ihrer Bildung in Gläsern. In: Journal für Chemie und Physik 12 (1814), 1-17.

Das Rätsel der Fraunhoferlinien
Teichmann, Jürgen: Der Geheimcode der Sterne - eine neue Landschaft des Himmels und die Geburt der Astrophysik. München (Deutsches Museum) 2016, 2017, 2018.

Strom und Magnetfeld – Hans Christian Oersted
Brain, Robert M., Cohen, Robert S., Knudsen, Ole (Hrsg.): *Hans Christian Ørsted and the Romantic Legacy in Science: Ideas, Disciplines, Practices (Boston Studies in the Philosophy of Science).* Dordrecht 2007.
Christensen, Dan Charly: The Ørsted-Ritter Partnership and the Birth of Romantic Natural Philosophy. In: Annals of Science 52 (1995), S. 153-185.
De Andrade Martins, Roberto: Resistance to the Discovery of Electromagnetism: Ørsted and the Symmetry of the Magnetic Field. In: F. Bevilaqua und E. Gianetto (Hrsg.): Volta and the history of Electricity, Pavia/Milan 2003. S. 245-265.

Das Ohm'sche Gesetz des elektrischen Stromes
Teichmann, Jürgen: Experiment und Gesetz: die Entwicklung der elektrischen Begriffe Ladungsmenge, Spannung, Kapazität, Stromstärke, Widerstand und ihre Zusammenhänge bis zum ohmschen Gesetz. In: Fraunberger, Fritz; Teichmann, Jürgen: Das Experiment in der Physik. Ausgewählte Beispiele aus der Geschichte. Braunschweig/Wiesbaden 1984. eBook 2016. S. 100-112.
Teichmann, Jürgen: 150 Jahre Ohmsches Gesetz, 1826-1976. In: Elektrotechnische Zeitschrift, Ausgabe a 97 (1976), S. 594-600.

Die elektromagnetische Induktion – Michael Faraday
Teichmann, Jürgen: Die Entdeckung der elektromagnetischen Induktion von 1822-1831. In: Fraunberger, Fritz; Teichmann, Jürgen: Das Experiment in der Physik. Ausgewählte Beispiele aus der Geschichte. Braunschweig/Wiesbaden 1984. eBook 2016. S. 174-182.
Steinle, Friedrich: Explorative Experimente. Ampère, Faraday und die Ursprünge der Elektrodynamik. Stuttgart 2005.
Lemmerich, Jost: Michael Faraday 1791-1867. Erforscher der Elektrizität. München 1991.

Thermodynamik: Von der Dampfmaschine zum Carnot-Prozess
Cardwell, D. S. L.: From Watt to Clausius. Ithaca 1971. Darin Kap. 7 und 8.

Die Lichtgeschwindigkeit – Hippolyte Fizeau und Léon Foucault
Frercks, Jan: Creativity and Technology in Experimentation: Fizeau's Terrestrial Determination of the Speed of Light. In: Centaurus 42 (2000), 249-287.
Ramsauer, Carl: Grundversuche der Physik in historischer Darstellung. Bd. 1. Berlin u. a. 1953.

Beweise für die Bewegung der Erde – das Foucault'sche Pendel
Tobin, William: The Life and Science of Léon Foucault, Cambridge, GB u. a. 2003.
Teichmann, Jürgen: Wandel des Weltbildes - Astronomie, Physik und Messtechnik in der Kulturgeschichte. Stuttgart u. a. 1999.
Garthe, Caspar: Foucaults Versuch als direkter Beweis der Achsendrehung der Erde, angestellt im Dom zu Köln. Köln 1852.

Von der Orgelpfeife zum Wirbelatom: Helmholtz und Fluiddynamik
Darrigol, Olivier: From Organ Pipes to Atmospheric Motions: Helmholtz on Fluid Mechanics. In: Historical Studies in the Physical and Biological Sciences, 29:1, 1998, S. 1-51.

Maxwell und die Elektrodynamik
Nersessian, Nancy J.: Maxwell and "the Method of Physical Analogy": Model-based reasoning, generic abstraction, and conceptual change. In: D. Malament (Hrsg.): Reading Natural Philosophy. Essays in the History and Philosophy of Science and Mathematics. Chicago 2002, S. 129–166.

Die Spektralanalyse – Physik und Chemie wachsen zusammen
Teichmann, Jürgen: Der Geheimcode der Sterne - eine neue Landschaft des Himmels und die Geburt der Astrophysik. München (Deutsches Museum) 2016, 2017, 2018.

Elektrotechnik und Physik
Rödl, Ernst u. a.: Der gebändigte Blitz. Illustrierte Geschichte der elektrischen Entdeckungen und Erfindungen. Oldenburg u. a. 1972.
Lindner, Helmut: Strom. Erzeugung, Verteilung und Anwendung der Elektrizität. Reinbek 1993.
Oberliesen, Rolf: Information Daten und Signale. Geschichte technischer Informationsverarbeitung. Reinbek 1982.

Äther-Experimente
Swenson, Loyd L.: The ethereal aether: a history of the Michelson-Morley-Miller aether-drift experiments, 1880-1930. Austin 1972.
Sichau, Christian: Eine Äthersuchmaschine. Die Experimente von Georg Joos zur Relativitätstheorie. In: Alto Brachner u. a. (Hrsg.): Abenteuer der Erkenntnis. Albert Einstein und die Physik des 20. Jahrhunderts. München 2005, S. 78-85.

Osborne Reynolds und die Turbulenz
Jackson, Derek, Launder, Brian: Osborne Reynolds and the Publication of His Papers on Turbulent Flow. In: Annual Reviews of Fluid Mechanics 39, 2007, S. 19-35.

Hertz'sche Wellen
Fölsing, Albrecht: Heinrich Hertz: eine Biographie. Hamburg 1997.

Die Entdeckung der Röntgenstrahlen
Fölsing, Albrecht: Wilhelm Conrad Röntgen. München, Wien 2002.
Glasser, Otto: Wilhelm Conrad Röntgen und die Geschichte der Röntgenstrahlen. Berlin, Heidelberg 1995.

Radioaktivität – Strahlung aus Atomkernen
Kant, Hermann: Betrachtungen zur Frühgeschichte der Kernphysik - Vor hundert Jahren wurde die Radioaktivität entdeckt. In: Physikalische Blätter 52 (1996), 233-236.
Pais, Abraham: Inward Bound. Of matter and Forces in the Physical World. Oxford 1986.

Die Entdeckung des Elektrons
Davis, E. A., and Isobel Falconer: J. J. Thomson and the Discovery of the Electron. London: Taylor & Francis, 1997.
Buchwald, J.Z. and Warwick, A. (Hrsg.):Histories of the Electron. The Birth of Microphysics. Cambridge, MA.2001.
Teichmann, Jürgen: Kathodenstrahlen und Elektron. In: Fraunberger, Fritz; Teichmann, Jürgen: Das Experiment in der Physik. Ausgewählte Beispiele aus der Geschichte. Braunschweig/Wiesbaden 1984. eBook 2016. S. 203-220.

Das Planck'sche Strahlungsgesetz und der Beginn der Quantenphysik
Cahan, David: Meister der Messung. Die Physikalisch-Technische Reichsanstalt im Deutschen Kaiserreich. Weinheim 1992.
Gearhart, Clayton A.: Max Planck und die Wärmestrahlungstheorie. In: Hoffmann, Dieter (Hrsg.): Max Planck und die moderne Physik. Heidelberg, Berlin 2008, S. 95-118.

Einstein und die spezielle Relativitätstheorie
Fölsing, Albrecht: Albert Einstein. Eine Biografie. Frankfurt am Main 1993. Hier Kapitel II.4 bis II.6.

Einsteins Theorie der Brown'schen Bewegung – Nachweis für Atome
Bigg, Charlotte: A visual history of Jean Perrin's Brownian motion curves. Histories of Scientific Observation. In: Daston, L. V., Lunbeck, E. (Hrsg.): Histories of scientific observation. Chicago 2011, S. 156-179.
Brush, Stephen: A History of Random Processes: I. Brownian Movement from Brown to Perrin. In: Archive for History of Exact Sciences 5:1, 1968, S. 1-36.

Die Nebelkammer – ein Fenster zum Mikrokosmos von Teilchen und Strahlen
Galison, Peter: Image and Logic. A Material Culture of Microphysics. Chicago 1997, hier Kap. 2, S. 65-141.

Die Entdeckung der Supraleitung
Delft, Dirk van: Freezing physics. Heike Kamerlingh Onnes and the quest for cold. Amsterdam 2007.
Delft, Dirk van, Kes, Peter: The discovery of superconductivity. In: Physics Today 63:9, September 2010, S. 38-43.

Rutherford und die Entdeckung des Atomkerns
Heilbron, John L.: Ernest Rutherford and the Explosion of Atoms. Oxford 2003,
Kap. 3.

Röntgenbeugung an Kristallen
Eckert, Michael: Disputed discovery: The beginnings of X-ray diffraction in
crystals in 1912 and its repercussions. In: Acta Crystallographica A68, 2012,
S. 30-39.

Das Bohr'sche Atommodell
Eckert, Michael: Die Geburt der modernen Atomtheorie. In: Physik in unserer
Zeit 44:4, 2013, S. 168-173.

Die Allgemeine Relativitätstheorie
Hentschel, Klaus: Der Einstein-Turm. Berlin, New York 1992.
Renn, Jürgen (Hrsg.): Albert Einstein. Ingenieur des Universums.
Weinheim 2005, hier S. 110-121.

Quantenmechanik
Darrigol, Olivier: Quantum Theory and Atomic Structure, 1900-1927. In: Jo Nye,
Mary (Hrsg.): The Cambridge History of Science,
Volume 5: The Modern Physical and Mathematical Sciences. Cambridge
2003, S. 331-349.

Elektronenbeugung
Navarro, Jaume: A history of the electron. J. J. and G. P. Thomson. Cambridge 2012,
hier Kap. 6: The electron in Aberdeen: from particle to wave.
Russo, Arturo: Fundamental Research at Bell Laboratories: The
Discovery of Electron Diffraction. In: Historical Studies in the Physical
Sciences 12:1, 1981, S. 117-160.

Die Anfänge der Elektronenmikroskopie
Qing, Lin: Zur Frühgeschichte des Elektronenmikroskops. Stuttgart 1995.
Müller, Falk: The birth of a modern instrument and its development during
World War II: Electron microscopy in Germany from
the 1930s to 1945. In: Maas, A., Hooijmaijers, H. (Hrsg.): Scientific Research
in World War II. What Scientists did in the War. New York, London 2009,
S. 121-146.

Die Entdeckung des Neutrons
Brown, Andrew P.: The Neutron and the Bomb: A Biography of Sir James Chadwick. Oxford 1997, Kap. 6 („The discovery of the neutron").
Gregorio, Alberto de: Neutron physics in the early 1930s. In: Historical Studies
in the Physical and Biological Sciences 35:2, 2005, S. 293-340.

Das positive Elektron in der kosmischen Strahlung
Leone, Matteo, Robotti, Nadia: P M S Blackett, G Occhialini and the invention of
the counter-controlled cloud chamber (1931-32).
In: European Journal of Physics 29, 2008, S. 177-189.
Roqué, Xavier: The Manufacture of the Positron. In: Studies in History and Philo-
sophy of Modern Physics 28:1, 1991, S. 73-129.

Das Zyklotron – die Kernphysik auf dem Weg zur Großforschung
Baird, Davis, Faust, Thomas: Scientific Instruments, Scientific Progress and
the Cyclotron. In: British Journal for the Philosophy of Science 41, 1990,
S. 147-175.
Heilbron, John L., Seidel, R.: Lawrence and His Laboratory: A History of the
Lawrence Berkeley Laboratory, Volume I. Berkeley 1989.
Seidel, Robert: The Origins of the Lawrence Berkeley Laboratory. In: Galison,
Peter, Hevly, Bruce (Hrsg.): Big Science: The Growth of Large-Scale Research.
Stanford 1992, S. 21-45.

Kristalle und Farbzentren
Teichmann, Jürgen: Zur Geschichte der Festkörperphysik - Farbzentrenforschung
bis 1940. Wiesbaden 1988.
Hoddeson, Lillian u. a.(Hrsg.): Chapters from the history of solid-state physics.
New York u. a. 1992.
Teichmann, Jürgen: Von Salzkristallen zum Transistor - der Beginn
der Festkörperelektronik. In: derselbe u. a.: Experimente die Geschichte mach-
ten. München 1995, S. 169-177.

Die Spaltung des Urankerns
Herrmann, Günter: Vor fünf Jahrzehnten: Von den „Transuranen" zur Kernspal-
tung. In: Angewandte Chemie 102 (1990), S. 469-496.
Teichmann, Jürgen: Die Urankernspaltung. In: derselbe u. a.: Experimente die
Geschichte machten. München 1995, S. 152-160.

Energieprozesse in Sternen: der Bethe-Weizsäcker-Zyklus
Bernstein, Jeremy: Hans Bethe, prophet of energy. New York 1980, Kap. 2.
Hufbauer, Karl: Stellar Structure and Evolution, 1924-1939. In: Journal for the
History of Astronomy 37:2, 2006, S. 203 - 227.

Die Atombombe
Hoddeson, Lillian, u.a.: Critical Assembly: A Technical History of Los Alamos during
the Oppenheimer Years, 1943-1945. Cambridge, New York 1993.
Rhodes, Richard: Die Atombombe oder die Geschichte des 8. Schöpfungstages.
Nördlingen 1988.

Vom Radar zur Quantenelektrodynamik
Forman, Paul: "Swords into ploughshares": Breaking new ground
with radar hardware and technique in physical research after World War II.
In: Reviews of Modern Physics 67:2, 1995, S. 397-455.
Schweber, Silvan S.: QED and the Men Who Made It: Dyson, Feynman, Schwin-
ger, and Tomonaga. Princeton 1994, Kapitel 5 („The Lamb Shift and the
Magnetic Moment of the Electron").

Vom Radar zum Transistor
Braun, Ernest: Selected topics from the history of semiconductor physics and its
applications. In: Hoddeson, Lillian u. a.(Hrsg.):
Chapters from the history of solid-state physics. New York u. a. 1992.
S. 443-488.
Teichmann, Jürgen: Von Salzkristallen zum Transistor - der Beginn
der Festkörperelektronik. In: derselbe u. a.: Experimente die
Geschichte machten. München 1995, S. 169-177.

Der Stellarator – Auftakt zur kontrollierten Kernfusion
Eckert, Michael: Vom „Matterhorn" zum „Wendelstein": Internationale Anstösse
zur nationalen Großforschung in der Kernfusion. In: Eckert, M., Osietzki, M.
(Hrsg.): Wissenschaft für Macht und Markt. München 1989, S. 115-137.

Das Hodgkin-Huxley-Modell
Levy, Arnon: What was Hodgkin and Huxley's Achievement? In: Brititish Journal
for the Philosophy of Science 65, 2014, S. 469-492.
Schwiening, Christof J.: A brief historical perspective: Hodgkin and Huxley. In:
Journal of Physiology 590:11, 2012, S. 2571-2575.

Der Ionenkäfig
Burmester, Ralph: Die vier Leben einer Maschine - Das 500 MeV Elektronen-
Synchrotron der Universität Bonn. Göttingen 2010.
Burmester Ralph; Niehaus Andrea (Hrsg.): Wolfgang Paul - Der
Teilchenfänger. Begleitpublikation zur gleichnamigen Sonderausstellung.
Bonn 2013.

Die DNS-Struktur – ein Schlüsselereignis der modernen Biophysik
Olby, Robert: The Path to the Double Helix: The Discovery of DNA. Seattle 1994.
Watson, James D.: The Annotated and Illustrated Double Helix, edited by Alexan-
der Gann and Jan Witkowski. New York 2012.

Das Atomei
Eckert, Michael: Neutrons and politics: Maier-Leibnitz and the emergence of pile
neutron research in the FRG. In: Historical Studies in the Physical Sciences
19:1, 1988, S. 81-113.
Eckert, Michael: Das „Atomei": Der erste bundesdeutsche Forschungsreaktor als
Katalysator nuklearer Interessen in Wissenschaft
und Politik. In: Eckert, Michael, Osietzki, Maria: Wissenschaft für Macht und
Markt. München 1989, S. 74-95.

Die Anfänge der Weltraumphysik
De Vorkin, David: Organizing for Space Research: The V-2 Rocket Panel. In:
Historical Studies in the Physical and Biological Sciences 18:1, 1987, S. 1-24.
Van Allen, James A.: Origins of Magnetospheric Physics. An Expanded Edition.
Iowa City 2004.
Newell, Homer E.: Beyond the Atmosphere: Early Years of Space Science. Washing-
ton, DC 1980.

Laser
Bromberg, Joan Lisa: The Laser in America 1950-1970. Cambridge, Mass. 1991.
Hecht, Jeff: Beam: The Race to Make the Laser. Oxford, New York 2005.
Maiman, Theodore: The Laser Odyssey. Blaine, WA 2000.

Sexl, Lore; Hardy, Anne: Lise Meitner. Rowohlts Monographien. Reinbek bei
Hamburg, 2002.

Von der Meteorologie zur Chaostheorie

Gleick, James: Chaos: Making a New Science. New York 1987.

Williams, Lambert, Thomas, William: The Epistemologies of Non-Forecasting Simulations, Part II: Climate, Chaos, Computing Style, and the Contextual Plasticity of Error. In: Science in Context 22:2, 2009, 271–310.

Das Echo des Urknalls – die kosmische Hintergrundstrahlung

Penzias, Arno: die Entdeckung der kosmischen Mikrowellenstrahlung. In: Die Sterne 58 (1982), S. 206–210.

Longair, Malcom: The Cosmic Century. A History of Astrophysics and Cosmology. Cambridge University Press. Cambridge u. a. 2006. S. 319–336.

Teichmann, Jürgen: Mikrowellen und Urknall. In: derselbe u. a.: Experimente die Geschichte machten. München 1995. S. 203-208.

Neutrinos aus dem Kernreaktor

Arns, Robert G.: Detecting the Neutrino. In: Physics in Perspective 3, 2001,S. 314–334.

Close, Frank: Neutrino. Heidelberg, Berlin 2012.

Die Computertomografie

Süsskind, Charles: The Invention of Computed Tomography. In: History of Technology 6, 1981, S. 39-80.

Zenger, Ingo: Die Geschichte der Computertomographie bei Siemens. Ein Rückblick. Erlangen 2015.

Mit der Blasenkammer zum Standardmodell der Teilchenphysik

Galison, Peter: Image and Logic. A Material Culture of Microphysics. Chicago 1997, hier Kapitel 5: Bubble Chambers: Factories of Physics, S. 313–432.

Weiche Materie

Dunmur, David, Sluckin, Tim: Soap, Science and Flat-Screen TVs. A history of liquid crystals. Oxford 2011.

Gompper, Gerhard u. a.: Eine Welt zwischen Fest und Flüssig. In: Physik in unserer Zeit 34, 2003, S. 19–25.

Schwarze Löcher im Weltall

Bartusiak, Marcia: Black Hole – how an idea abandoned by Newtonians, hated by Einstein, and gambled on by Hawking become loved. Yale University Press. New Haven and London. 2015.

Sanders, Robert H.: Revealing the Heart of the Galaxy – the Milky Way and its Black Hole. New York. 2014.

Das Rätsel der Turbulenz

Hof, Björn u. a.: Experimental observation of nonlinear traveling waves in turbulent pipe flow. In: Science 305, 2004, S. 1594–1598.

Eckhardt, Bruno u. a.: Turbulence transition in pipe flow. In: Annual Reviews of Fluid Mechanics 39, 2007, S. 447–468.

Dunkle Materie und Dunkle Energie

Sanders, Robert H.:The Dark Matter Problem. A Historical Perspective. Cambridge University Press. Cambridge u. a. 2010.

Kragh, Helge S. ; Overduin, James: The Weight of the Vacuum. A Scientific History of Dark Energy. Berlin u. a. 2014.

Longair, Malcom: The Cosmic Century – A History of Astrophysics and Cosmology. Cambridge u. a. 2006.

Der ATLAS-Detektor: Nonplusultra der Teilchenphysik

ATLAS – der Detektor. In: http://www.weltderphysik.de/gebiet/teilchen/experimente/teilchenbeschleuniger/lhc/lhc-experimente/atlas/atlas-detektor/.

Dunford, Monica Lynn, Jenni, Peter: The ATLAS experiment. Scholarpedia, 9(10). 2014, 32147. http://www.scholarpedia.org/article/The_ATLAS_experiment.

LITERATUR ZU DEN EINFÜHRUNGSKAPITELN

Die griechische Antike und der Ursprung der Physik

Pedersen, Olaf: Early Physics and Astronomy. Cambridge 1993.

Islam und Christentum, die Wegbereiter der klassischen Physik

Huff, Toby E.: The Rise of Early Modern Science. Islam, China, and the West. Cambridge. 2003.

Lindberg, David C.: Auge und Licht im Mittelalter. Die Entwicklung der Optik von Alkindi bis Kepler. Frankfurt 1987.

Die Entdeckung neuer Welten: sichtbarer und nicht sichtbarer Kosmos

Crombie, Alistair C.: Von Augustinus bis Galilei. München 1984.

Hall A. Rupert: Die Geburt der naturwissenschaftlichen Methode 1630–1720. Von Galilei bis Newton. Gütersloh 1965.

North, John: Viewegs Geschichte der Astronomie und Kosmologie. Berlin u. a. 2001.

Aufklärung und neue Wissensgebiete

Schreier, Wolfgang (Hrsg.): Geschichte der Physik. Berlin 2002.

Heilbron, John (Hrsg.): The Oxford Guide to the History of Physics and Astronomy. New York. 2005.

Die Spezialwissenschaft Physik und ihre Technik

Cahan, David: The Institutional Revolution in German Physics, 1865-1914. In: Historical Studies in the Physical Sciences 15:2, 1985, S. 1–65.

Aufbruch ins Innere der Materie

Brown, Laurie M., Hoddeson, Lilian (Hrsg.): The birth of particle physics. Cambridge 1983.

Galison, Peter: Image and logic: A material culture of microphysics. Chicago 1997.

Kragh, Helge: Quantum Generations: A History of Physics in the Twentieth Century. Princeton 2002.

Die Omnipotente Physik? Entdeckung und Probleme für das 21. Jahrhundert

Forman, Paul: Behind quantum electronics: National security as basis for physical research in the United States, 1940–1960. In: Historical Studies in the Physical and Biological Sciences 18:1, 1987, S. 149–229.

Forstner, Christian, Hoffmann, Dieter (Hrsg.): Physik im Kalten Krieg. Beiträge zur Physikgeschichte während des Ost-West-Konflikts. Heidelberg, Berlin 2013.

2 Indische Miniatur. Aus: Das Juwel der Essenz sämtlicher Wissenschaften. Indien, 1840. Ms. Oriental 5259, fol. 29, London, British Library. akg-images/ British Library und NASA/CXC/M (genaue Quelle siehe 235) | **8/9** Adobe Stock/ Erica Guilane-Nachez. AKG582547 | **5/6/7** Science icons. Adobe Stock/taesmileland 72191846; Icosahedron icon. Adobe Stock/Artsiom Kusmartseu. 183585197; Nautical wind rose and compass icons set. Adobe Stock/Vector Tradition 70816952 | **8/9** Allegory: Technology & Sciences – 19th century. Adobe Stock/Erica Guilane-Nachez | **10/11** Römisches Mosaik um 110–90 v. Chr. Pompeji, Villa des T. Siminius Stephanus. Neapel, Biblioteca Nazionale. wikimedia/KoS | **13** Raffael, „Die Schule von Athen", 1508–11. Fresko, Raffaelzimmer Vatikan. Rom. akg-images AKG49511 | **14** Grafik J. Teichmann | **15** Römisches Mosaik, 3. Jh. Rheinisches Landesmuseum, Trier. akg-images/Album/Prisma. AKG1591893 | **16/17** Skizze und S/W-Foto: Kienast, Hermann: Die Wasserleitung des Eupalinos auf Samos. Bonn 1995. Farbfoto 1998. Hervé Champollion/akg-images. AKG612593 | **19** Pacioli, Luca: De Divina Proportione ... Mailand 1509 (Zeichnungen von Leonardo da Vinci). Veneranda Biblioteca Ambrosiana//Bridgeman Images. VBA737645 | **21** Kolorierte Zeichnung, 1404. Universitätsbibliothek Tübingen/Signatur Md 2 | **22** Mosaik, Kopie 18. Jh. nach römischem Mosaik 2. Jh. Frankfurt/M. Liebieghaus. akg-images/Erich Lessing | **23** Ryff, Walther Hermann: Der furnembsten, notwendigsten, der gantzen Architectur angehoerigen Mathematischen und Mechanischen kuenst eygentlicher bericht ... Nürnberg 1547. Kolorierte Ausgabe. SLUB Dresden / Deutsche Fotothek | **25** Witelo (Vitellio): Thuringopoloni opticae libri decem. Science History Images/ Alamy Stock Photo G15HMN | **26** Aus Ryff (wie Bild 23), S660. SLUB Dresden / Deutsche Fotothek | **27** Ryff: Vitruvius Teutsch ... Nürnberg, 1548. ETH-Bibliothek. S. 653. Stiftung Bibliothek Werner Oechslin Einsiedeln | **28** Zeichnung nach J. Teichmann | **29** Aristarchus: De magnitudinibus et distantiis solis et lunae liber. Pisa 1572, S. 30. akg-images/Science Source. AKG5429590 | **30** Zeichnung P. Hönigschmid aus Kienast, Hermann: Der Turm der Winde in Athen. Wiesbaden 2014 | **31** Der Antikythera-Mechanismus. wikimedia commons/Magnus Manske | **32** Herons von Alexandria Druckwerke und Automatentheater, Griechisch und Deutsch, hrsg. von Wilhelm Schmidt, Band 1, Leipzig 1899, S. 73, Fig. 11 | **33** akg/ North Wind Picture Archives. AKG914796 | **35** Martin Schaffner: Bemalte Tischplatte von Erasmus Stedelin. 1533. Museumslandschaft Hessen Kassel. Gemäldegalerie Alte Meister | **36** ‚Breviari d'Amors' (vellum). Frankreich 14. Jh. British Library, London. Ms Harley 4940, f.28/British Library, London, UK/British Library Board. All Rights Reserved/Bridgeman Images. BL3305993 | **37** Schedel, Hartmann: Weltchronik. Nürnberg 1493. DM CD66838 | **39** Herrad von Landsberg: Hortus Deliciarum, 12. Jh. Farbiges Facsimile. akg-images AKG40776 | **41** Kamal al-Din al-Farisi: Manuskript um 1300. Istanbul. akg-images/Science Photo Library/ Arabic manuscripts collection/New York Public. AKG2807406 | **42** Bauerreiß, Heinrich: Zur Geschichte des spezifischen Gewichtes im Altertum und Mittelalter. Erlangen 1914, S. 51. Institut für Geschichte der arabisch-islamischen Wissenschaften, Frankfurt/M. | **43** Institut für Geschichte der arabisch-islamischen Wissenschaften. Frankfurt/M. | **45** Liber Jordani ... Nürnberg, 1553. Linda Hall Library. Titelblatt. LHL Digital Collections | **46** Dietrich von Freiberg: De iride et de radialibus impressionibus ... 1304. Aus Trutfetter, Jodocus: Summa in tota[m] physicen ... Erfurt 1514, zu S. 106. DM BN 36783 | **47** Evangeliar aus St. Vitus in Mönchengladbach, Köln oder Gladbach um 1130/1140. Majestas Domini. Universitäts-und Landesbibliothek Darmstadt. Pergament ULB HS 530, fol 14v. | **48** Ryff ... 1547 (wie Bild 23). SLUB Dresden / Deutsche Fotothek | **49** Paul Buchner, 1577. Staatliche Kunstsammlungen Dresden, Mathematisch-Physikalischer Salon. SLUB Dresden / Deutsche Fotothek | **51** Straet, Jan van der (Giovanni Stradano): Nova Reperta. Frontispiez – spätere Kolorierung. Private Collection/The Stapleton Collection/Bridgeman Images. STC 291654 | **52/53** Lapis polaris, Magnes. Kupferstich von Philipp Galle nach Jan van der Straet, genannt Stradanus (1523–1605). Bl. 2 der Folge: Nova Reperta, 1588/1600. Spätere Kolorierung. akg-images AKG1030482 | **55** Fontenelle, Bernard le Bovier de: Entretiens sur la pluralité des mondes, 1686 (Frontispiez zu einer späteren Auflage). akg-images / Science Source. AKG5428893 | **57** Leonardo da Vinci: Codex Leicester. 1508–1512. Hammer 2A – Fol.2r. Private Collection/Photo: Boltin Picture Library/Bridgeman Images. XBP3401189 | **58** Stevin: De Weeghdaet, S. 29. Bayerische Staatsbibliothek | **59** Nach einem Entwurf Leonardo da Vincis im Codex Atlanticus, fol. 105v-b/Museo Leonardiano, Vinci, Italy / Bridgeman Images. XOT366461 | **60** Gilbert, William: De Magnete ... London.1600. akg/Science Photo Library. AKG939539 | **61** Ernest Board 1902: Gilberts magnetische Experimente vor Königin Elisabeth I, 1598. wikimedia commons/Fæ | **63** Troost, Cornelius: Der Streit der Sternkundigen. Mauritshuis, Den Haag.1791 – nach einem Singspiel 1715. Masterpics/Alamy Stock Photo. HP7JDK | **64** Galilei, Galileo: Sidereus Nuncius...Venedig. 1610. akg-images/Science Source. AKG5460721 | **65** Hevelius, Johannes: Machina Coelestis, Danzig 1673. Spätere Kolorierung. Polish School/Getty Images. 72485153 | **67** Galilei, Galileo:

Manuskripte 72, folio 117v. Biblioteca Nazionale Firenze | **68** Descartes Erklärung der Sehkraft, die zeigt, dass Lichtstrahlen durch das Auge geleitet werden, von der Linse (I) fokussiert werden und Bilder T, S, R auf der Netzhaut bilden. Von Rene Descartes „Opera Philosophica", 1692 (La Dioptrique) Holzschnitt. Photo 12/ Alamy Stock Photo. HTMKA1 (RM) | **69** Schema der Planetensphären, Illustration aus Johannes Keplers Mysterium Cosmographicum, 1596. akg-images/De Agostini Picture Library. AKG3705009 | **70** Nach Vossius, Isaac: De lucis natura et proprietate. Amsterdam 1662, S. 37 | **71** Scheuchzer, Johann Jacob: Kupfer-Bibel, in welcher die PHYSICA SACRA ... Augsburg und Ulm 1731. Tafel 66. DM BN R 5282 | **73** Titelseite von Ars magna lucis et umbrae (Große Kunst des Lichts und des Schattens) von Athanasius Kircher, veröffentlicht in Rom im Jahre 1646. akg/ Science Photo Library. AKG3119943 | **75** Joseph Wright of Derby, 1767/8 National Gallery London. akg-images AKG45423 | **76** Huygens, Christiaan: De Motu corporum ex percussione. In: Opuscula posthuma. Leiden 1703. DM Bild 44677 | **77** Jean Baptiste Simeon Chardin, um 1722/24. Paris, Musée Carnavalet. akg-images AKG154539 | **78** Deutsches Museum, München: BN 25903 (Newtons Zeichnung einer Kometenbahn, 1680. Holzschnitt 1687) | **79** Deutsches Museum, München: BN 37146 (Doppelmayr, Atlas novus coelestis, Nürnberg 1742, Tf. 26) | **80** Granger Historical Picture Archive/Alamy Stock Photo. FF9E8N (RM) | **81** Pittoni, G. B. (1687–1767) und Valeriani D. and G. 1727/29. Fitzwilliam Museum, University of Cambridge, UK/Bridgeman Images. FIT66065 | **82/83** akg-images AKG16865 | **85** Jacques de Lajoue, um 1740. Musée de la Ville de Paris, Musée Carnavalet, Paris. Musee de la Ville de Paris, Musee Carnavalet, Paris, France/ Bridgeman Images. XIR164095 | **87** Georg Friedrich Reichenbach, Manuskript. 1791. DM BN 42770 | **89** Kolbenvakuumpumpe von J. Leupold 1709, Leipzig. Dresden, Mathemat.-physikalischer Salon. akg-images AKG317933 | **91** Le jet d'eau du bosquet des muses a Marly. Marly-le-Roi (Frankreich), Schloß (1679–86 unter Ludwig XIV. errichtet; Garten 1677–84 v. A.Le Nôtre). akg-images/Erich Lessing. AKG387231 | **93** Johann Jakob Haid, 1744. Offenbar später koloriert. akg-images/Science Source. AKG5466104 | **94** Mémoires de l`Academie Royale des Sciences. Paris 1746.Tafel 1. DM BN 04901 | **95** Kolorierter Kupferstich. DM BN 35961. Nach einem Gemälde von Amédée van Loo, 1777. Archangelsk Museum, Moskau | **96/97** Philosophical Transactions of the Royal Society of London. Band 51, 1759. Tafeln VII, IV. DM Scan Bibliothek | **98** Georg Christoph Lichtenberg: De nova methodo naturam ... Göttingen 1777. Tafel II. DM BN 336779 | **99** Edmé-Gilles Guyot: Nouvelles récréations physiques et mathématiques. Paris 1773. 7. Teil, S. 61. Foto: J. Teichmann | **100** Cavendish, Henry: The scientific papers ... Bd. 1: The electrical researches. Cambridge 1921. S. 106. Scan DM Bibliothek | **101** Mémoires de l`Academie Royale des Sciences, Paris, 1785. Tafel XIII. Späte Kolorierung. Granger/Bridgeman Images GCL3141720 | **102** Galvani, Luigi: De viribus electricitatis...Bologna 1791.Tafel 4. DM | **103** Christian Koeck, Aquarell München 1809. Universitätsbibliothek Johann Christian Senckenberg. Frankfurt/M. | **105** Collage. Diorama DM: Kanonenbohrversuche von Benjamin Thompson (Graf Rumford). Benjamin Thompson: An inquiry concerning the source of the heat ... Philosophical Transactions of the Royal Society of London. Band 88, 1798. Tafel IV. Foto J.Teichmann und DM Scan Bibliothek | **106/107** Journal de l`Exposition de Paris. 1900. Barbara Loe Collection/Bridgeman Images. 732810 | **109** Magnetismus und Elektromagnetismus, Dip Nadel, Kompass usw. Hubkraft von Elektromagneten (12), Wheatstone Telegraph (13), Morse Telegraph (16). Lehrtafel, veröffentlicht Württemberg 1850. Universal History Archive/UIG / Bridgeman Images. UIG539256 | **111** Herschel, William, Philosophical Transactions of the Royal Society of London. Band 90, 1800. Tafel XII. Hintergrund: NASA/ ESA /HUBBLE Heritage Team 2013 | **113** Thomas Young: A course of lectures ..., 2 Bände. London 1845. Bd.2, Tafel XXX. AKG 4018526 / akg-images/Royal Institution of Great Britain/Science Photo Library. AKG4018526 | **115** Deutsches Museum, München: BN 2411 (Erste Füllung einer „Charlière" mit Wasserstoff, 1783) | **117** Chladnis akustische Figuren. Diagramm aus ,Die wissenschaftlichen Arbeiten von Sir Charles Wheatstone' (1879). Science Photo Library/akg-images. AKG3134228 | **119** Seebeck, Thomas Johann: Einige neue Versuche und Beobachtungen über Spiegelung und Brechung des Lichtes. Journal für Chemie und Physik. Band 7, 1813. Tafel II.DM Scan Bibliothek. | **121** DM Archiv, NL 14-52. DM BN 43952a und CD 448 | **123** Kolorierte Zeichnung. 19. Jh. akg-images/Science Source. AKG5444859 | **125** S/W-Bild: Journal für Chemie und Physik, Bd. 1826, Tafel 3, Figur 1. Farbbild: Rekonstruktion DM | **126** Recueil d`Observations Électrodynamiques. Paris 1822, Tafel 6. DM BN 31643 | **127** Original von Faraday. DM Archiv. DM Bild R 050904 | **129** Deutsches Museum, München: BN R0515-01a (Apparatur zur Messung des Wärmeäquivalents von Julius Robert Mayer); BN 34719 (Schemazeichnung dazu) | **131** Lebée Inventaire général_École Polytechnique | **133** Unbekannter Künstler. 19. Jh. akg-images/ Heritage-Images, The Print Collector. AKG5197041 | **134** P. G. Tait: Lectures on some recent advances in physical sciences, 2nd ed. London, 1876 | **135:** Deutsches

Museum, München: BN 48494 (Positiv-Orgel von Lamprecht, 1693) | **137** Schnittzeichnung Boltzmanns eines mechanischen Modells zur Veranschaulichung der elektromagnetischen Induktion) | **139** Kirchhoff, Bunsen: Chemische Analyse durch Spectralbeobachtungen. Annalen der Physik und Chemie. Band 189, 1861, Tafel V, Fig. 4. Kirchhoff: Untersuchungen über das Sonnenspectrum ... Abhandlungen der Königliche Akademie der Wissenschaften zu Berlin, 1861. Tafel III, Fig. 1,2. DM BN 51162 und R 515/5 | **140** Dub, Julius: Die Anwendung des Elektromagnetismus ... Berlin. 1873. S. 827 | **141** Diorama Deutsches Museum DM BN234949 | **142** Deutsches Museum, München: BN 56052 (Modell des Michelson-Interferometers für das Deutsche Museum, 1922) | **143** Deutsches Museum, München: BN CD55458 (Interferometer von Georg Joos, gebaut von Zeiss in Jena, 1930) | **145** Phil. Trans. R. Soc. Lond. January 1, 1883, 174, 935–982, Plate 73 | **146** Skizze aus Heinrich Hertz: Erinnerungen, Briefe, Tagebücher (herausgegeben von Johanna Hertz). Leipzig 1927, S. 165 | **147** Deutsches Museum, München: BN 56171 (Hohlspiegel für elektromagnetische Wellen von Heinrich Hertz, 1886–88) | **148/149** Das Atomium, Brüssel. Peter Phipp/ Travelshots/Bridgeman Images. PPH2628897 | **151** Der Cockcroft Walton Teilchenbeschleuniger. Everett Collection / Bridgeman Images. EVB2937593 | **152** Wilhelm Conrad Röntgen. Röntgenmaschine, 19. Jahrhundert. akg-images/ Science Source. AKG5468693 | **153** Zehnder, L.: Grundriss der Physik. 1907, S. 331 | **154** Fotografische Platte von Becquerel. Abzug Bibliothèque de l`École Polytechnique. akg 940378 akg-images/Science Photo Library. AKG940378 | **155** Nachbildung Deutsches Museum, München. BN50293 | **156** Thomson, Joseph John: Cathode Rays. The London, Edinburgh and Dublin Philosophical Magazine and Journal of Science. Oct. 1897, S. 293–316. Fig. 2, S. 296 | **157** The new popular educator. London 1892. akg-images/Heritage-Images/Oxford Science Archive. AKG4894673 | **159** Deutsches Museum, München: BN CD 56045 (Labor zur Messung der Schwarzkörperstrahlung in der Physikalisch-Technischen Reichsanstalt) | **161** Einstein Cartoon/Sidney Harris | **163** Bigg, Ch.: A visual history of Jean Perrin's Brownian motion curves. Histories of Scientific Observation. In: Histories of scientific observation, hg. V. L. Daston/E. Lunbeck, Chicago 2011, S. 156–179, hier S. 159 | **165** Heritage-Images/Oxford Science Archive/akg-images. Skizze aus C. T. R. Wilson: On an Expansion Apparatus for Making Visible the Tracks of Ionising Particles in Gases and Some Results Obtained by Its Use. In: Proceedings of the Royal Society of London. Series A, Vol. 87, No. 595 (Sep. 19, 1912), pp. 277-292, hier S. 278 | **167** Deutsches Museum, München: BN 6124 (Kamerlingh Onnes (rechts) und die Anlage zur Heliumverflüssigung in Leiden, 1922) | **169** Ernest Rutherford (links) und Hans Geiger in ihrem Labor an der Manchester University um 1908. akg/Science Photo Library. AKG936061 | **171** Deutsches Museum, München: BN R0964-11 (Versuchsanordnung, mit der 1912 die Interferenz der Röntgenstrahlen entdeckt wurde) | **173** Deutsches Museum, München: BN 2936 (Modell des Wasserstoffatoms nach Bohr) und BN CD66878 (Notizen von Arnold Sommerfeld zum Wasserstoffatom) | **175** flickr/from_the_sky | **177** Deutsches Museum, München: BN 56156 (Quantenmechanisches Modell des Eisenatoms nach Sommerfeld) | **179** US-Physiker Clinton Davisson (1881–1958, links) und Lester Germer (1896–1971, rechts). akg-images/Emilio Segre Visual Archives/American Institute of Physics/Science Photo Library. AKG4014336 | **181** Deutsches Museum, München: BN 42255 (Elektronen-Mikroskop von Ernst Ruska und Max Knoll, Nachbau von 1981) | **183** Deutsches Museum, München: Abt. Atomphysik, CD_L_6645_093 (Nachbau der Chadwick-Kammer) und Versuchs-

schema, aus James Chadwick: The Existence of a Neutron. In: Proceedings of the Royal Society of London. A 136, 1932, S. 692–708, hier S. 695 | **185** Entdeckung des Positrons, 1932. akg-images/Science Source. AKG5464498 | **187** 60-Zoll-Zyklotron und Kernphysiker. akg-images/US Department of Energy/Science Photo Library. AKG4019981 | **188** Schottky, Walter: Manuskriptblatt 19.5.1936 – Siemens Museum, München. Teichmann, Jürgen: Zur Geschichte der Festkörperphysik – Farbzentrenforschung bis 1940. Wiesbaden 1988. S. 120 | **189** Siedentopf, Henry: Ultramikroskopische Untersuchungen über Steinsalzfärbungen. Physikalische Zeitschrift. Bd. 6, 1905. S. 855–866. Fig. 2./ Rekonstruktionsversuch Deutsches Museum, Studienlabor, ca. 1985 | **191** Originaltisch im Deutsches Museum, München. DM BN 24876 | **193** SOHO (ESA & NASA) | **194/195** CERN | **197** ITER Organization | **199** The B Reactor Hanford. B.O'Kane / Alamy Stock Photo | **201** MITRadiation Laboratory Technicians at work in the rooftop laboratory of Building 4 in 1941. MIT Museum | **202** Nachbau Deutsches Museum, München. DM BN 39298 | **203** Bell Laboratories 1947/48. Granger Historical Picture Archive. FG28WG | **205** Michael Eckert, Foto (Stellarator „Wendelstein" im Deutschen Museum) | **207** Huxley und Hodgkin – The Nobel Prize, International annual 1963 (http://natedsanders.com/nobel_prize_awarded_to_physiologist_alan_lloyd_hodlot40145.aspx) | **209** Deutsches Museum, Bonn: DMB011 (Ionenfalle von Wolfgang Paul) | **211** Watson und Crick mit DNA-Modell/Foto, 1953. akg/Science Photo Library. AKG932395 | **212** Atoms for Peace, U.S. Postage Stamp, 1955. akg-images/ Science Source | **213** 1957 vor dem Atomreaktor Garching. akg-images/picture-alliance/Klaus-Dieter | **214** Nachzeichnung von Fig. 1 in James A. Van Allen: The Geomagnetically Trapped Corpuscular Radiation. In: Journal of Geophysical Research, 64:11 (1959), S. 1683-1689, hier S. 1684 | **215** Explorer 1 Satellitenvorbereitung. akg/Science Photo Library | **216** World's first working laser, 1960. akg/Science Photo Library | **217** HRL Laboratories, LLC. AKG938375 | **218** Fig. 1 aus: Edward N. Lorenz: Deterministic Nonperiodic Flow. In: Journal of the Atmospheric Sciences, 20 (1963), S. 130-141, hier S. 137 | **219** Jos Leys. IMAGINARY – open mathematics, www. imaginary.org | **220** Ausstellung Astronomie Deutsches Museum. Grafik DM | **221** Ausstellung Astronomie Deutsches Museum. Grafik DM und Originalapparatur von Penzias und Wilson | **223** Fig. 6 aus Robert G. Arns: Detecting the Neutrino, Phys. perspect. 3 (2001) 314–334, hier S. 324. University of California | **225** www.siemens. com/presse. https://www.siemens.com/history/pool/newsarchiv/downloads/ 20151201_medhistory_milestones_computertomographie_deutsch.pdf, hier S. 8 | **227** CERN | **228** Liquid crystal arrangements – nematic, smectic A, and smectic C – used in LCD screens./Encyclopaedia Britannica/UIG/Bridgeman Images | **229** Ken Ishikawa: https://www.nikonsmallworld.com/galleries/2012-photomicrography-competition/emergence-of-cholesteric-liquid-crystal-from-isotropic-liquid | **231** ESO PR-Foto 22.4.2015 | **232** Fig. 1 aus: Björn Hof et al.: Experimental Observation of Nonlinear Traveling Waves in Turbulent Pipe Flow. In: Science 305 (10 September 2004), S. 1594–1598, hier S. 1595 | **233** Fig. 4 aus: Björn Hof et al.: Experimental Observation of Nonlinear Traveling Waves in Turbulent Pipe Flow. In: Science 305 (10 September 2004), S. 1594-1598, hier S. 1597 | **235** Montage aus verschiedenen Ansichten. NASA/CXC/M. Weiss – Chandra X-Ray Observatory: 1E 0657-56 | **237** Simon Hadley / Alamy Stock Photo. ANC7YY (RM)

Trotz sorgfältiger Recherche ist es nicht immer möglich, die Inhaber von Urheberrechten zu ermitteln. Berechtigte Ansprüche werden selbstverständlich im Rahmen der üblichen Vereinbarungen abgeglichen.

REGISTER